LEÇONS

DE

COSMOGRAPHIE.

AVIS.

Paris. — Imprimé par E. Thunot et Cie, rue Racine, 26, près de l'Odéon.

LEÇONS

DE

COSMOGRAPHIE

A L'USAGE

DES LYCÉES ET COLLÉGES

ET DE TOUS LES ÉTABLISSEMENTS D'INSTRUCTION PUBLIQUE;

PAR A. GUILMIN,

PROFESSEUR DE MATHÉMATIQUES.

QUATRIÈME ÉDITION,

revue et améliorée (*avec figures dans le texte*,

gravées en relief sur cuivre par E. SALLE).

PARIS.

AUGUSTE DURAND, LIBRAIRE,

Rue des Grès, 7.

1860

TABLE DES MATIÈRES.

CHAPITRE PREMIER.

LES ÉTOILES.

CHAPITRE II.

DE LA TERRE.

CHAPITRE III.

LE SOLEIL.

CHAPITRE IV.

LA LUNE.

CHAPITRE V.

DES PLANÈTES ET LEURS SATELLITES, ET DES COMÈTES.

DES COMÈTES.

FIN DE LA TABLE DES MATIÈRES.

COURS

DE

COSMOGRAPHIE.

1. La *Cosmographie* a pour objet la description des corps célestes, c'est-à-dire des corps répandus dans l'espace indéfini, de leurs positions relatives, de leurs mouvements, et en général de tous les phénomènes qu'ils peuvent nous présenter.

Nous nous occuperons de ces corps dans l'ordre suivant : les *étoiles*, la *Terre*, le *Soleil*, la *Lune*, les *planètes* et les *comètes*.

CHAPITRE PREMIER.

LES ÉTOILES.

2. On donne, en général, le nom d'ÉTOILES à cette multitude de corps célestes que, durant les nuits sereines, nous apercevons dans l'espace sous la forme de points lumineux, brillants.

3. SPHÈRE CÉLESTE. Les étoiles sont isolées les unes des autres; leurs distances à la terre doivent être différentes; cependant elles nous paraissent également éloignées; elles nous font l'effet d'être attachées à une sphère immense dont notre œil serait le centre. Pour plus de simplicité dans l'étude des positions relatives et des mouvements des corps célestes, on considère, en cosmographie, cette sphère apparente sous le nom de *sphère céleste*, comme si elle existait réellement.

La *sphère céleste* est donc une sphère *idéale* de rayon immense, ayant pour centre l'œil de l'observateur, à la surface de laquelle on suppose placées toutes les étoiles.

O étant le lieu d'observation, OE, OE', OE'',..., les directions dans lesquelles sont vues les étoiles E, E', E'',.,., (*fig.* 1), on imagine sur ces directions de très-grandes distances O*e*, O*e'*, O*e''*,... égales entre elles. Au lieu des positions réelles E, E', E'',... des étoiles, on considère leurs projections *e'*, *e''*, *e'''*,... sur la sphère céleste.

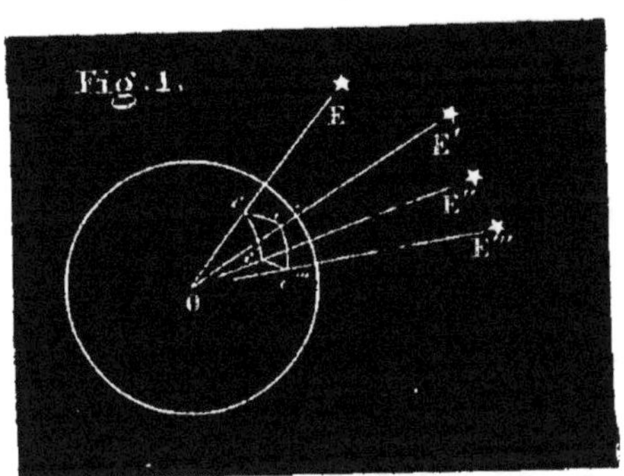

4. Distances angulaires. Cette conception de la sphère céleste n'a que des avantages sans inconvénients; car les distances rectilignes absolues OE, OE',... des étoiles à la terre nous étant en général inconnues, on ne considère que leurs *distances angulaires*.

La *distance angulaire* de deux étoiles E, E', *est l'angle* EOE' *des directions dans lesquelles on les voit*. Or, cet angle EOE' est précisément le même que la distance angulaire *eoe'* de leurs projections sur la sphère céleste.

Pour déterminer les distances angulaires on se sert d'un cercle divisé (*fig.* 2), sur lequel se meut une *alidade*, c'est-à-dire une

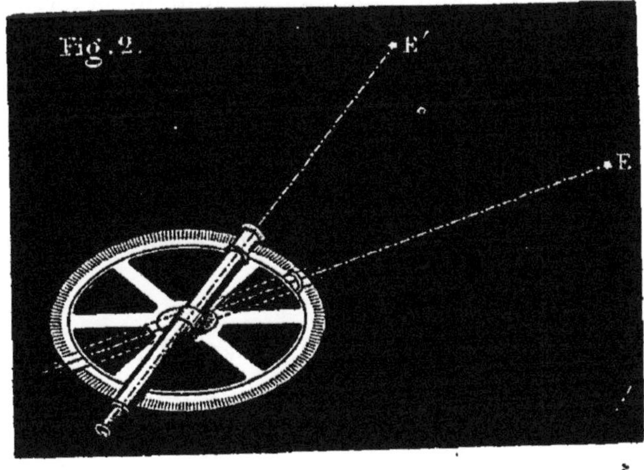

règle qui tourne autour du centre. Cette alidade porte une lunette astronomique avec laquelle on vise successivement les deux étoiles, après avoir disposé le cercle de manière à ce que son plan passe à la fois par les deux astres. L'arc qui sépare les deux lignes de visée mesure la distance angulaire cherchée.

C'est par les distances angulaires que nous nous rendons compte des positions relatives des étoiles ; ce sont les arcs ee', $e'e''$,... (*fig.* 1) qui forment sur la voûte céleste les figures, telles que $ee'e''e'''$, que nous attribuons aux groupes d'étoiles nommés *constellations*.

5. Mouvement diurne apparent des étoiles. Au premier abord les étoiles nous paraissent immobiles. Mais prenons des points de repère, une maison, un arbre, au-dessus desquels se trouvent des étoiles, et observons celles-ci pendant un temps assez long, une heure par exemple. Au bout de ce temps, ces étoiles ne sont plus au-dessus de l'arbre ou de la maison; elles s'en sont éloignées d'une manière sensible, toutes ensemble et du même côté. Le même mode d'observation, appliqué à tous les astres, nous les fait voir animés, relativement à nous, d'un mouvement continu, plus ou moins rapide.

Ce mouvement des astres n'est pas réel; ce n'est qu'une apparence due, comme nous l'expliquerons plus tard, à ce que la terre tourne sur elle-même. Mais ce qui est vrai, c'est que les positions des étoiles, relativement à nous et aux objets qui nous environnent, changent continuellement, et de la même manière que si ces astres se mouvaient réellement autour de la terre immobile. Étudier le mouvement apparent des astres comme nous allons le faire, c'est tout simplement étudier de la manière la plus commode ces changements de positions relatives.

Voici d'abord la description générale de ce mouvement apparent, tel que chacun en France peut l'observer sans instruments, en se plaçant le soir, par un temps serein, dans un lieu découvert.

6. Description générale du mouvement diurne. La terre nous présente l'aspect d'une grande surface plane, terminée de tous côtés par une courbe circulaire qu'on appelle *l'horizon*, sur laquelle semble s'appuyer la voûte céleste parsemée d'un nombre immense

d'étoiles (*). Tournons le dos à l'endroit du ciel où est le soleil à midi; le côté de l'horizon qui est à notre droite s'appelle l'*orient;* à gauche est l'*occident,* devant le *nord,* derrière le *sud* ou *le midi.* A notre droite des étoiles se lèvent, c'est-à-dire apparaissent au bord de l'horizon, montent progressivement dans le ciel jusqu'à une certaine hauteur, puis s'abaissent vers l'*occident,* jusqu'au bord de l'horizon où elles se couchent, c'est-à-dire disparaissent. Le lendemain, à la même heure de l'horloge astronomique, les mêmes étoiles se lèvent à l'orient, aux mêmes points, décrivent la même courbe dans le ciel, et se couchent aux mêmes endroits que la veille.

Si nous considérons des points de *lever* de plus en plus avancés vers le nord, à partir de notre droite, nous remarquons que les étoiles observées restent de plus en plus longtemps au-dessus de l'horizon dans leur course diurne. L'intervalle entre le lever et le coucher devient de plus en plus court et, à une certaine distance, les étoiles sont à peine couchées qu'elles reparaissent pour recommencer la même course au-dessus de l'horizon.

Plus loin encore, vis-à-vis de nous, vers le nord, il y a des étoiles qui ne se lèvent ni ne se couchent, mais restent perpétuellement au-dessus de l'horizon. Ces étoiles se meuvent néanmoins dans le même sens que les autres; chacune d'elles décrit en vingt-quatre heures, une courbe fermée. Toutes ensemble nous paraissent tourner autour d'un point central du ciel, très-voisin de l'étoile vulgairement connue sous le nom d'*étoile polaire.* Celle-ci, à première vue, paraît immobile dans ce mouvement général, mais en l'observant d'une manière plus précise, on reconnaît qu'elle se meut comme les autres, mais très-lentement.

Voilà ce qu'on remarque vers le nord. Tournons-nous vers le midi. De ce côté aussi, les étoiles se lèvent à l'orient (qui est à notre gauche) tous les jours, aux mêmes points et aux mêmes heures, décrivent chacune une courbe au-dessus de l'horizon, et vont se coucher à l'*occident.* Si nous considérons des points de

---

(*) Il est à peu près inutile de dire que cette voûte n'existe pas, que c'est une simple apparence. Les étoiles sont répandues dans l'espace infini, à des distances de la terre très-grandes, et généralement très-différentes les unes des autres.

levers de plus en plus avancés vers le *sud*, nous voyons que les étoiles observées restent de moins en moins longtemps au-dessus de l'horizon dans leur course diurne. Au plus loin, devant nous, les étoiles décrivent un très-petit arc au-dessus de l'horizon et se couchent très-peu de temps après s'être levées.

Telles sont les apparences du mouvement diurne observé dans ses détails. Ce mouvement, considéré dans son ensemble, est tel que la voûte céleste, comme une sphère immense couverte de points étincelants, paraît tourner tout d'une pièce autour d'une droite fixe allant à peu près de l'œil de l'observateur à l'*étoile polaire*.

Toutes les phases de ce mouvement général s'accomplissent dans l'intervalle d'un jour et d'une nuit; de là son nom, *mouvement diurne*. Si on observe une étoile à partir d'une certaine position précise (au-dessus d'une maison, d'un arbre), on la voit revenir au même point, au bout de vingt-quatre heures; elle nous paraît ainsi décrire dans cet intervalle, autour de la terre, une courbe fermée qui n'est autre chose qu'une circonférence de cercle comme nous le verrons bientôt (*).

Nous venons de décrire le mouvement diurne tel qu'on peut l'observer sans instruments. On se rend compte de la nature précise de ce mouvement et de ses principales circonstances, à l'aide de quelques instruments que nous allons décrire, après avoir défini certains termes d'astronomie que nous aurons besoin d'employer.

7. Verticale. On appelle *verticale* d'un lieu la direction de la pesanteur en ce lieu; cette direction est indiquée par le *fil à plomb*, petit appareil que tout le monde connaît.

Zénith, Nadir. La verticale prolongée perce la sphère céleste en

---

(*) L'aspect du ciel, le spectacle qu'offre le mouvement diurne, ne varient jamais pour l'observateur qui ne change pas de résidence. Il en est autrement dès qu'il se transporte dans un lieu plus méridional. Du côté du nord, quelques-unes des étoiles, qui restaient perpétuellement au-dessus de l'horizon du premier lieu, se lèvent et se couchent sur le nouvel horizon. Du côté du midi, on aperçoit de nouvelles étoiles invisibles dans la première résidence. Les étoiles visibles à la fois de l'un et de l'autre lieu ne restent pas les mêmes temps au-dessus des deux horizons.

deux points opposés, l'un situé au-dessus de nos têtes et visible, appelé *zénith*; l'autre invisible, appelé *nadir*.

Plan vertical. On nomme *plan vertical*, ou simplement *vertical*, tout plan qui passe par la verticale.

Plan horizontal. On appelle ainsi tout plan perpendiculaire à la verticale; toute droite située dans un pareil plan est une *horizontale*.

Horizon. On appelle *horizon* d'un lieu la courbe circulaire qui limite sur la terre la vue de l'observateur. Quand celui-ci est à la surface même de la terre, cette courbe est l'intersection de la sphère céleste par le plan horizontal qui passe par l'œil de l'observateur.

Quand on s'élève à une certaine hauteur, la partie visible de la terre s'agrandit; les rayons visuels qui vont aux divers points de l'horizon apparent ne sont plus dans le plan horizontal qui passe par l'œil de l'observateur, mais au-dessous, et forment avec ce plan un angle qui est toujours très-petit; cet angle s'appelle *la dépression de l'horizon apparent*.

Le plan parallèle à l'horizon, qui passe par le centre de la terre, se nomme l'horizon *rationnel* ou *astronomique*.

En cherchant à connaître avec précision les lois du mouvement diurne on est naturellement conduit à considérer les diverses positions que prend une étoile au-dessus de l'horizon. Ces positions se déterminent à l'aide d'un instrument nommé *théodolithe*.

Avant de décrire le théodolithe, nous dirons quelques mots de la lunette astronomique qui fait partie de cet appareil comme de plusieurs autres instruments d'observation.

8. Lunette astronomique. Elle se compose d'un tube aux extrémités duquel sont deux verres lenticulaires (*fig.* 3), un grand

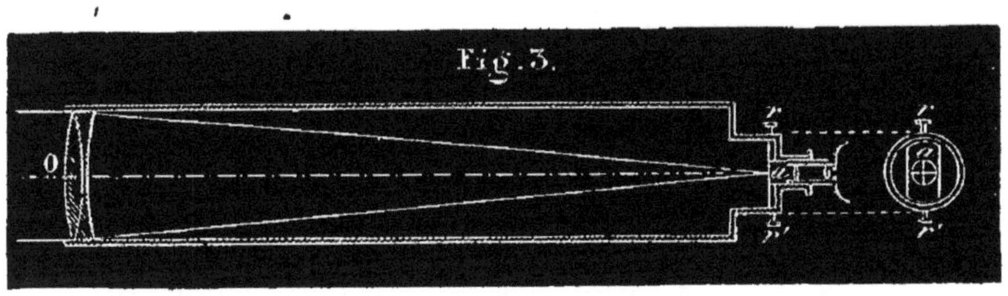

Fig. 3.

verre O dirigé vers l'objet, et qui, pour cette raison, se nomme *objectif;* l'autre, très-petit, derrière lequel on place l'œil, et qu'on nomme *oculaire*. Les rayons lumineux envoyés par un objet se brisent en traversant l'objectif, et viennent former dans l'intérieur de la lunette, à l'endroit qu'on nomme foyer, une image renversée de l'objet; à l'aide de l'oculaire on regarde cette image comme avec une loupe (*).

Réticule. Afin de donner plus de précision à la visée, on place au foyer de la lunette, en a, près de l'oculaire, une petite plaque percée d'un trou circulaire dans lequel sont tendus deux fils *très-fins*, perpendiculaires entre eux, qui se croisent au centre (V. dans la figure le cercle rr'); ce petit appareil se nomme *réticule*. Quand on vise une étoile, on fait mouvoir la lunette de manière que l'image de l'astre, venant se placer exactement au point a de croisement des fils du réticule, soit occultée par ce point a.

La direction du rayon visuel suivant lequel nous voyons l'étoile, coïncide alors avec l'*axe optique* de la lunette. Cet axe optique, aO, qui joint le point a, de croisée des fils, à un point déterminé O de l'objectif, a une position précise par rapport aux parois solides du tube. Il est donc facile de suivre la direction du rayon visuel sur un cercle divisé placé à côté de la lunette, parallèlement à cet axe; il est également facile de donner à la ligne de visée une direction indiquée, *à priori*, sur le cercle (**).

L'emploi de la lunette astronomique augmente la puissance de la vision et fait connaître avec une très-grande précision les directions dans lesquelles se trouvent les objets observés.

Dans les observations de nuit on est obligé d'éclairer le réticule. Pour cela on dispose, à l'extrémité de la lunette, en avant de l'objectif, une plaque inclinée, percée d'une ou-

---

(*) V. les Traités de physique pour la description plus détaillée des lunettes et l'explication des phénomènes de la vision.

(**) Quand nous parlerons de l'axe d'une lunette astronomique, il s'agira toujours de l'axe optique qu'il ne faut pas confondre avec son axe géométrique; mais, comme il importe pour la netteté de la vision que ces deux axes soient aussi rapprochés que possible, on peut fort bien, quand il ne s'agit que de se figurer approximativement la direction des rayons visuels, les supposer dirigés suivant l'axe géométrique de la lunette.

verture circulaire qui laisse entrer dans la lunette les rayons lumineux émanés de l'astre. Une lampe placée à côté, à une certaine distance de la lunette, éclaire cette plaque qui, recouverte d'une couche d'un blanc mat, éclaire légèrement par réflexion le réticule.

9. Théodolithe. Le *théodolithe* se compose *essentiellement* d'un cercle vertical divisé, qu'on nomme limbe *vertical*, mobile autour d'un axe vertical AB qui passe par son centre O, et d'un autre cercle *horizontal*, également divisé, ayant son centre I sur l'axe (*fig.* 4); une lunette astronomique L'L est mobile autour d'un axe gOg' perpendiculaire au limbe vertical. L'*axe* de la lunette perpendiculaire à gOg' se meut parallèlement au limbe vertical. Une vis de pression permet de fixer la lunette quand on veut, de manière que, immobile sur le limbe, elle soit seulement emportée par lui dans un mouvement commun autour de l'axe AB. Une ligne horizontale H'OH est gravée sur le limbe vertical; le zéro des divisions est en H. Le cercle horizontal peut être rendu fixe; à l'enveloppe mobile de l'axe AB est attachée une aiguille IE qui se meut avec le limbe vertical, dans le plan duquel elle se trouve et reste constamment. Le mouvement angulaire de cette aiguille IE sur le limbe horizontal mesure le mouvement angulaire du limbe vertical autour de l'axe. Par exemple, supposons que l'aiguille ait la position IE, au commencement d'un mouvement du limbe vertical; si, à la fin de ce mouvement, elle a la position ID, l'angle DIE mesure l'angle dièdre des deux positions extrêmes du limbe vertical (V. la note ci-après).

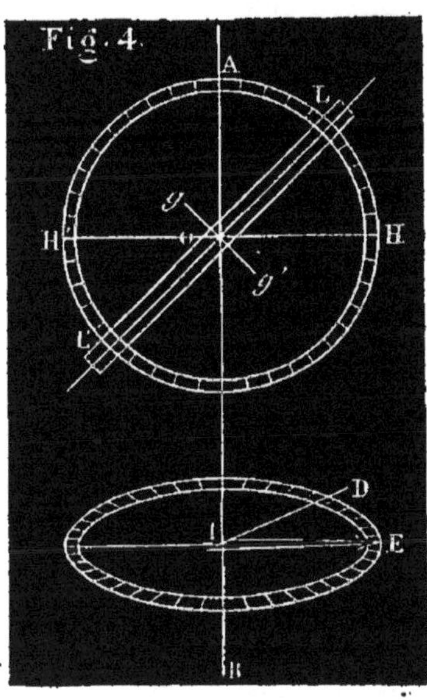

On peut, au commencement du mouvement, faire tourner le limbe horizontal de manière à amener le zéro de ce limbe sous l'aiguille; alors on *fixe* le limbe horizontal; puis on fait mouvoir comme il convient le limbe vertical; il est clair qu'on pourra lire alors immédiatement sur le limbe horizontal l'angle décrit par le limbe vertical. Le limbe horizontal est souvent appelé *cercle azimutal* (*).

Le théodolithe peut d'abord nous servir à mesurer la hauteur d'une étoile au-dessus de l'horizon.

10. Hauteur d'une étoile. On appelle hauteur d'une étoile E, (*fig.* 5) au-dessus de l'horizon d'un lieu, l'angle EOC que fait avec le plan horizontal le rayon visuel allant du lieu à l'étoile; ou bien c'est l'arc de grand cercle, EC, de la sphère céleste qui mesure cet angle. La hauteur d'une étoile varie de 0 à 90°.

Distance zénithale. La *distance zénithale* d'une étoile, E, est l'angle EOZ de la verticale et du rayon visuel OE allant du lieu à

(*) Nous avons réduit le théodolithe à sa plus simple expression, afin de mieux faire comprendre ses usages. Pour plus de commodité dans la manœuvre de l'instrument, il est en réalité disposé comme il suit (*fig.* 4 *bis*); le limbe vertical est fixé perpendiculairement, et par son centre, à l'extrémité d'une barre horizontale. Cette barre s'appuie par son milieu sur le haut d'une colonne verticale AB, de l'autre côté de laquelle elle porte un contre-poids à sa deuxième extrémité. On fait tourner le limbe vertical autour de cette colonne AB, en poussant la barre ou le limbe lui-même. Le mouvement angulaire de ce limbe autour d'une verticale quelconque est exactement le même que celui d'un limbe vertical fictif, qui passant, comme dans notre première description ci-dessus, par l'axe AB, serait dans toutes ses positions parallèle au limbe réel. L'aiguille IE du limbe horizontal, qui est et reste toujours parallèle au limbe vertical réel, mesure donc par son mouvement angulaire celui de ce limbe vertical.

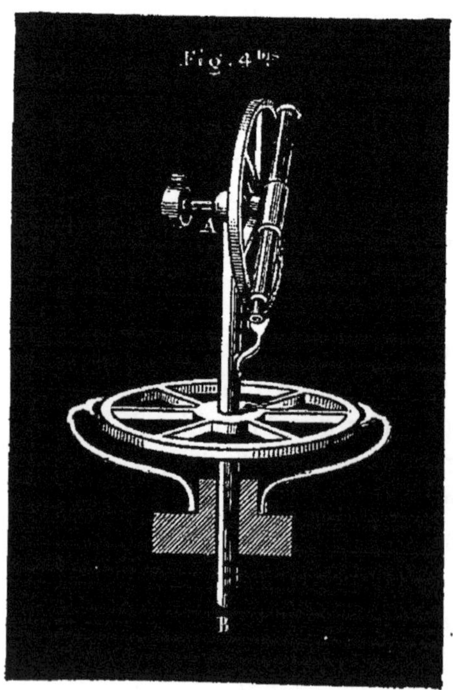

l'étoile (*fig.* 5); ou bien c'est l'arc de grand cercle ZE qui mesure cet angle. La hauteur et la distance zénithale sont des angles complémentaires; EC + EZ = 90°. L'un d'eux étant connu, l'autre s'en déduit.

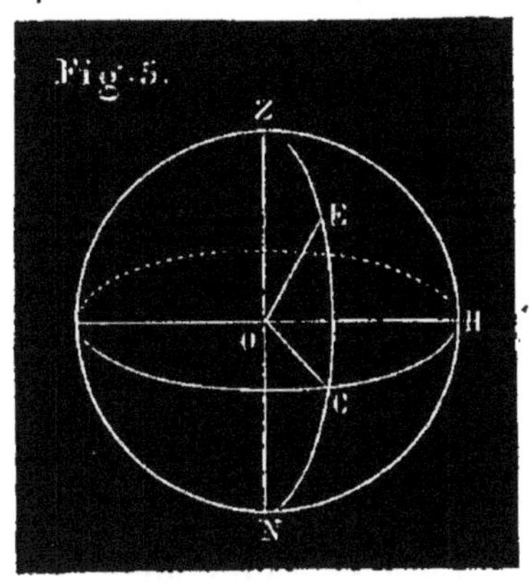

Fig. 5.

Azimuth d'une étoile. On nomme *azimuth* d'une étoile l'angle que fait le demi-cercle vertical ZEN qui contient cette étoile avec un plan vertical convenu, nommé *premier vertical*, que nous supposerons être ZOH (*fig.* 5). Cet angle dièdre est mesuré par l'angle HOC des traces horizontales de ces plans; l'azimuth est donc aussi l'arc HC qui sépare sur l'horizon le premier vertical et le vertical de l'étoile.

11. Les trois angles que nous venons de définir peuvent se mesurer en même temps avec le théodolithe.

On fait tourner le limbe vertical jusqu'à ce que son plan passe par l'étoile. Cela étant, on fait tourner la lunette jusqu'à ce qu'on voie l'étoile arriver, dans le champ de l'instrument, à la croisée des fils, en E. L'angle EOC, ou l'arc EC, est la hauteur cherchée (*fig.* 6).

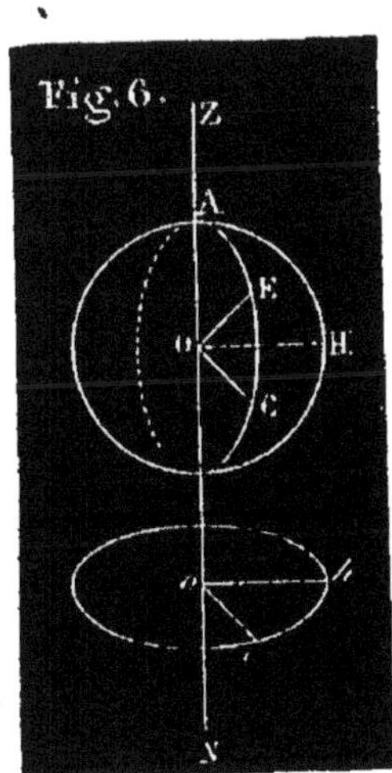

Fig. 6.

La distance zénithale s'obtient par la même opération; c'est l'angle AOE ou l'arc AE.

Supposons que le limbe horizontal étant maintenu fixe, le zéro de ses divisions, que nous supposerons en *h*, soit dans le premier vertical qui est alors *Zoh*; l'étoile étant vue en E, l'azimuth est l'angle *hoc* ou l'arc *hc*.

La hauteur ainsi observée est ce qu'on appelle la *hauteur apparente* de l'étoile; la *hauteur vraie* est altérée par la *réfraction* qui est une déviation des rayons lumineux, due à l'interposition de l'air atmosphérique entre nous et l'étoile. Il y a des tables pour corriger l'erreur ainsi commise et déduire la hauteur vraie de la hauteur apparente observée (V. la réfraction).

L'azimuth et la hauteur d'une étoile déterminent sa position par rapport à l'observateur au moment de l'observation; c'est ce que montre la figure 5 (l'observateur est placé en O).

A l'aide du théodolithe on peut déjà étudier quelques circonstances importantes du mouvement diurne.

CULMINATION DES ÉTOILES; PLAN MÉRIDIEN; PASSAGE AU MÉRIDIEN.

12. Quand un observateur suit avec le théodolithe le mouvement d'une étoile qui *s'élève*, à partir d'une certaine hauteur, 15° par exemple, l'aiguille du limbe horizontal (*fig.* 8) ayant la position IE, il voit cet astre monter constamment jusqu'à une certaine hauteur, puis, au delà de ce point culminant, descendre continuellement. D'après le mouvement de la lunette sur le limbe vertical, il remarque que les hauteurs de l'étoile, dans le mouvement descendant, sont égales chacune à chacune à celles du mouvement ascendant, mais se retrouvent dans un ordre inverse; cette circonstance attire naturellement son attention sur la position culminante de l'étoile. Supposons qu'il cesse d'observer quand l'étoile est revenue à la hauteur de 15°, l'aiguille du limbe horizontal ayant la position ID; la position culminante de l'étoile qui paraît tenir le milieu entre toutes les positions observées doit se trouver dans le plan vertical moyen, celui dont la trace sur le limbe horizontal divise l'angle DIE en deux parties égales. En effet, si l'observateur, ayant tracé sur le limbe cette bissectrice IM, recommence le lendemain à observer l'étoile, il la voit constamment monter jusqu'à ce que l'aiguille ait la direction IM, puis descendre continuellement, et cela, quelle que soit la hauteur à laquelle il recommence l'observation.

Bien plus, s'il observe ensuite de la même manière le mouvement d'une autre étoile *quelconque*, à partir d'une de ses positions les plus rapprochées de l'horizon, il la voit monter constamment jusqu'à ce qu'elle soit arrivée dans ce même plan vertical AIM, puis descendre continuellement quand elle l'a traversée.

De semblables observations constatent ce qui suit :

13. PLAN MÉRIDIEN. *Il existe pour chaque lieu un plan vertical, nommé* PLAN MÉRIDIEN, *qui contient les positions culminantes de toutes* *les étoiles, et divise en deux parties égales et symétriques chacune des courbes qu'elles décrivent au-dessus de l'horizon.*

14. Passages au méridien. Chaque étoile dans sa révolution diurne traverse deux fois le plan méridien : la première fois au point le plus élevé de sa courbe diurne, c'est le *passage supérieur* ou la *culmination* de l'étoile; la seconde fois au point le plus bas de la même courbe, c'est le *passage inférieur*.

Si on observe une étoile *qui se lève*, on la voit monter depuis son lever jusqu'à son passage supérieur, puis descendre jusqu'à son coucher; son passage inférieur a lieu au-dessus de l'horizon.

Si on observe une étoile *circompolaire*, c'est-à-dire une des étoiles qui ne se lèvent ni ne se couchent, à partir d'*un passage inférieur*, on la voit monter à l'orient, d'un côté du plan méridien, jusqu'à son passage supérieur, puis descendre de l'autre côté de ce plan jusqu'à un nouveau passage inférieur (*).

15. On appelle *méridienne* d'un lieu l'intersection du plan méridien et du plan horizontal.

Le plan méridien joue un très-grand rôle en astronomie; pour le connaître, il suffit de déterminer la méridienne, puisque ce plan passe par une ligne déjà connue, la *verticale*.

La manière de déterminer la méridienne est, à la rigueur, suffisamment indiquée n° 12; mais à cause de l'importance de cette détermination, nous croyons devoir l'exposer à part, pour plus de précision.

16. Détermination de la méridienne. On vise, avec la lunette du théodolithe, une étoile déjà arrivée à une certaine hauteur au-dessus de l'horizon du lieu, à 15° par exemple, mais non encore parvenue à sa culmination. On serre la vis de pression de manière que la lunette conserve sa position actuelle, LOH = 15°, sur le

(*) Dans l'une et l'autre observations, la durée du mouvement descendant est précisément égale à celle du mouvement ascendant.

limbe vertical (*fig.* 8); en même temps on note bien exactement la position de l'aiguille sur le limbe horizontal; soit IE, par exemple. Puis, l'étoile continuant son mouvement, on la suit des yeux, jusqu'à ce que, ayant dépassé son point de culmination, elle soit sur le point de revenir à la même hauteur de 15°. Alors on fait mouvoir le limbe vertical de manière à être en mesure de viser l'étoile quand elle sera revenue à cette hauteur, ce qui arrive quand le plan vertical passant par l'étoile, on retrouve celle-ci à la croisée des fils de la lunette dont la direction est toujours telle que LOH = 15°.

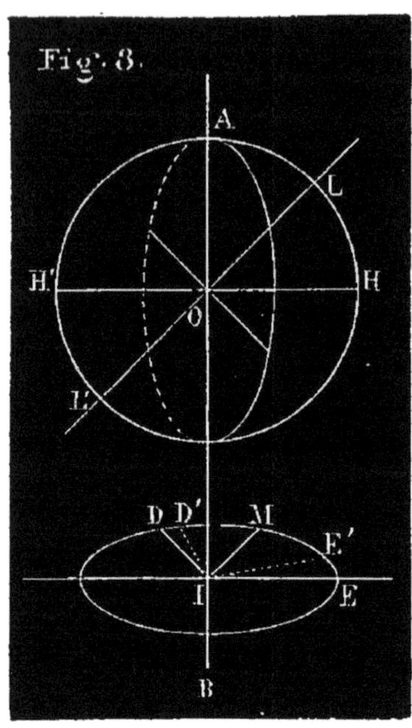

L'aiguille horizontale occupe alors une certaine position ID sur le limbe horizontal. On divise l'arc ED en deux parties égales au point M; on tire IM; la ligne IM est la direction de la méridienne.

Si on recommence l'opération en visant l'étoile à une hauteur différente de 15°, on trouvera un angle horizontal différent D'IE'; mais cet angle a la même bissectrice IM que DIE. En observant de la même manière une étoile quelconque, on trouve toujours la même bissectrice IM.

La méthode que nous venons d'indiquer pour trouver la méridienne est connue sous le nom de méthode des hauteurs égales ou correspondantes (*).

17. Passage d'un astre au méridien. Une des opérations les plus importantes de l'astronomie consiste à déterminer exactement l'heure du passage d'une étoile ou d'un astre quelconque au méridien d'un lieu.

(*) La méridienne peut aussi se déterminer à l'aide du *gnomon.* (V. à l'article des cadrans.)

On se sert pour cela de la *lunette méridienne* et de l'*horloge sidérale*.

LUNETTE MÉRIDIENNE. Cet instrument se compose essentiellement d'une lunette fixée au milieu d'un axe de rotation horizontal, dont les extrémités s'appuient par deux tourillons, sur deux massifs de pierre (*fig.* 11). C'est à peu près comme un canon sur son affût.

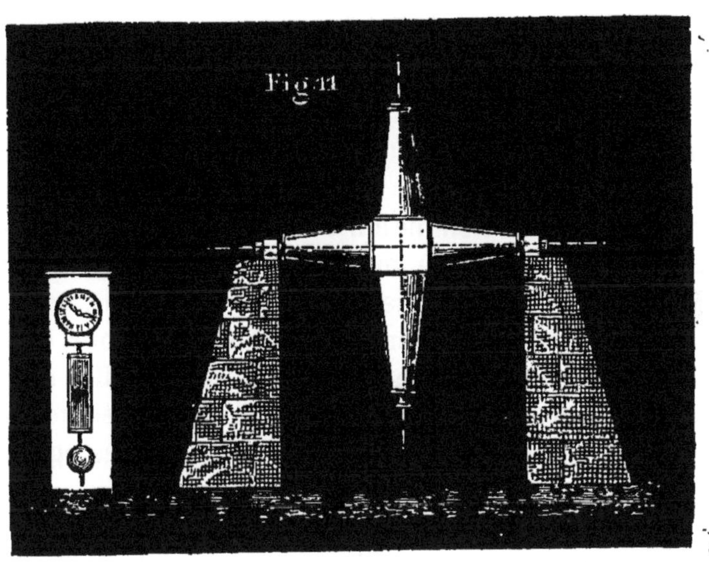

La lunette est disposée de manière que son axe, perpendiculaire à l'axe de suspension, décrive un plan vertical qui n'est autre que le plan méridien du lieu ; on conçoit alors qu'en inclinant convenablement la lunette, l'observateur puisse apercevoir les différents astres à mesure qu'ils arrivent dans le plan méridien.

Quand une étoile arrive dans le champ de la lunette, on fait mouvoir celle-ci jusqu'à ce que l'étoile touche le fil horizontal ; quand elle arrive à la croisée des fils, elle est à son point précis de culmination, elle passe au méridien. On note l'heure que marque en ce moment une horloge sidérale placée à côté de la lunette méridienne.

Une *mire*, ou ligne de visée verticale, dont la direction est rencontrée par la méridienne, est ordinairement gravée sur une colonne ou monument solide quelconque, à une assez grande distance de l'observatoire. Pour être sûr que l'axe de la lunette méridienne décrit exactement le plan méridien, on dirige horizontalement cette lunette vers la mire; puis on la fait tourner dans les deux sens; la mire doit toujours être vis-à-vis de la croisée des fils. Si on la voit à droite ou à gauche, c'est que la lunette ne décrit pas exactement le plan méridien.

Cette vérification s'applique à toute lunette qui doit décrire le plan méridien, soit d'une manière permanente, soit momentanément pour une observation particulière; exemples : le cercle mural et le théodolithe.

18. Remarque. Un moyen précis de déterminer l'heure du passage d'un astre au méridien, consiste à l'observer, le même jour, à des hauteurs égales au-dessus de l'horizon, à 15° par exemple, en notant l'heure de chaque observation à l'horloge sidérale. La moyenne arithmétique, c'est-à-dire la demi-somme des deux heures ainsi remarquées, est l'heure précise du passage de l'étoile au méridien. Cette observation peut se faire avec le théodolithe.

19. Horloge sidérale. On nomme ainsi une horloge d'une grande précision disposée de manière à marquer le temps sidéral. Un cadran divisé en vingt-quatre parties égales est parcouru par une aiguille dans l'espace d'un jour sidéral; cette aiguille parcourt donc une division dans une heure sidérale. Deux autres aiguilles marquent les minutes et les secondes sidérales; leurs extrémités se meuvent sur une circonférence divisée en soixante parties égales, que la première parcourt en entier dans une heure sidérale (une division par minute), et la seconde en une minute sidérale (une division par seconde). Chaque oscillation du pendule s'effectue en une seconde, en sorte que le commencement des secondes successives est marqué par le bruit que fait l'échappement de l'horloge à chaque oscillation du pendule. L'observateur qui a l'œil à la lunette méridienne, et qui a regardé d'avance la position qu'occupaient les aiguilles de l'horloge, peut compter les secondes successives à l'aide de ce bruit, et connaître à chaque instant l'heure marquée par l'horloge sans se déranger de son observation.

En outre de la lunette méridienne et de l'horloge sidérale, chaque observatoire possède principalement un *cercle mural*.

20. Cercle mural. Cet instrument se compose d'un cercle très-exactement divisé, situé précisément dans le plan méridien. Il porte à son centre une lunette astronomique qui, tournant autour d'un axe horizontal, décrit ce même plan méridien comme la lunette des passages; ce cercle est fixé contre un mur d'une grande solidité; de là son nom de cercle mural.

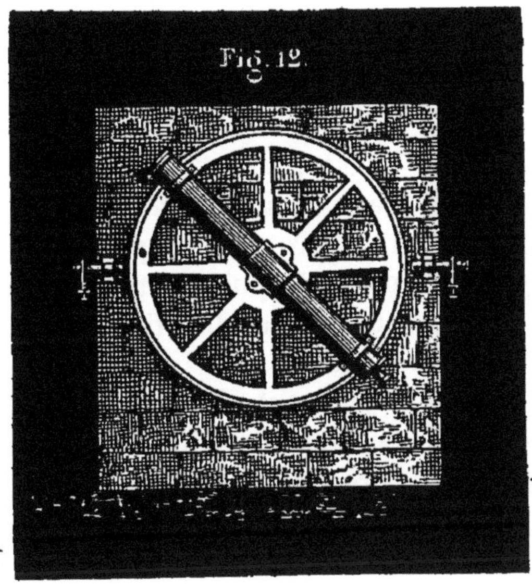
Fig. 12.

La trace de l'horizon, H'H, étant invariablement marquée sur le mural (*fig.* 13), cet instrument peut servir, comme le théodolithe, à mesurer la hauteur EOH d'une étoile, E, au-dessus de l'horizon, quand elle passe au méridien, ce qu'on nomme la *hauteur méridienne* de l'astre; par suite, il sert au même instant à déterminer la distance zénithale méridienne.

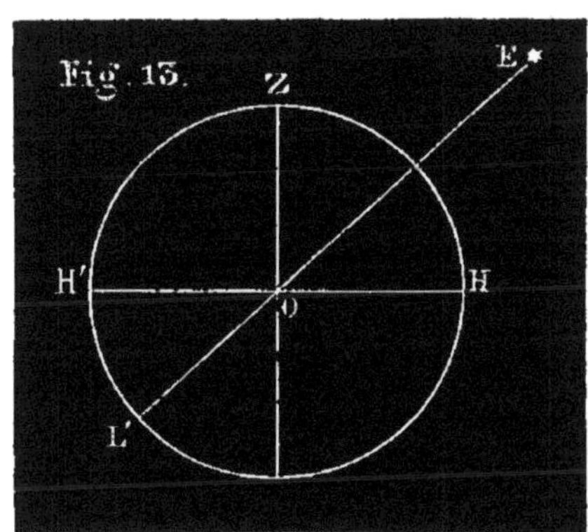

Fig. 13.

21. Axe du monde. — Vérification des lois du mouvement diurne. — Nous avons dit, en finissant la description générale du mouvement diurne, que les étoiles nous paraissent tourner autour d'une ligne droite idéale allant à peu près de l'œil de l'observateur à l'étoile polaire.

On appelle *axe du monde* la ligne droite idéale autour de laquelle nous paraissent tourner tous les corps célestes.

On peut déterminer, comme il suit, sa direction à l'aide du mura

On vise une étoile circompolaire à son passage inférieur, puis à son passage supérieur au méridien; on marque chaque fois la division précise du limbe rencontrée par la direction de l'axe de la lunette; soient N et L (*fig.* 14) les deux points marqués; on divise l'arc LN en deux parties égales au point P; puis on tire le rayon OP qui est la direction de l'axe du monde.

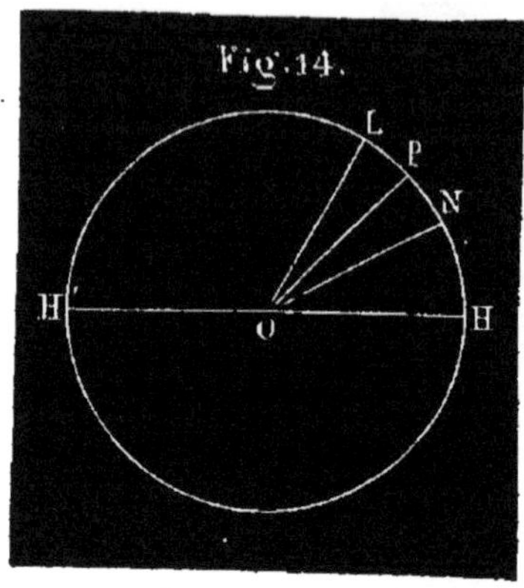

On peut observer pour cette détermination telle étoile circompolaire que l'on veut; on trouve toujours la même bissectrice OP. C'est ordinairement l'étoile polaire qu'on observe en cette occasion.

Le point P et par suite la direction de l'axe du monde peuvent être marqués invariablement sur le cercle mural; c'est ce que nous supposerons.

22. Lois du mouvement diurne. La direction de l'axe du monde étant connue, on peut vérifier les lois du mouvement diurne dont voici l'énoncé :

Tous les corps célestes paraissent tourner autour d'une droite fixe qu'on appelle axe du monde. *Chaque* étoile *paraît décrire une* circonférence *dont le centre est sur cet axe et dont le plan est perpendiculaire à cette ligne. Tous ces cercles sont décrits d'un mouvement uniforme, et la révolution entière s'effectue dans un temps, le* même *pour toutes les étoiles, qu'on nomme* jour sidéral. *De là le nom de* mouvement diurne *donné à ce mouvement général de tous les corps célestes.*

On peut vérifier ces lois à l'aide d'un instrument connu sous le nom de *machine parallactique* ou *équatorial*, qui n'est autre chose qu'un théolodithe dont l'axe, au lieu d'être vertical, est dirigé parallèlement à l'axe du monde (*fig.* 15 *bis*).

On vise une étoile E avec la lunette de cet appareil (*fig.* 15); l'étoile étant derrière la croisée des fils, on serre la vis de pression, afin que, durant le mouvement imprimé au limbe vertical, l'angle AOL reste invariable. En même temps on met l'appareil en communication avec un mécanisme d'horlogerie, identiquement le même que celui qui met en mouvement l'aiguille des secondes d'une horloge sidérale; ce mécanisme fait tourner le limbe vertical ALC et

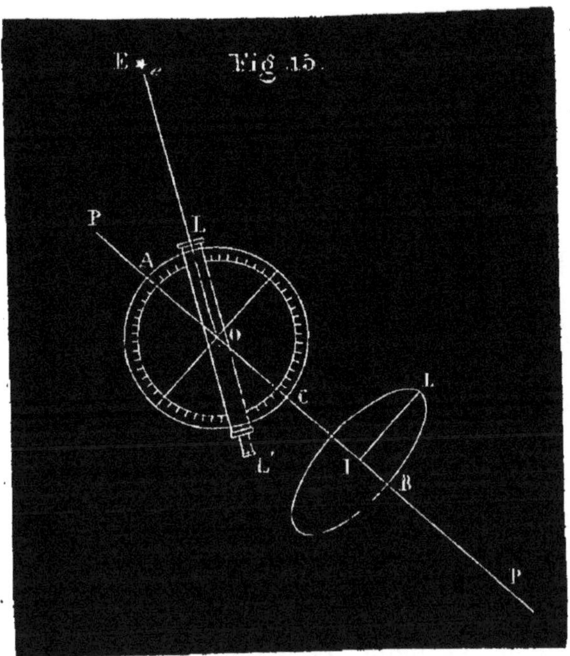

tous les points invariablement liés à ce limbe, ex. *la lunette*, autour de l'axe, d'un mouvement de révolution tel que chaque point du système mobile décrit un arc de 15″ à chaque battement du pendule (observez le mouvement de l'aiguille IL sur le limbe inférieur); 15″ en une seconde sidérale, cela fait une circonférence en 24 heures. Après chaque mouvement de la lunette, on retrouve constamment l'étoile E derrière la croisée des fils, sur la direction de l'axe optique L'L; soit *e* le point de cet axe OL prolongé avec lequel coïncide d'abord l'étoile; après chaque seconde sidérale, nous retrouvons toujours l'étoile sur la direction OL*e*, coïncidant avec le point *e* [sphère céleste, n° 3]. Le point *e* tournant autour de l'axe AB, l'étoile E nous paraît donc tourner avec lui autour de cet axe, décrivant un arc de 15″ en une seconde de temps, par suite une circonférence tout entière en 86400 secondes, ou un jour sidéral (*).

(*) L'extrémité L de l'aiguille IL décrit sur le limbe horizontal des arcs exactement égaux (en degrés) à ceux que décrit le point *e*; il suffit donc d'observer

L'expérience donne le même résultat *à quelque point de son cercle diurne* que l'on commence à observer l'étoile; les résultats

Fig. 15 bis

obtenus sont également les mêmes pour toute étoile observée. Le mouvement diurne apparent des étoiles est donc uniforme; les lois de ce mouvement sont bien celles que nous avons exposées tout à l'heure, n° 22.

23. Jour sidéral. Nous avons appelé *jour sidéral* le temps que met une étoite à décrire une circonférence autour de l'axe du monde.

Afin de pouvoir comparer le jour sidéral à d'autres jours qui seront indiqués plus tard, on le définit souvent ainsi :

On appelle jour sidéral *le temps qui s'écoule entre deux passages consécutifs de la même étoile au même point du méridien d'un lieu.*

Le jour sidéral ainsi défini a toujours été trouvé le même, depuis les plus anciennes observations astronomiques jusqu'à nos jours. Il se subdivise en 24 heures sidérales, l'heure en 60 minutes, la minute en 60 secondes. Le jour et ses subdivisions s'indiquent

---

le mouvement de cette aiguille sur le limbe pour déterminer la vitesse et constater l'uniformité du mouvement apparent de l'étoile.

par leurs initiales j., h., m., s. Exemple : 10 heures 42 minutes 31 secondes s'écrivent ainsi : $10^h\ 42^m\ 31^s$.

Il ne faut pas confondre le jour sidéral avec le jour vulgaire, qui est le jour solaire ; nous verrons que le jour solaire surpasse le jour sidéral d'environ 4 minutes. Il importe donc, en astronomie, de préciser l'espèce des jours, heures, minutes qui expriment un temps indiqué.

24. Pôles. On appelle *pôle du monde* chacun des deux points où la direction de l'axe du monde va percer la sphère céleste.

Le pôle visible pour nous (à Paris et en France) s'appelle pôle *boréal* ou *arctique ;* le pôle qui nous est caché par la Terre s'appelle pôle *austral* ou *antarctique.*

Parallèles célestes. Les cercles décrits par les étoiles étant tous perpendiculaires à une même droite, sont parallèles ; on leur donne le nom de *parallèles célestes.* V. fig. 16.

Équateur céleste. On nomme *équateur céleste* le parallèle qui passe par le centre de la sphère céleste ; il divise celle-ci en deux hémisphères, l'hémisphère *boréal* et l'hémisphère *austral.* V. fig. 16.

On nomme *étoile polaire* une étoile de deuxième grandeur qui nous paraît actuellement la plus voisine du pôle boréal ; elle en est distante de 1° 1/2 environ. Nous apprendrons à la distinguer (n° 45) ; quand nous saurons la reconnaître à première vue, elle nous servira à nous orienter en nous faisant connaître à peu près la position du pôle boréal. Au lieu de pôle boréal, on dit souvent le pôle, sans autre désignation.

25. Hauteur du pôle. La *hauteur du pôle* au-dessus de l'horizon d'un lieu est l'angle que fait l'axe du monde avec le plan horizontal, ou bien c'est l'angle aigu de cet axe avec la méridienne du lieu. C'est l'angle POH, fig. 16, ci-après.

Dans les observatoires où il y a un *mural,* cette hauteur se trouve indiquée sur le *limbe ;* c'est l'arc qui sépare l'extrémité de la méridienne (horizontale du mural) de l'extrémité de la ligne des pôles (axe du monde).

La hauteur du pôle, à l'Observatoire de Paris, est de 48° 50′ 11″5 (d'après MM. Mauvais et Laugier).

Pour déterminer cette hauteur en un lieu quelconque, par une observation directe, on détermine la hauteur, au-dessus de l'horizon, d'une étoile circompolaire quelconque à son passage supérieur au méridien, puis au passage inférieur; la demi-somme de ces deux hauteurs est la hauteur cherchée du pôle au-dessus de l'horizon du lieu.

Cette méthode se fonde sur ce que le pôle P est le milieu de l'arc du méridien qui sépare le passage supérieur, I' (*fig.* 16), d'une étoile circompolaire quelconque de son passage inférieur I (n° 23). PI' = PI; alors IH = PH — PI; I'H = PH + PI; d'où IH + I'H = 2PH, et enfin $PH = \frac{IH + I'H}{2}$ (*).

(*) On peut indiquer sur une figure la disposition apparente de la sphère céleste par rapport à l'horizon d'un lieu; cette figure fera comprendre ce qui a été dit relativement au mouvement diurne apparent des astres (*fig.* 16).

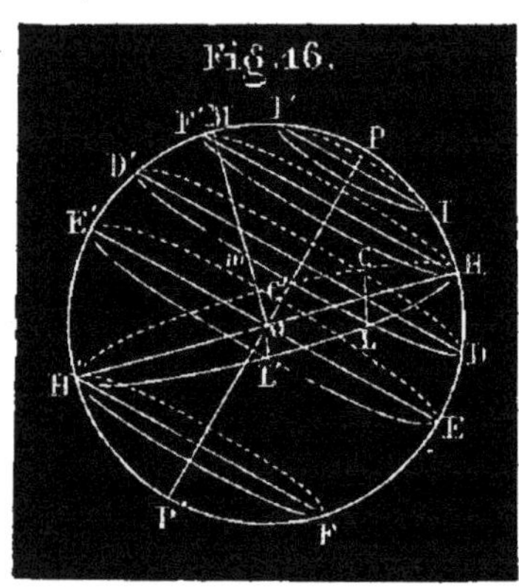

Le cercle PEP'E', vu de face, est le méridien céleste d'un lieu *m*, dont nous supposerons le zénith à gauche en M. L'horizon de *m* est le cercle HCH'L perpendiculaire au méridien PEP'E', qui contient la verticale OM. Nous avons figuré quelques parallèles célestes, parmi lesquels l'équateur céleste EC'E'L', tous perpendiculaires au méridien PEP'E' qui contient l'axe du monde PP'.

On voit tout de suite, sur cette figure, que la sphère céleste se partage en trois zones : 1° la zone HPF' au-dessus du parallèle HF', dite de *perpétuelle apparition*, parce que toutes les étoiles de cette zone sont toujours visibles pour le lieu *m*; 2° la zone intermédiaire HFH'F', où sont les étoiles qui ont un *lever* L et un *coucher* C. On peut se figurer l'une de ces étoiles circulant sur cette zone dans le sens LD'CD, se levant sous nos yeux en L, parcourant l'arc LD'C au-dessus de l'horizon, se couchant en C; puis, invisible pour nous, parcourant l'arc CDL au-dessous de l'horizon; 3° enfin on remarque la zone FP'H' où se trouvent les étoiles constamment invisibles pour le lieu *m*, parce qu'elles décrivent leurs cercles diurnes tout entiers au-dessous de l'horizon H'H de ce lieu *m*.

La même figure montre que le méridien divise par moitié, en D', l'arc que décrit une étoile au-dessus de l'horizon; que ce milieu D' est le point de l'arc visible LD'C le plus élevé au-dessus de l'horizon HCH'L.

Enfin, il est facile de voir que le pôle P est le milieu de l'arc I'PI de méridien qui sépare le passage supérieur, I', et le passage inférieur, I, d'une étoile circompolaire quelconque.

MOUVEMENT DE ROTATION DE LA TERRE.

26. Les étoiles ne tournent pas réellement autour de la terre, avons-nous dit précédemment, leur mouvement diurne n'est qu'une apparence produite par le mouvement de rotation de la terre. C'est ce que nous allons essayer d'expliquer.

Nous dirons d'abord comment on est conduit à mettre en doute la réalité du mouvement diurne des étoiles, puis les raisons qui nous portent à croire au mouvement de la terre. Enfin nous montrerons que toutes les apparences du mouvement diurne s'expliquent parfaitement dans l'hypothèse que voici :

La terre tourne sur elle-même autour d'un axe central ; elle effectue, d'un mouvement uniforme, une révolution entière en 24 heures sidérales.

1° *Le mouvement diurne des étoiles est invraisemblable.*

En effet, le nombre des étoiles que nous voyons, ou que les télescopes nous laissent apercevoir, est incalculable ; les distances qui nous en séparent sont d'une grandeur incommensurable. Eu égard à ces distances, il faut attribuer à la sphère céleste un rayon immense ; il en résulte que les cercles que les étoiles nous paraissent décrire ont des étendues excessivement diverses ; petits relativement, aux environs des pôles, leurs périmètres deviennent, pour ainsi dire, infinis quand on arrive à l'équateur céleste. Pour que ces périmètres si différents soient parcourus dans le même temps, dans un jour sidéral, il faut que les vitesses réelles des étoiles, modérées relativement aux environs des pôles, aillent en augmentant jusqu'à devenir d'une grandeur excessive sur l'équateur céleste. Néanmoins ces mouvements, si divers dans leurs rapidité, doivent être tellement réglés, tellement mesurés, que ces corps répandus en nombre infini dans l'espace, immensément éloignés les uns des autres, ne paraissant liés par aucune dépendance mutuelle, conservent invariablement leurs positions relatives, puisque la sphère céleste, gardant toujours le même aspect, semble se mouvoir tout d'une pièce. Quelle force, quelle influence produirait un *pareil* mouvement général ? Cette influence devrait être en grande partie attribuée à la terre, puisque ce mouvement aurait lieu autour d'un axe dont la position paraît dépendre uniquement de celle de la terre. Mais comment concevoir qu'une pareille influence puisse être exercée par notre globe, dont la petitesse est inappréciable relativement aux espaces célestes à travers lesquels il lui faudrait agir sur des corps qui, à en juger par les dimensions connues de quelques-uns, sont beaucoup plus considérables que lui. Toutes ces considérations rendent aussi incompréhensible qu'invraisemblable le mouvement diurne des étoiles (*).

2° Au contraire, *bien des analogies et des faits observés nous portent à croire au mouvement de rotation de la terre.*

Il y a d'abord des *analogies* frappantes. Tous les corps célestes qui sont assez près de nous pour que nous puissions distingner quelque chose de leur aspect extérieur, par exemple, le soleil, la lune, les planètes, tournent tous sans exception sur eux-mêmes autour d'un axe central. Il est naturel de penser que la terre, qui nous paraît dans les mêmes conditions que les planètes, tourne de la même manière. Ce mouvement d'un corps solide, isolé de toutes parts (**), est plus simple et plus naturel que celui qu'il nous faudrait attribuer à une multitude de corps isolés, indépendants les uns des autres comme les étoiles.

(*) Les mêmes objections peuvent être exposées avec plus de précision comme il suit :

1° L'observation nous montre les étoiles répandues par millions dans l'espace, isolées, indépendantes et immensément éloignées les unes des autres ; il est peu vraisemblable que cette multitude innombrable de corps isolés, indépendants, tournent autour de la même droite avec autant d'ensemble, autant d'accord que s'ils étaient liés invariablement les uns aux autres.

2° Eu égard à l'indépendance des étoiles, on ne pourrait expliquer le mouvement circulaire de chacun de ces astres que par l'action d'un corps placé au centre de son cercle diurne. Il devrait donc y avoir sur l'*axe du monde* autant de corps capables d'exercer une pareille influence qu'il y a d'étoiles ; or, l'observation ne nous en montre aucun ; nous n'y voyons que la terre.

L'observation nous apprend aussi que les distances qui séparent les étoiles de la terre sont immenses, tellement grandes qu'on ne peut les évaluer. La plus petite de ces distances surpasse 8 trillions de lieues ; c'est donc là le plus petit rayon que nous puissions attribuer à la sphère céleste. Les étoiles qui nous paraissent décrire l'équateur céleste parcourraient donc en 24 heures une circonférence de plus de 50 trillions de lieues de longueur ; plus de 500000 lieues par seconde. Comment la terre, dont la petitesse est inappréciable par rapport à ces espaces célestes, pourrait-elle imprimer à plus de 8 millions de millions de lieues de distance un pareil mouvement à des corps plus considérables qu'elle-même ?

(**) V. le commencement du chapitre II.

Comme *faits observés*, nous citerons la diminution de la pesanteur à la surface de la terre quand on descend du pôle vers l'équateur, qui ne peut être attribuée qu'à l'augmentation de la force centrifuge due à la rotation de la terre ; nous citerons encore la belle expérience de M. Foucault sur le mouvement du pendule, la forme même de la terre renflée à l'équateur, aplatie vers les pôles, puis les vents alisés, etc.

3° *Toutes les apparences du mouvement diurne des corps célestes s'expliquent parfaitement dans l'hypothèse que la terre, animée d'un mouvement uniforme de rotation autour d'un axe central, effectuerait une révolution entière en 24 heures sidérales* (*).

C'est ce que nous allons démontrer.

Nous voyons des étoiles se lever à l'orient, monter, puis s'abaisser et se coucher à l'occident. C'est que notre horizon, que l'on peut se figurer comme un plan matériel attaché à la terre au point où nous sommes, tourne avec elle autour d'un axe, oblique à ce plan. Le côté *est* de cet horizon s'abaisse dans le sens du mouvement (M_1H_1), (*fig.* 17),

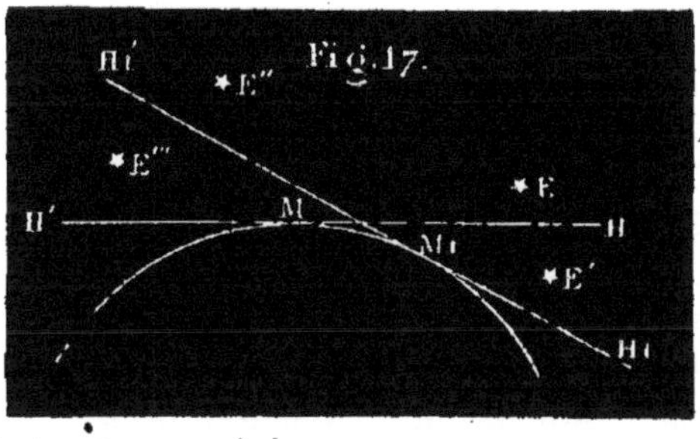

(*) *Les étoiles nous paraissent s'élever au-dessus de l'horizon; elles nous semblent décrire des cercles autour d'un axe dont la direction nous est connue.* Ces apparences peuvent fort bien se produire sans que ce mouvement soit réel? Est-ce que les arbres d'une route ne paraissent pas fuir, et se mouvoir tous ensemble avec rapidité, devant un voyageur qui passe sur un chemin de fer? Est-ce que le rivage et les personnes qui s'y trouvent ne paraissent pas se mouvoir devant un voyageur qui s'éloigne en bateau?

Si le mouvement réel du voyageur produit l'apparence d'un mouvement en sens contraire des corps extérieurs qui ne participent pas à ce mouvement, ne peut-il pas se faire que le mouvement circulaire des corps célestes soit simplement une apparence due à un mouvement circulaire de l'observateur, dirigé en sens contraire de celui dont nous paraissent animées les étoiles? L'apparence étant la même pour les habitants de tous les lieux de la terre, doit pouvoir s'expliquer par un mouvement de rotation du globe terrestre tout entier autour de la ligne que nous avons appelée axe du monde. Or, rien de plus facile que cette explication.

tandis que le côté *ouest* se relève ($M_1H'_1$). Durant ce mouvement, l'étoile E, dont la hauteur se comptait à l'est, nous a paru monter en se dirigeant de l'est vers l'ouest; l'étoile E' qui se trouvait au-dessous de l'horizon, invisible pour nous est devenue visible; elle s'est *levée*. L'étoile E'', dont la hauteur se comptait déjà à l'ouest, nous a paru descendre. L'étoile E''', qui était visible, a disparu et s'est *couchée* à l'occident. Toutes nous ont paru s'avancer de l'est à l'ouest, tandis que c'est l'horizon qui a marché en sens contraire.

Ces premières apparences s'expliquent donc par le mouvement de rotation de la terre.

Le mouvement diurne étudié avec précision se résume ainsi :

Toutes les étoiles nous PARAISSENT *décrire des circonférences de cercle autour d'une même droite fixe* PP' (*).

Expliquons ce qui se passe quand on étudie ces phénomènes.

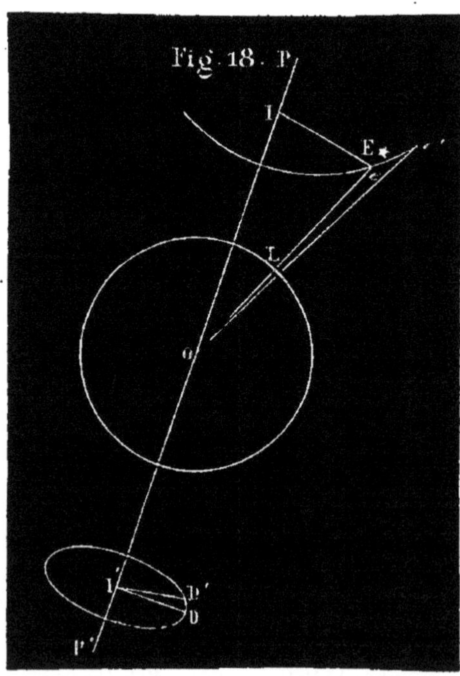

L'observateur, muni d'une lunette astronomique, vise une étoile E dans la direction O*e* (*fig.* 18). La terre tourne de l'ouest à l'est autour d'un axe dont la direction est PP', par exemple, entraînant avec elle dans ce mouvement tous les objets qui lui sont invariablement liés; l'observateur et sa lunette sont dans ce cas. La lunette tourne donc; bientôt la ligne de visée (axe optique) au lieu de la direction O*e*, a pris la direction O*e'*; l'étoile E qui est restée en *e*, n'est plus derrière la croisée des

(*) On peut à la rigueur se borner à expliquer ce mouvement circulaire autour de l'axe du monde; mais nous avons cru bien faire d'expliquer aussi le lever et le coucher des étoiles, et leur mouvement au-dessus de l'horizon qui frappe immédiatement tout le monde et avec lequel on est le plus familiarisé.

fils; *elle nous* PARAIT *s'être avancée de l'est à l'ouest, décrivant l'arc e'e*. La lunette (que nous supposons réduite à son axe optique) a quitté l'étoile, et nous croyons que l'étoile a quitté la lunette. Si nous voulons retrouver l'astre derrière la croisée des fils, nous sommes obligé d'imprimer à l'instrument avec la main, ou autrement (machine parallactique), un mouvement de rotation qui le ramène à l'étoile, vers l'ouest. A peine la lunette a-t-elle rejoint l'étoile, que le mouvement de la terre l'en éloigne de nouveau; la main de l'observateur ou un mécanisme la ramène vers l'étoile, et ainsi de suite.

En résumé, la lunette a un double mouvement de *va-et-vient* continuel, de e vers e' et de e' vers e. L'observateur qui n'a conscience que du mouvement qu'il imprime lui-même, ne tient compte que du chemin $e'e$, et croit que l'instrument fait ce chemin pour suivre l'étoile; *celle-ci lui paraît en conséquence tourner de l'est à l'ouest autour de* PP'.

En définitive la somme des chemins ee', dus à la rotation de la terre étant précisément égale à la somme des chemins $e'e$, dus à la main de l'observateur, si la terre, comme nous le supposons, imprime à chaque point de la direction de la lunette un mouvement uniforme tel qu'il décrive de l'ouest à l'est (sens ee') une circonférence en 24 heures sidérales, l'étoile doit nous paraître décrire dans le même temps, et aussi d'un mouvement uniforme, une circonférence de l'est à l'ouest (sens $e'e$).

Les apparences du mouvement diurne des étoiles s'expliquent donc parfaitement dans l'hypothèse du mouvement indiqué de rotation de la terre. Il faut donc laisser ces apparences de côté quand on veut peser les raisons qui militent pour et contre l'existence du mouvement diurne de tous les corps célestes autour d'un axe traversant la terre, pour et contre le mouvement de rotation de la terre autour du même axe en face des étoiles immobiles; ces apparences pouvant être attribuées à l'un ou à l'autre de ces mouvements.

Or, ces apparences mises de côté, il n'y a plus que des invraisemblances dans le mouvement général des corps célestes, tandis qu'il y a un grand nombre d'analogies et de faits observés qui nous portent à croire au mouvement de la terre.

Nous devons donc admettre comme certain que c'est la terre

qui tourne uniformément autour d'un axe central; parce que ce mouvement de la terre explique des faits observés et certains qui sans lui seraient inexplicables, parce qu'il explique parfaitement toutes les apparences, et qu'il est conforme au mouvement que nous voyons aux corps célestes assez voisins pour que nous distinguions quelque chose de leur aspect extérieur.

Nous n'envisagerons donc plus désormais le mouvement général de la sphère céleste autour de l'axe de la terre que comme une simple apparence.

27. Néanmoins, cela bien établi, et toutes réserves faites en conséquence, nous continuerons à parler le même langage qu'avant cette discussion, à indiquer le phénomène apparent au lieu du phénomène réel correspondant; à cela nous ne voyons aucun inconvénient pour un lecteur averti par la discussion précédente et la conclusion que nous en avons tirée.

Si nous voulons indiquer l'heure du jour par un phénomène astronomique, il n'y a évidemment aucun inconvénient à dire : il est 7 heures quand telle étoile passe au méridien, au lieu de dire, il est 7 heures, quand le méridien du lieu passe par l'étoile. Il en est toujours de même quand la question pratique que l'on traite a pour objet l'heure d'un phénomène, puisque le phénomène apparent arrive identiquement à la même heure que le phénomène réel; or, chaque phénomène réel ou apparent, dépendant du mouvement diurne, se distingue généralement par l'heure à laquelle il arrive. De même, quand nous observons une étoile dans le plan méridien, par exemple, pour connaître sa position précise dans ce plan, il nous importe peu de savoir comment elle se trouve là : si c'est l'étoile qui est venue trouver le plan, ou le plan qui est allé trouver l'étoile.

Or, dès qu'il n'y a pas inconvénient, il y avantage à parler suivant les apparences, parce que ce sont les apparences que l'on observe, c'est avec elles qu'on est familiarisé. C'est sur elles qu'on se guide quand on veut tirer parti de l'aspect du ciel pour se diriger sur la terre; ce qui est un des principaux usages que nous voulons faire de la cosmographie. Pourquoi dès lors astreindre l'esprit à un travail le plus souvent inutile?

NOTIONS DIVERSES SUR LES ÉTOILES CONSIDÉRÉES EN ELLES-MÊMES ET INDÉPENDAMMENT DU MOUVEMENT DIURNE.

28. *Coordonnées célestes des étoiles.* Ascension droite et déclinaison. Pour distinguer les étoiles les unes des autres, et fixer d'une manière précise leurs positions relatives sur la sphère céleste, on emploie les coordonnées célestes.

Les coordonnées célestes les plus usitées sont, d'une part, *l'ascension droite* et *la déclinaison ;* d'une autre part, *la longitude* et *la latitude célestes.* Pour le moment, nous ne nous occuperons que de l'ascension droite et de la déclinaison, lesquelles suffisent, ainsi qu'on va le voir, pour déterminer la position apparente de chaque étoile sur la sphère céleste.

29. Considérons la sphère céleste en elle-même, indépendamment de tout mouvement réel ou apparent; les étoiles sont pour nous comme autant de points brillants semés sur sa surface. Figurons-nous marqués sur cette sphère les deux pôles du monde, P et P', aux deux extrémités d'un même diamètre PP', axe du monde (*fig.* 20); puis également tracée sur la même sphère la circonférence E'*n*E de l'équateur céleste, grand cercle perpendiculaire à l'axe PP'.

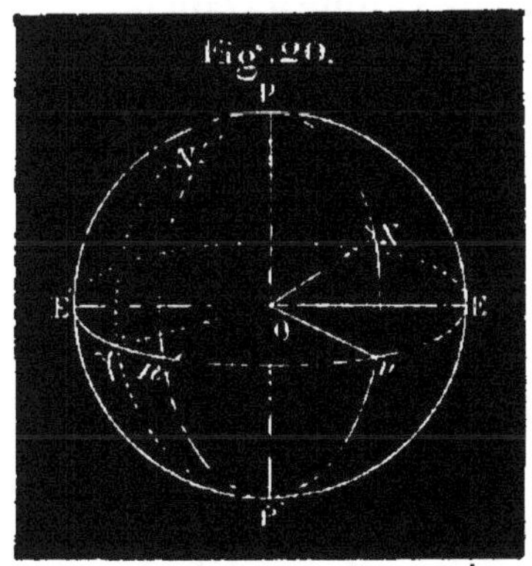

On a fait choix d'un point de cette circonférence, celui où passe constamment le soleil quittant chaque année l'hémisphère austral pour l'hémisphère boréal (*); ce point est celui qu'on nomme *équinoxe* ou *point équinoxial du printemps;* il se désigne habituellement par ce signe ♈. Ce point équinoxial du printemps, disons-nous, a été choisi pour *origine* des ascensions droites que nous allons définir.

(*) V. chapitre III le mouvement propre du soleil.

30. Par chaque étoile N et par les deux pôles P, P′ on imagine un *demi* grand cercle de la sphère céleste.

On nomme *cercle horaire* d'une étoile N le demi grand cercle PNP′ qui passe par cette étoile et les deux pôles du monde P, P′ (*).

31. On nomme *ascension droite* d'une étoile, N, l'arc d'équateur céleste compris entre son cercle horaire et le point équinoxial du printemps, l'arc ♈*n*; cet arc étant compté à partir du point équinoxial, de *l'ouest à l'est*, en sens contraire du mouvement diurne.

On peut, si on veut, imaginer un cercle horaire passant par l'origine ♈ des ascensions droites; alors on définit ainsi l'ascension droite : l'angle dièdre compris entre le cercle horaire, PNP′, de l'étoile, et le cercle horaire, P♈P′, de l'origine, mesuré de l'ouest à l'est, dans le sens ♈*n′n*.

L'ascension droite se compte de 0° à 360°.

32. On appelle DÉCLINAISON d'une étoile le nombre de degrés du plus petit des arcs de son cercle horaire qui vont de l'étoile à l'équateur. Exemple : la déclinaison de l'étoile N (*fig.* 20) est N*n*.

Plus précisément : la déclinaison d'une étoile N, est l'angle NO*n* que fait avec le rayon visuel, ON, la trace du cercle horaire de l'étoile sur l'équateur céleste; ces deux définitions rentrent évidemment l'une dans l'autre.

La déclinaison est *boréale* ou *australe*, suivant que l'étoile est située sur l'hémisphère boréal ou sur l'hémisphère austral. Elle se compte de 0° à 90° dans l'un ou l'autre cas.

Ces mots, *ascension droite* et *déclinaison*, étant très-souvent employés en astronomie, on les écrit en abrégé de cette manière : Æ, ascension droite (*ascensio recta*); D, déclinaison.

33. L'Æ et la D d'une étoile suffisent évidemment pour déterminer sa position apparente sur la sphère céleste; l'Æ, ♈*n*, d'une étoile N, portée sur l'équateur céleste, de l'ouest à l'est, à partir de l'origine ♈, fait connaître le cercle horaire P*n*P′ de cette étoile (fig. 20),

(*) Ce nom vient de ce que chacun de ces demi-cercles passe au méridien d'un lieu donné tous les jours, à la même heure sidérale; de sorte que son passage peut servir à faire connaître cette heure même.

ensuite la D, nN, boréale ou australe, fait connaître la position précise, N, de cette étoile sur ce cercle horaire. On a coutume de dire que l'étoile est à l'intersection de son cercle horaire et du parallèle céleste qui correspond à sa déclinaison.

REMARQUE. L'Æ et la D ne déterminent pas la position précise qu'un astre occupe par rapport à la terre, mais seulement la direction de la droite qui joint ces deux corps. Ce que nous venons d'appeler l'étoile N, ou sa position sur la sphère céleste, n'est autre chose que la projection perspective de l'astre sur cette sphère, dont le rayon ON est tout à fait indéterminé. C'est le point e de la figure 1, page 2; l'Æ et la D ne nous font pas connaître la distance réelle OE qui achèverait de déterminer la position réelle, E, de l'étoile par rapport à la terre. Mais connaissant les directions OE, OE', on peut trouver la distance angulaire EOE'; etc. (V. le n° 4).

34. PROBLÈME. *Déterminer l'Æ d'une étoile* N.

On a une horloge sidérale réglée de telle manière qu'elle marque $0^h\,0^m\,0^s$ à l'instant précis où, dans le mouvement diurne de la sphère céleste, l'origine γ des Æ vient passer au méridien du lieu. Alors pour déterminer l'Æ d'une étoile quelconque, il suffit de déterminer l'heure précise de son passage au méridien (n° 20). Cette heure convertie en degrés, minutes, secondes, *à raison de* 15° *pour une heure*, est l'Æ cherchée (*).

35. REMARQUE. Le point équinoxial γ, origine des Æ, n'est pas un point visible de la sphère céleste, c'est-à-dire que sa position sur cette sphère n'est indiquée par aucune étoile remarquable; on peut auxiliairement le remplacer par une étoile.

On fait choix d'une étoile remarquable N', voisine du cercle horaire $P\gamma P'$, de l'origine (*fig.* 20), et dont l'Æ a été déterminée directement; par exemple : α d'Andromède. Cela posé, pour connaître l'Æ d'une autre étoile quelconque N, on détermine la différence $n'n$, d'Æ de cette étoile et de N'; en ajoutant le résultat à l'Æ connue de N', on a l'Æ de N. ($\gamma n = \gamma n' + n'n$.)

36. DIFFÉRENCES D'Æ. Pour déterminer la différence d'Æ, nn' de deux étoiles N, N' (*fig.* 20), il suffit évidemment de les regarder passer toutes deux successivement au méridien, de noter les heures des passages, et enfin de convertir en degrés la différence de ces heures.

(*) (V. dans l'Appendice la manière d'effectuer simplement ce calcul.) Pour

37. *Déterminer la* D *d'une étoile.* En jetant les yeux sur la figure 20, on voit que la déclinaison N*n* d'une étoile est le complément de l'angle NOP que fait le rayon visuel allant à l'étoile avec la ligne des pôles PP'. De sorte que *si la direction de l'axe du monde est gravée sur le mural, il suffit pour obtenir la* D *d'une étoile, en l'observant à son passage au méridien, de lire sur le limbe du mural le nombre de degrés de l'angle* NOP, *et d'en prendre le complément à* 90°.

38. *Autre méthode.* La D d'une étoile est égale à la hauteur du pôle au-dessus de l'horizon du lieu, plus ou moins la distance zénithale méridienne de l'étoile, suivant que cette étoile, à son passage supérieur au méridien, se trouve entre le zénith et le pôle, ou entre le zénith et l'équateur. Or on connaît la hauteur du pôle et l'on sait trouver la distance zénithale méridienne d'une étoile à l'aide du théodolithe ou du cercle mural.

Pour vérifier la proposition précédente

$$D = \textit{hauteur du pôle} \pm \textit{dist. zénith. mérid.}$$

il suffit de jeter les yeux sur la figure 21.

Le cercle PEP'E' est le méridien du lieu; HH' la trace de l'horizon du lieu sur ce cercle; E'E la trace de l'équateur *id.*; OZ la verticale du lieu et Z son zénith.

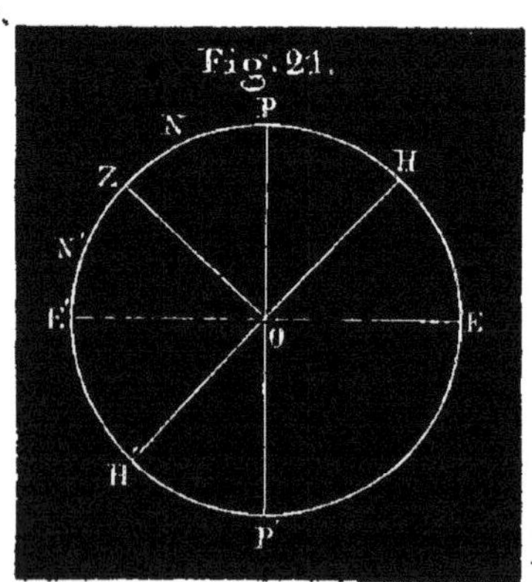

$E'P = 1^{\text{quadr.}}$ ou $90°$; $ZH = 90°$,

d'où

$$E'P = ZH.$$

Otant de part et d'autre la partie commune ZP, on trouve

---

comprendre l'application de cette règle à la détermination de l'Æ d'une étoile, il suffit de jeter les yeux sur une sphère céleste (*fig.* 20). L'Æ de l'étoile N est ♈*n*. Dans le mouvement diurne, tous les points du cercle horaire PNP' décrivent des parallèles célestes avec la même vitesse de 15° par heure, et tous arrivent ensemble au méridien d'un lieu quelconque, le point N avec le point *n*. Or, quand le point ♈ passe au méridien du lieu, à $0^h\ 0^m\ 0^s$ de l'horloge sidérale, le point *n* est évidemment en arrière d'un arc ♈*n*; mais il y arrive,

ZE′ = PH, hauteur du pôle. Si le passage supérieur de l'étoile a lieu en N, on voit que

Décl. NE′ = NZ + ZE′ = NZ + PH = distance zénith. + haut. du pôle.

Si le passage supérieur a lieu en N′, on a

Décl. N′E′ = ZE′ — ZN′ = PH — ZN′ = haut. du pôle — dist. zénith.

La déclinaison peut être australe; le rayon visuel passe au-dessous de l'équateur par rapport à la ligne OP; on voit aisément ce qui arrive dans ce cas.

39. Remarque. La D et l'Æ d'une étoile ne varient pas durant son mouvement diurne apparent; cela est évident *à priori*, puisque ces coordonnées sont choisies sur la sphère céleste indépendamment de tout mouvement réel ou apparent relatif à la terre.

40. *Catalogues d'étoiles.* Les astronomes ont consigné dans des catalogues spéciaux les Æ et les D observées d'un très-grand nombre d'étoiles plus ou moins remarquables.

A l'aide de ces catalogues on construit des globes et des cartes célestes plus commodes que les catalogues quand on veut se faire des idées d'ensemble sur les positions relatives des étoiles et apprendre à les retrouver les unes par les autres. Nous allons dire comment se construit un globe céleste; quant aux cartes célestes, elles se construisent comme les cartes terrestres géographiques. V. chapitre II le mode de construction du planisphère céleste dont nous allons nous servir.

41. *Globe céleste. Sa construction.*

On appelle *globe céleste* une sphère de carton représentant la sphère céleste, sur laquelle on a figuré exactement les positions relatives d'un certain nombre d'étoiles ou d'autres points remarquables du ciel. Les points qui représentent les étoiles, vus du centre du globe, ont exactement entre eux les mêmes distances angulaires que les étoiles elles-mêmes. Cette représentation de la sphère céleste est donc on ne peut plus exacte.

Pour construire un globe céleste, on commence par marquer les deux pôles P et P′ aux deux extrémités d'un même diamètre; puis on dessine l'équateur en traçant un cercle de l'un de ses points, P, comme pôle, avec une ouverture de compas sphérique égale à la corde d'un quadrant de cette sphère. On marque un point de cet équateur comme devant représenter le point équinoxial du printemps, origine des Æ. A partir de ce point marqué 0° ou ♈, l'équateur est divisé en degrés, minutes, secondes, de 0° à 360°, de gauche à droite. Pour

---

par hypothèse, à $7^h\ 29^m\ 43^s$; donc ce point *n* parcourt un arc égal à ♈*n* en $7^h\ 29^m\ 43^s$. Il parcourt 15° par heure; on calcule d'après cela le nombre de degrés de cet arc ♈*n* (qui n'est autre que l'Æ de l'étoile N).

plus de commodité, on adapte provisoirement au globe un demi-cercle de cuivre qui peut tourner autour d'un axe passant par les pôles P, P'. Chaque quadrant de ce demi-cercle est divisé en 90°, de 0° à 90° en allant de l'équateur à chaque pôle; dans la demi-circonférence est pratiquée une rainure dans laquelle se meut un style.

Pour marquer la position d'une étoile sur le globe, on fait tourner le cercle de cuivre jusqu'à ce que son Æ, lue sur l'équateur, soit celle de l'étoile considérée. Arrêtant le cercle dans cette position, on fait mouvoir le style dans la rainure, vers le pôle boréal ou vers le pôle austral, jusqu'au point indiqué par la déclinaison donnée; on presse alors le style sur la sphère; le point marqué est la position cherchée de l'étoile sur le globe. On met à côté, si l'on veut, un nom ou une notation indicative. On répète cette opération pour les diverses étoiles que l'on veut représenter sur le globe céleste. Cela fait, on enlève, si l'on veut, le limbe de cuivre.

42. Constellations. Pour plus de commodité dans l'observation de la sphère étoilée, on a d'abord distribué les étoiles en un certain nombre de groupes principaux, de grandeurs diverses et de formes plus ou moins remarquables, qu'on a nommés *constellations.*

Les anciens avaient couvert le ciel de figures allégoriques de héros et d'animaux, ils distinguaient les étoiles d'une même constellation par la place qu'elles occupaient sur la figure; ainsi ils disaient l'œil du Taureau, le cœur du Lion, l'épaule droite d'Orion, son pied gauche, etc.

Les modernes ont conservé les noms des constellations, mais en abandonnant ces figures arbitraires.

On distingue les étoiles de chaque constellation, à commencer par les plus brillantes, d'abord par des lettres grecques, $\alpha, \beta, \gamma, \delta, \ldots$ puis par des lettres romaines, et aussi par des chiffres ou numéros d'ordre. Cependant les étoiles les plus remarquables ont encore des noms particuliers presque tous d'origine arabe; nous en citons quelques-uns plus bas.

43. *Étoiles de diverses grandeurs.* Les étoiles ont d'ailleurs été distribuées par classes suivant leur *éclat apparent* qu'on a appelé *grandeur*.

Les étoiles *les plus brillantes* sont dites de 1re grandeur ou *primaires*. On s'accorde généralement à ne comprendre dans cet ordre qu'une vingtaine d'étoiles, dont 14 seulement sont visibles en Europe. Voici les noms de ces dernières, en commençant par les plus brillantes (*).

Étoiles de 1re grandeur visibles en Europe.

Sirius ou α du Grand Chien.
Arcturus ou α du Bouvier.
Rigel ou β d'Orion.
La Chèvre ou α du Cocher.
Wéga ou α de la Lyre.
Procyon ou α du Petit Chien.
Beteigeuze ou α d'Orion.
Aldébaran ou α du Taureau.
Antarès ou α du Scorpion.
Altaïr ou α de l'Aigle.
L'Épi ou α de la Vierge.
Fomalhaut ou α du Poisson austral.
Pollux ou β des Gémeaux.
Régulus ou α du Lion.

Viennent ensuite 65 étoiles d'un éclat assez notablement inférieur pour qu'on les comprenne dans une 2e classe : ce sont les étoiles de 2e grandeur ou *secondaires*.

On compte ensuite environ 200 étoiles de 3e grandeur ou *tertiaires*, et ainsi de suite; les nombres augmentent très-rapidement à mesure qu'on descend dans l'échelle des grandeurs.

4e grandeur, 425 étoiles; 5e, 1100; 6e, 3200; 7e, 13000; 8e, 40000; 9e 142000.

Le ciel entier contient environ 5000 étoiles visibles à l'œil nu (*de la 1re à la 6e grandeur* inclusivement).

---

(1) Les noms soulignés sur le planisphère désignent les étoiles de première grandeur; les autres des constellations.

On n'en voit à Paris que 4000; 1000 restent au-dessous de notre horizon.

Au delà du 9ᵉ ordre viennent des étoiles, en nombre toujours croissant, du 10ᵉ ordre, du 11ᵉ ordre, etc..., jusqu'au 16ᵉ (*).

Il n'y a pas de raison pour assigner une limite à cette progression, chaque accroissement dans les dimensions et le pouvoir des instruments ayant fait apercevoir une multitude innombrable de corps célestes invisibles auparavant.

On compte aujourd'hui 109 constellations dénommées. Nous allons indiquer quelques-unes de celles qui sont visibles à Paris, et apprendre à les retrouver dans le ciel.

Description du ciel.

44. Pour retrouver dans le ciel les étoiles les plus remarquables, on emploie la méthode des *alignements*. Cette méthode consiste à faire passer une ligne droite par deux étoiles que l'on connaît, puis à la prolonger dans un sens ou dans l'autre, afin de trouver une ou plusieurs étoiles remarquables situées dans cette direction. On peut, si l'on veut, s'aider d'un fil tendu dans la direction considérée; tous les points de la sphère céleste, recouverts par le fil, sont dans un même plan passant par l'œil, par conséquent sur un même grand cercle de la sphère céleste. Pour avoir une base dans l'évaluation approximative, à vue d'œil, des distances angulaires, on pourra se rappeler que la distance, $\beta\alpha$, des gardes de la grande Ourse (dont il va être question) est d'environ 5°, et que le diamètre apparent du soleil ou de la lune est d'environ un demi-degré.

45. Nous allons, dans une description succincte, indiquer les principales constellations visibles au-dessus de l'horizon de Paris; nous donnons le moyen de les retrouver dans le ciel en partant

(*) On conçoit que cette classification est assez arbitraire, et qu'il doit être difficile d'établir une ligne de démarcation tranchée d'une classe ou grandeur à une autre; aussi les astronomes ne sont-ils pas d'accord sur les grandeurs de toutes les étoiles; de là ces nombres indiqués par approximation.

d'une belle constellation que chacun peut facilement reconnaître *à priori*. (Suivez sur le planisphère.)

GRANDE OURSE. Il y a vers le nord une constellation très-belle, et si remarquable qu'elle est connue même des personnes qui ne s'occupent ni d'astronomie, ni de cosmographie.

C'est la grande Ourse ou le Chariot de David (*fig.* 22). Elle se compose de 7 étoiles (6 de 2e grandeur et 1 de 3e), dont 4 forment un quadrilatère; les 3 autres, disposées sur une ligne un peu courbe dans le prolongement d'une diagonale du quadrilatère, forment la queue de la grande Ourse; les deux étoiles β, α, sur le côté du quadrilatère opposé à la queue, sont les gardes de la grande Ourse.

ÉTOILE POLAIRE, PETITE OURSE. La ligne βα des gardes de la grande Ourse prolongée au nord, d'une quantité égale à 5 fois la distance βα, rencontre une étoile de 2e grandeur, l'*étoile polaire*, dont il a été question comme l'étoile visible la plus voisine du pôle boréal (1° 1/2); l'étoile polaire fait partie de la petite Ourse, constellation composée de 7 étoiles principales, et ayant, à très-peu près, la même forme que la grande Ourse, mais avec des dimensions plus

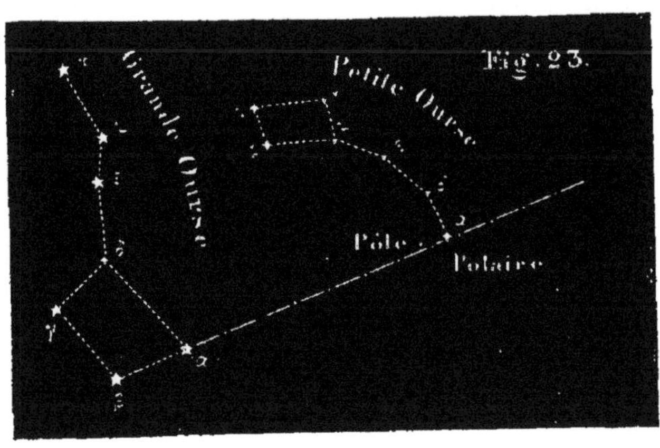

petites, et dans une situation renversée (*fig.* 23). L'étoile polaire, située à l'extrémité de la queue de la petite Ourse, se retrouve facilement une fois qu'on connaît à peu près sa position, à cause de son éclat plus vif que celui des étoiles suivantes de la même constellation. Le pôle boréal est à côté (1° 1/2), entre la polaire et la grande Ourse.

Cassiopée. La ligne qui joint la roue de devant du chariot de la grande Ourse (δ) à la polaire, prolongée au delà de celle-ci (*fig.* 24),

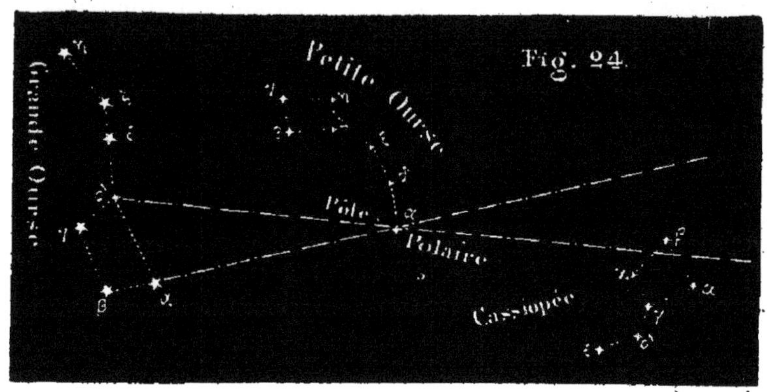

Fig. 24.

rencontre *Cassiopée*, formée de 5 étoiles de 3e grandeur, figurant à peu près une M ouverte; si l'on joint l'étoile α, adjacente, les 6 étoiles figurent une chaise.

Pégase, Andromède, Persée. Les lignes droites qui joignent respectivement α et δ de la grande Ourse à la polaire, prolongées au delà de celle-ci, comprennent entre elles, au delà de Cassiopée, le *carré de Pégase*, formé de 4 étoiles de 2e grandeur. Trois de ces étoiles appartiennent à la constellation de Pégase; la 4e fait partie de la constellation d'*Andromède*.

A peu près dans le prolongement de la diagonale du carré qui va de α de Pégase à α d'Andromède, on trouve β et γ d'Andromède, puis α de *Persée*, toutes trois de 3e grandeur. L'ensemble de ces trois étoiles et du carré de Pégase forme une grande figure qui a beaucoup d'analogie avec celle de la grande Ourse.

γ, α, δ de *Persée* forme un arc concave vers la grande Ourse, facile à distinguer; du côté convexe de cet arc, on remarque Algol ou β de Persée, dont l'éclat varie périodiquement (n° 10).

Le Lion (*fig.* 26). La ligne αβ des gardes de la grande Ourse, prolongée au sud, du côté opposé à l'étoile polaire, va rencontrer un trapèze, étroit entre les deux bases, *le Lion*, renfermant une étoile primaire, *Régulus*, et 3 secondaires.

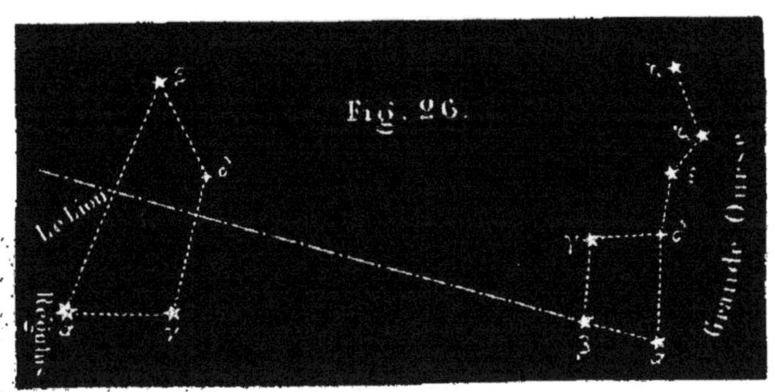

LE BOUVIER, *Arcturus*. A peu près sur l'alignement des deux dernières étoiles de la queue de la grande Ourse, vers le sud-est, se trouve *Arcturus*, étoile primaire, faisant partie de la constellation du *Bouvier*, dont les autres étoiles principales forment un pentagone, au nord d'Arcturus. A côté du Bouvier, on voit la *couronne boréale* formée de plusieurs étoiles rangées en demi-cercle, et dont la plus grande est de 2e grandeur.

LE COCHER, *la Chèvre*. Le côté nord du quadrilatère de la grande Ourse (δα), prolongé vers le sud-ouest, passe tout près et à l'est du Cocher, pentagone irrégulier à l'angle nord-ouest duquel se trouve la Chèvre, belle étoile primaire.

LE TAUREAU. Au sud, et un peu à l'ouest du Cocher, tout près, on voit le *Taureau*, triangle d'étoiles, dont une primaire rougeâtre, Aldébaran.

ORION. Le côté sud, γβ, de la grande Ourse, prolongé vers le sud-ouest, au delà du Cocher, conduit sur l'équateur, à *Orion*, la constellation la plus belle du ciel, à cause du nombre de belles étoiles qu'elle renferme (*fig*. 25). Le contour est un quadrilatère ayant, à deux angles opposés, deux primaires : α ou

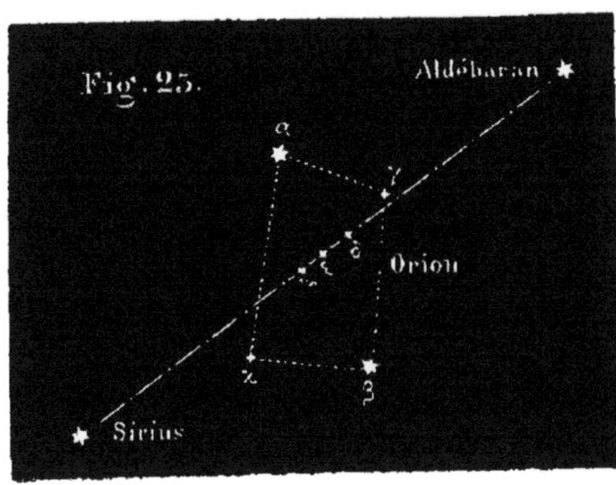

l'épaule droite d'Orion; *Rigel*, ou son pied gauche; puis, dans l'intérieur du quadrilatère, on remarque sur une ligne droite, et rapprochées, trois belles étoiles, formant ce qu'on appelle le *baudrier* d'Orion; à côté du baudrier sont deux étoiles moins brillantes.

SIRIUS. Sur la direction du baudrier d'Orion, vers le sud-est, on trouve *Sirius*, qui est aujourd'hui la plus belle étoile du ciel. *Sirius* fait partie de la constellation du grand Chien.

LE CYGNE. La diagonale, $\gamma\beta$, de Pégase, qui se dirige du sud vers l'ouest, prolongée, va rencontrer *le Cygne* ou *la Croix*, grande constellation figurant une croix.

LA LYRE. A côté du Cygne, vers l'ouest, et à peu près dans la même direction, on trouve *la Lyre*, qui renferme *Wéga*, belle étoile primaire, à côté d'un petit triangle isocèle. Wéga passe tous les jours au *zénith* de Paris.

LES GÉMEAUX. Le côté sud, $\gamma\beta$, du quadrilatère de la grande Ourse, prolongé vers le sud-ouest, vers Orion, passe auparavant à côté *des Gémeaux*, constellation figurant un grand quadrilatère oblique, dont le côté oriental est formé par deux belles étoiles, *Castor* et *Pollux*.

Le dernier côté de la queue de la grande Ourse, prolongé au sud-est, vers Arcturus, passe tout près de l'équateur à côté de la *Vierge*, renfermant une étoile primaire, *l'Épi*.

PROCYON. La ligne, menée de la polaire à Castor des Gémeaux, va rencontrer *Procyon*, étoile primaire faisant partie de la constellation du petit Chien, située à peu près entre Castor et Sirius.

Voici maintenant quelques particularités très-remarquables concernant les étoiles.

Étoiles variables ou périodiques.

46. On nomme ainsi des étoiles qui, sans changer de places apparentes, éprouvent des changements périodiques dans l'intensité de leur lumière; il y en a même parmi elles qui deviennent quelque temps tout à fait invisibles. En voici trois ou quatre exemples :

Algol ou β de Persée est de 2e grandeur pendant $2^j\ 14^h$; elle décroît ensuite pendant 3h 1/2 jusqu'à la 4e grandeur, puis elle croît de nouveau pendant 3h 1/2 pour revenir à la 2e grandeur; sa période est de 2j 20h 48m. L'étoile, χ, du Cygne a une période de 404 jours; pendant laquelle elle passe de la 5e à la 11e grandeur.

o (omicron), de la Baleine, a une période d'environ 334 jours. Pendant 15 jours elle a un éclat maximum qui est celui d'une étoile de 2e ou de 3e grandeur; cet éclat décroît ensuite pendant 3 mois; elle descend à la 7e ou 8e grandeur; puis elle devient invisible pendant 5 mois. Elle reparaît ensuite; son éclat augmentant pendant 3 mois, revient à son maximum; puis cela recommence. Il y a eu des irrégularités dans cette périodicité; ainsi cette étoile est restée une fois invisible pendant 4 ans (de 1672 à 1676).

En 1596, on remarqua l'apparition et la disparition d'une étoile du Cygne; on reconnut qu'elle avait une période de 18 ans, pendant lesquels elle était 12 ans visible et 6 ans invisible.

Dans l'hémisphère austral, on remarque η du Navire (Argo); cette étoile d'éclat variable fut classée de 4e grandeur par Halley, de 2e grandeur par Lacaille; de 1822 à 1826, elle fut de 2e grandeur; elle fut ensuite égale à α du Centaure, étoile très-brillante du ciel austral. En 1850, elle était égale en éclat à Sirius.

Nous parlerons d'étoiles colorées; en fait de variations de couleur, nous citerons Sirius; cette étoile, qui paraissait rouge aux anciens, nous paraît blanche.

Voici en tableau quelques exemples de périodes très-diverses.

NOMS DES ÉTOILES.	PÉRIODES.	VARIATIONS de grandeurs.
β de Persée.	2 j. 20 h. 48 m.	2e à 4e
o de la Baleine.	334 j.	2e à 0
χ du Cygne.	404 j.	5e à 11e
34e du Cygne.	18 ans.	6e à 0
β de la Lyre	6 j. 9 h.	3e, 4e, 5e.
α d'Hercule.	60 j. 6 h.	3e à 4e

Étoiles temporaires.

47. On nomme ainsi des étoiles qui, après avoir brillé d'un éclat très-vif, ont complétement disparu du ciel; quelques-unes ont apparu tout d'un coup avec un éclat extraordinaire, et, après une courte existence, se sont éteintes sans laisser de traces.

On peut citer d'abord celle dont l'apparition soudaine, puis la disparition, fixèrent l'attention d'Hipparque, 128 ans avant Jésus-Christ, et lui firent entreprendre le catalogue d'étoiles le plus anciennement connu.

L'une des étoiles temporaires les plus remarquables et les mieux étudiées est celle de 1572. Son apparition fut si soudaine que le célèbre astronome Tycho Brahé, quand il la vit pour la première fois, n'en pouvait croire ses yeux, et sortit de son observatoire pour demander aux passants s'ils la voyaient comme lui. L'éclat de cette nouvelle étoile surpassait celui de Sirius et de Jupiter; il était comparable à celui de Vénus quand elle est le plus près possible de la terre; on la voyait dans le jour, et même en plein midi, quand le ciel était pur. En décembre de la même année, elle commença à décroître. Jusque-là elle était blanche; en janvier 1572, elle était jaunâtre, puis elle passa au rougeâtre d'Aldébaran, puis au rouge de Mars; enfin elle devint blanche, d'un éclat mat comme Saturne. En janvier 1574, elle était de 5ᵉ grandeur, et finit par disparaître en mars de la même année. Cette étoile était dans Cassiopée.

C'était bien une étoile, car elle conserva constamment la même place par rapport aux étoiles; sa distance à la terre ne parut pas moindre que la leur.

En 1604, une étoile temporaire, plus brillante que Sirius, fut observée par Képler dans le serpentaire.

Antelme, en 1670, découvrit dans la tête du Cygne une étoile de 3ᵉ grandeur, qui devint ensuite complétement invisible, se montra de nouveau, et, après avoir éprouvé en 2 ans de singulières variations de lumière, finit par disparaître de nouveau et n'a jamais été revue depuis.

Quand on fait une revue attentive du ciel en le comparant aux anciens catalogues, on trouve que nombre d'étoiles manquent.

Lalande a marqué dans le catalogue de Flamsteed plus de cent étoiles perdues. Ce mécompte doit probablement quelquefois être attribué à des erreurs de catalogues; mais il est certain que plusieurs étoiles observées antérieurement ont disparu du ciel.

Des étoiles doubles.

48. On nomme *étoiles multiples* des étoiles qui, simples à l'œil nu ou quand on les observe avec des instruments d'une médiocre puissance, se résolvent en 2, 3 et même plus de 3 étoiles, quand on les examine avec des lunettes d'un fort grossissement. Nous ne parlerons que des étoiles doubles qui se résolvent seulement en deux étoiles; ce sont les plus nombreuses parmi les étoiles multiples.

La distance angulaire qui sépare deux étoiles peut, par deux causes différentes, être assez petite pour qu'elles se confondent à l'œil nu. Elles peuvent se trouver à très-peu près sur la direction du même rayon visuel, *issu de la terre,* bien que réellement très-distantes l'une de l'autre, et alors on ne les regarde pas comme de véritables étoiles doubles; ce sont des couples *optiques.* Ou bien elles sont réellement voisines l'une de l'autre et à même distance de la terre; ce sont les véritables étoiles doubles.

Exemples. La belle étoile Castor, des Gémeaux, fortement grossie, est formée de deux étoiles de 3ᵉ ou de 4ᵉ grandeur.

σ et η de la Couronne sont 2 étoiles doubles.

Il en est de même de l'étoile ξ, de la queue de la grande Ourse.

La 61ᵉ du Cygne est formée de deux étoiles à peu près égales, distantes l'une de l'autre d'environ 15″.

Nous citerons encore l'étoile γ de la Vierge.

On connaît maintenant un grand nombre d'étoiles doubles, plusieurs milliers, lesquelles ont été distribuées en 4 classes, suivant la grandeur de la distance angulaire des deux étoiles de chaque système.

Les deux étoiles d'un même système binaire changent quelquefois de position l'une par rapport à l'autre. La plus petite tourne autour de la plus grande; ce mouvement paraît *elliptique* et soumis aux mêmes lois que celui des planètes autour du soleil

(Lois de Képler). On constate ainsi que les lois de la gravitation universelle s'étendent jusqu'aux étoiles.

Lorsque les deux étoiles d'un groupe sont très-dissemblables, on désigne quelquefois la plus petite par le nom d'étoile satellite.

M. Struve, astronome russe, a constaté ce mouvement révolutif pour 58 étoiles doubles; il l'a trouvé probable pour 39 autres. Des observations continuées depuis qu'on a soupçonné ces révolutions ont permis de déterminer la durée de quelques-unes.

Voici les éléments des systèmes binaires les mieux étudiés (d'après M. Faye) :

NOM DE L'ÉTOILE DOUBLE.	GRANDEUR des deux étoiles.	DEMI-GRAND axe de l'ellipse décrite.	DURÉE de la révolution.
ξ de l'Ourse	4e et 5e	2″,44	61ans,6
p d'Ophiucus.	5e et 6e	4″,97	92ans,3
ζ d'Hercule.	3e et 6e	1″,25	36ans,4
η de la Couronne	5e et 6e	1″,11	66ans,3
γ de la Vierge	3e et 3e	3″,45	153ans,8
α du Centaure.	1re et 2e	12″,13	78ans,5

Étoiles colorées.

49. Les étoiles sont blanches pour la plupart, mais il y en a de colorées. Parmi les étoiles colorées, les étoiles rougeâtres sont en majorité; telles sont α d'Orion, Arcturus et Aldébaran. Puis viennent les étoiles jaunes, *la Chèvre* et α de *l'Aigle*. Antarès du Scorpion est rouge et a la forme d'un λ. Parmi les étoiles d'un moindre éclat, on en trouve de vertes et de bleues; il y a dans l'hémisphère austral un espace de 3′ 3″ où toutes les étoiles sont bleuâtres.

Sirius, qui parut rouge aux anciens, nous paraît blanche depuis des siècles (*).

Le catalogue des étoiles doubles présente la plupart de ces groupes comme composés chacun de deux étoiles diversement colorées. En général les deux nuances sont complémentaires (on appelle ainsi deux nuances qui, fondues ensemble, donnent à l'œil la sensation de la lumière blanche). Ainsi, quand l'une est rouge, ou orange, ou cramoisie, l'autre est verte, ou bleue, ou vert foncé. Il peut arriver que la coloration de la petite étoile en vert ou en bleu soit un effet de contraste. Lorsque l'œil est affecté d'une manière très-vive, par la lumière rouge, par exemple, une autre lumière qui, vue séparément, nous paraîtrait blanche, nous semble verte. Dans α du Cancer, l'une des étoiles est jaune et l'autre bleue; dans γ d'Andromède, l'une est orange, l'autre verte. Quelquefois des deux étoiles la plus grande est blanche et la plus petite néanmoins est colorée. Dans δ d'Orion, la plus grande est blanche et l'autre d'un rouge prononcé. Dans α du Bélier, la plus grande est blanche et l'autre bleue. Il en est de même dans β de la Lyre.

50. Lumière des étoiles. Les étoiles sont certainement lumineuses par elles-mêmes; quels seraient les corps lumineux assez rapprochés d'elles pour qu'elles en tirassent leur éclat? On doit donc les considérer comme autant de soleils, qui peut-être échauffent et vivifient des systèmes planétaires analogues au nôtre et invisibles pour nous. Le soleil lui-même ne parait être qu'une étoile plus rapprochée de nous que les autres.

Dimensions des étoiles. Les dimensions des étoiles sont complétement inappréciables. Plus les lunettes, à l'aide desquelles on les observe, sont puissantes, plus leur diamètre apparent est petit. Eu égard aux distances qui nous séparent des étoiles (n° 54), si l'une d'elles avait seulement un diamètre apparent bien constaté de 1″, elle serait au moins un million de fois plus grosse que le soleil.

Scintillation des étoiles. Quand on regarde à l'œil nu une étoile brillante comme *Sirius*, *Wega*, etc., on remarque dans sa lumière un tremblement auquel on a donné le nom de *scintillation*.

« *La scintillation*, dit M. Arago, consiste en changements d'éclats très-sou-

(*) En général ces colorations si diverses ne sont pas très-tranchées, et la planète Mars est d'un rouge bien plus sensible que celui des étoiles rougeâtres indiquées.

» vent renouvelés. Les changements sont ordinairement accompagnés de varia-
» tions de couleur et de quelques effets secondaires, conséquences immédiates
» de toute augmentation ou diminution d'intensité, tels que des altérations
» considérables dans le diamètre apparent des astres, etc. »

Les observateurs sont, en général, d'accord pour dire que les planètes elles-mêmes scintillent comme les étoiles ; cependant la scintillation de Saturne est fort difficile à saisir.

Distances immenses des étoiles à la terre.

51. La plus petite des distances des étoiles à la terre surpasse 206265 fois 38000000 lieues (7838070 millions de lieues). Ou bien, en prenant pour terme de comparaison la vitesse de la lumière, qui parcourt 77000 lieues par seconde, on peut dire que la lumière de l'étoile la plus voisine de la terre met plus de 3 ans à nous parvenir. C'est là un fait mathématiquement démontré, comme nous l'expliquerons plus loin.

Voici les seules distances que l'on ait pu jusqu'ici mesurer avec quelque précision ; elles surpassent notablement le minimum précédent.

NOMS DES ÉTOILES.	DISTANCES en millions de lieues.	TEMPS que met la lumière à venir de l'étoile.
α du Centaure	8 603 200	3 ans, 2
61ᵉ du Cygne	22 735 400	9 ,43
α de la Lyre	29 852 800	12 ,57
Sirius	52 174 000	21 ,67
ι de la Grande Ourse	58 934 200	24 ,80
Arcturus	61 712 000	25 ,98
La Polaire	73 948 000	31 ,13
La Chèvre	170 392 000	71 ,74

Comme on le voit, les étoiles sont immensément éloignées de la terre ; il y a de bien plus grandes distances que celles que nous citons. Il résulte, en effet, de l'ensemble des observations astronomiques, que, dans la quantité innombrable des étoiles visibles au télescope, il y en a très-probablement dont la lumière met plusieurs milliers d'années à nous parvenir.

Nous allons essayer d'expliquer succinctement comment on a pu fixer avec certitude le minimum que nous avons cité en commençant, et déterminer les distances inscrites dans le tableau.

La distance d'un astre à la terre se mesure à l'aide de sa *parallaxe* quand celle-ci peut être déterminée. Supposons que l'observateur occupe successivement dans l'espace les positions A et B (*fig.* 27); la parallaxe d'une étoile *e* est l'angle A*e*B sous lequel serait vue de l'étoile la droite AB qui joint les deux stations. Cet angle A*e*B est la différence des angles *e*BX, *e*AX que forment les rayons visuels avec la direction ABX de la base. Si les stations A et B sont deux points de la surface terrestre, quelle que soit leur distance, il est impossible de trouver la moindre différence entre les angles *e*AX, *e*BX; leur différence A*e*B n'est pas appréciable avec nos instruments. Ne pouvant trouver aucune parallaxe en se déplaçant sur la terre, on a profité de ce que la terre change elle-même de position dans l'espace en tournant autour du soleil. Elle parcourt, dans ce mouvement, une orbite elliptique dont le grand axe a 76000000 lieues de longueur; un astronome peut donc, à six mois d'intervalle, observer les étoiles de deux stations, A et B, distantes l'une de l'autre de 76000000 lieues de 4 kilomètres.

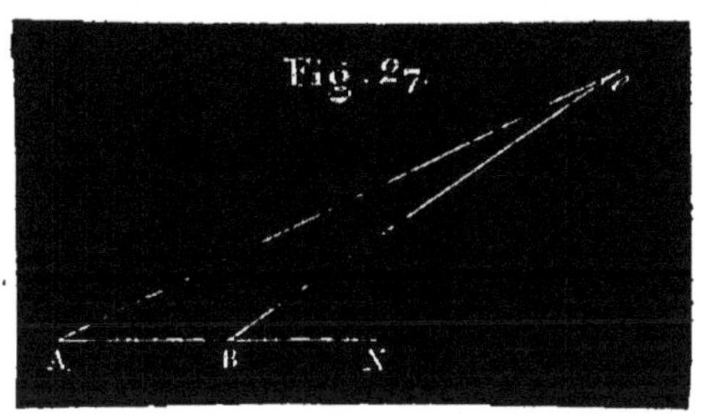

On donne le nom de parallaxe *annuelle* d'une étoile à l'angle sous lequel serait vu de cette étoile le demi-grand axe de l'orbite elliptique que décrit la terre autour du soleil. Il est facile de voir que si la parallaxe annuelle atteignait pour une étoile la valeur de 1″, la distance de cette étoile à la terre ne serait pas moindre que 206265 fois 38000000 lieues, près de 8 millions de millions de lieues (7838070000000) (*). Or il n'existe pas d'étoiles ayant

(*) L'angle *e* (*fig.* 27 *bis*), étant 1″ ou une fraction de seconde, on peut, sans

une parallaxe de cette grandeur; la plus petite des distances des étoiles à la terre est donc supérieure à 206265 fois 38000000 lieues. La lumière parcourant 77000 lieues par seconde, il suffit de diviser 783807000000 par 77000, pour avoir, en secondes, le minimum du temps que met à nous parvenir la lumière d'une étoile quelconque. C'est ce minimum que nous avons cité en commençant.

M. Bessel est parvenu le premier à trouver une parallaxe annuelle pour la 61e du Cygne; cette parallaxe est de 0″,35. Connaissant cette parallaxe 0″,35, on en déduit, par des considérations géométriques très-simples (indiquées dans la note ci-dessous), la distance de cette étoile à la terre, qui est 589300 fois 38 millions de lieues.

On a calculé depuis les parallaxes annuelles des 7 autres étoiles indiquées dans notre tableau.

Voici par ordre les parallaxes des 8 étoiles désignées :

0″,91; 0″,35; 0″,26; 0″,15; 0″,133; 0″,127; 0″,106; 0″,046.

Ces parallaxes ont servi, comme celle de la 61e du Cygne, à calculer les distances consignées dans le tableau de la page 45.

---

erreur relativement sensible, regarder la ligne AB comme confondue avec le petit arc, au plus égal à 1″, dont elle est la corde, et qui, décrit de e comme

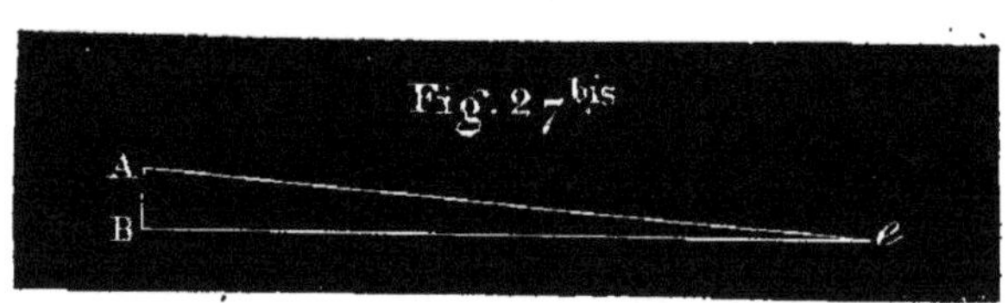

centre avec le rayon $eA = eB$, mesure l'angle AeB. Or il y a dans la circonférence entière, $\text{circ}\,eA = 2\pi . eA$, 1296000 arcs de 1″, tels que AB; 1296000 $AB = 2\pi . eA$; d'où on déduit $eA = \frac{1296000}{2\pi} AB$; or, $\frac{1296000}{2\pi} = 206265$, à moins d'une unité : donc si la ligne $AB = 38000000$ lieues, et l'angle $AeB = 1''$, la distance $eA = 206265 \times 38000000$ lieues.

Si la parallaxe AeB est seulement une fraction de seconde, 0″,35, par exemple, la distance eA sera plus grande. La circonférence qui contient 1296000″, contient 129600000 fois 0″,01, et $\frac{129600000}{35}$ fois 0″,35; d'où l'égalité

$$\frac{129600000}{35} AB = 2\pi . eA,$$ de laquelle on déduirait eA.

NÉBULEUSES. VOIE LACTÉE.

52. Nébuleuses. Dans la partie du ciel la moins riche en étoiles, on remarque des taches blanchâtres et des amas d'étoiles qui paraissent isolés. Ex. : Les Pléiades, amas confus d'étoiles indistinctes pour une courte vue, offrent néanmoins à une bonne vue 6, 7, et même un plus grand nombre d'étoiles distinctes, mais très-rappprochées; les télescopes y font voir de 50 à 60 belles étoiles, accumulées dans un très-médiocre espace, et comparativement isolées du reste du ciel. La constellation que l'on nomme la chevelure de Bérénice, est un autre groupe du même genre, plus diffus et formé d'étoiles plus brillantes. Dans la constellation du Cancer se trouve une tache lumineuse, amas confus d'étoiles analogue aux précédents, mais moins distinct à la vue simple, et qui demande une lunette médiocre pour être résolu en étoiles. Une autre tache du même genre, mais qui demande une meilleure lunette pour la séparation des étoiles, se voit sur la poignée de l'épée de Persée. *Cè sont là des nébuleuses résolues.*

On donne le nom de *nébuleuses* à des taches blanchâtres de formes très-variées que l'on remarque çà et là dans les parties du ciel les moins riches en étoiles. Les nébuleuses se distinguent en *nébuleuses résolues* et en *nébuleuses non résolues*.

53. Les nébuleuses résolues sont celles qui, examinées au télescope, se sont résolues en un nombre plus ou moins grand d'étoiles distinctes, mais très-rapprochées; nous venons d'en citer des exemples. Il y a beaucoup de nébuleuses résolues, autres que les précédentes, et qui l'ont été avec des télescopes d'un pouvoir de plus en plus grand.

Un grand nombre de nébuleuses résolues ont la forme circulaire, mais cette forme n'est qu'apparente; une étude attentive porte à croire que la forme réelle est celle d'un globe rempli de petites étoiles généralement très-nettement terminées. L'éclat de ce globe diminue rapidement à partir du centre; mais à une certaine distance du centre, il ne diminue plus sensiblement. Il paraît y avoir là une sorte de condensation, due probablement à une attraction de ces étoiles vers le centre de la nébuleuse. Ces nébuleuses sont très-riches en étoiles; ainsi, dans une seule nébuleuse de 10′ de diamètre, c'est-à-dire dans une étendue égale à environ la 10ᵉ partie du disque du soleil, on a aperçu jusqu'à 20000 étoiles. Une des plus belles nébuleuses résolues se voit entre η et ξ d'Hercule; elle est visible à l'œil nu.

Quelques nébuleuses sont perforées en forme d'anneaux; d'autres ont la forme de spirales. On en voit une perforée entre β et γ de la Lyre; une autre à la place même où est η d'Argo, qui en occupe le milieu. On remarque une nébuleuse en spirale très-près de η de la grande Ourse; une autre se trouve près de la chevelure de Bérénice.

Il y a des nébuleuses qui paraissent liées entre elles comme des étoiles doubles.

Les nébuleuses ne sont pas uniformément répandues dans le ciel; elles y forment des couches plus ou moins étendues. On remarque une de ces couches très-large dans la région du ciel où se trouvent la grande Ourse, Cassiopée, la Vierge. Dans l'hémisphère austral, il y a deux espaces très-riches en nébuleuses : le petit nuage et le grand nuage de Magellan.

Les espaces célestes les plus riches en nébuleuses sont les plus pauvres en étoiles. Ainsi, dans le corps du Scorpion, il y a un trou de 4° de large sur lequel il n'y a pas d'étoiles; mais au bord on aperçoit une nébuleuse. Il semble que les étoiles se soient rapprochées, et que cette nébuleuse se soit formée des étoiles qui se trouvaient dans cet espace.

54. *Les nébuleuses non résolues* ne présentent au télescope que des taches blanchâtres, souvent mal terminées et de forme irrégulière, quelquefois très-grandes; on en cite une de 4°,9. Il y en a qui offrent l'aspect de nuages tourmentés par le vent. D'autres, en petit nombre, ont l'apparence d'un disque ovale, assez bien terminé, d'un éclat uniforme; on appelle celles-là des nébuleuses *planétaires* (*). D'autres offrent l'aspect d'un étoile pâle et voilée; on

(*) Il y en a une dans le voisinage de l'étoile ν du Verseau qui a un diamètre de 20″. Ces nébuleuses planétaires, eu égard à leurs distances, doivent avoir des dimensions énormes et des diamètres plus grands que plusieurs fois la distance du soleil à la terre. Parmi ces nébuleuses, il y en a trois au moins

les nomme nébuleuses *stellaires*, ou *étoiles nébuleuses*. Il y en a qui, à l'œil nu, offrent l'aspect d'une étoile ordinaire, mais qui, au télescope, paraissent entourées d'une enveloppe sphérique lumineuse. Enfin, entre α et β de la Lyre, il y a une nébuleuse qui a la forme d'un anneau.

Ce qui est arrivé à l'égard des nébuleuses successivement résolues, à l'aide d'instruments de plus en plus puissants, porte à croire que la différence entre les nébuleuses résolues et les nébuleuses non résolues, ne dépend que de la plus ou moins grande puissance des télescopes. S'il en est ainsi, les nébuleuses non résolues seraient, eu égard à la faible intensité de leur lumière, des amas d'étoiles tellement éloignées de nous que leur lumière mettrait un certain nombre de milliers d'années à nous parvenir.

55. Voie lactée. La voie lactée est une immense ceinture lumineuse, blanchâtre, qui fait le tour du ciel, à peu près suivant un grand cercle, en passant par le Cygne, Cassiopée, Persée, le Cocher, les Gémeaux, la Licorne, etc. (V. le planisphère). Cette zone blanchâtre se bifurque à peu près vers l'étoile α du Cygne, sous un angle aigu; les deux branches restent séparées pendant 120° environ, et vont se réunir dans l'hémisphère austral. Vue au télescope, la voie lactée se résout en étoiles amoncelées par millions; elle fait l'effet d'une poussière d'étoiles répandue sur le noir du firmament.

56. Herschell ayant eu l'idée, suivant son expression, de jauger le ciel, c'est-à-dire de comparer la richesse en étoiles des différentes parties de la sphère céleste, reconnut qu'à mesure qu'on approche de la voie lactée, le nombre des étoiles télescopiques augmente. Avec un télescope embrassant sur la sphère céleste un cercle de 15′ de diamètre, environ le quart du disque du soleil, les régions les plus pauvres en étoiles lui en montraient *à la fois* 5, 4,.....1 ou pas du tout, et les régions les plus riches 200, 300,..... jusqu'à 588 étoiles; dans ces dernières, il voyait ainsi passer sous ses yeux, en un quart d'heure, jusqu'à 116000 étoiles.

---

d'une couleur bleuâtre. Quelques-unes présentent au centre une étoile très-brillante; d'autres, légèrement aplaties, présentent au centre une étoil double.

57. Cette étude comparative de la voie lactée et des autres parties du ciel, jointe à l'observation des nébuleuses, a conduit les astronomes à cette conclusion très-probable : Les étoiles ne sont pas uniformément répandues dans le ciel ; elles y forment des groupes analogues à ceux que nous avons désignés sous le nom de *nébuleuses résolues*. Toutes les étoiles de la voie lactée, avec celles que nous voyons isolément autour de nous, composent ensemble un de ces groupes, au milieu duquel se trouve notre soleil avec la terre et les planètes ; ce groupe est notre nébuleuse.

Les apparences que nous présente la voie lactée s'expliquent, en effet, assez bien, si on admet que nous nous trouvons au milieu d'une nébuleuse ayant à peu près la forme suivante :

Forme de notre nébuleuse. C'est une couche ou strate d'étoiles très-peu épaisse, terminée par deux surfaces planes et parallèles, excessivement étendues dans tous les sens. Cette couche se bifurque d'un côté, c'est-à-dire se sépare en deux couches semblables, formant à l'intérieur un angle très-aigu, et légèrement inclinées à l'extérieur sur la couche principale qu'elles continuent respectivement. Le soleil, avec la terre et les planètes, se trouve au milieu de la couche principale, c'est-à-dire à égale distance de ses faces parallèles, tout près de l'endroit où cette couche se sépare en deux (*).

Voici une coupe de notre nébuleuse, faite par un plan perpen-

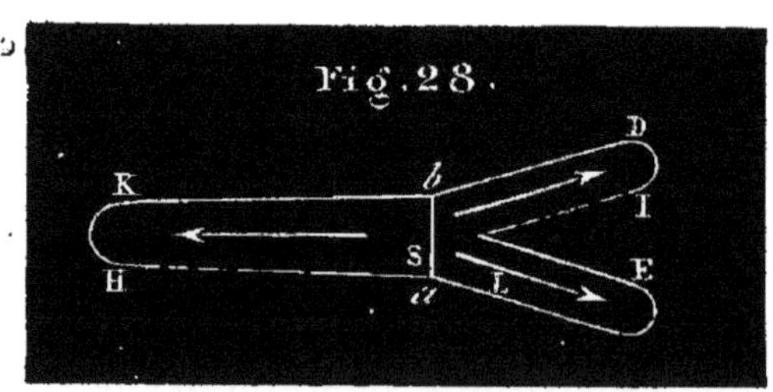

diculaire au milieu de la ligne à partir de laquelle a lieu la bifurcation. Le soleil, avec la terre, est en S, tout près de cette ligne.

(*) Pour plus de précision, nous pourrions dire que chacune des faces extérieures de notre nébuleuse nous fait l'effet d'un cercle de la sphère céleste divisé en deux parties inégales par le côté d'un triangle équilatéral inscrit, et dont la plus petite partie continuerait la grande, mais avec une légère inflexion.

Quand nos regards se dirigent vers l'une des faces parallèles, notre ligne de visée sortant presque aussitôt de la couche, nous voyons fort peu d'étoiles dans cette direction. Si, au contraire, nos regards se portent autour de nous, *dans des directions parallèles à ces surfaces*, nos lignes de visée se prolongeant dans la couche elle-même, nous voyons à la fois une multitude d'étoiles. Ces étoiles, en se projetant en masse sur la sphère céleste, nous offrent l'aspect de cette ceinture lumineuse à laquelle on a donné le nom de *voie lactée*.

Comme nous voyons des étoiles en grand nombre, dans le sens des surfaces terminatrices, aussi loin que notre vue peut porter, même à l'aide de télescopes, nous regardons ces surfaces comme traversant la sphère céleste en entier, dans tous les sens; elles nous font ainsi l'effet de grands cercles d'une immense étendue. Mais sortons, par la pensée, de notre nébuleuse; éloignons-nous-en progressivement, dans une direction à peu près perpendiculaire aux surfaces terminatrices, pour gagner, par exemple, une autre nébuleuse. La surface que nous quittons, qui, en réalité, est limitée, et dont le contour n'est probablement pas circulaire, nous paraîtra de plus en plus petite. Quand nous serons arrivés dans l'autre nébuleuse, la nôtre nous apparaîtra sous le même aspect que les autres nébuleuses vues de la terre; elle nous fera l'effet d'une tache blanchâtre et peu étendue qui, vue au télescope, se résout en étoiles.

Si les étoiles qui, autour de nous, nous paraissaient d'abord isolées, composent avec celles de la voie lactée une nébuleuse analogue aux autres, nous avons eu raison de dire tout à l'heure que les étoiles forment dans l'espace des groupes ou amas plus ou moins considérables, séparés les uns des autres par des distances extrêmement grandes relativement aux distances qui séparent les étoiles d'un même groupe (*).

58. *Mouvement propre des étoiles.* Ainsi que nous l'avons dit

(*) Nous jugeons de l'immensité des distances qui séparent les nébuleuses les unes des autres par la faible lumière que nous envoient les nébuleuses, comparée à celle des étoiles distinctes. A en juger par cet indice, ces distances seraient telles, que la lumière mettrait des milliers d'années pour aller d'une nébuleuse à une autre.

ailleurs, on a remarqué dans certaines nébuleuses des indices de condensation des étoiles autour de centres d'attraction intérieurs. Les étoiles de notre groupe ne seraient-elles pas animées d'un mouvement analogue; ceci nous conduit à parler des mouvements propres des étoiles.

Depuis que les moyens d'observation sont perfectionnés, on a reconnu en effet que les étoiles ne méritent pas rigoureusement le nom de fixes; certaines étoiles ont un mouvement propre angulaire que l'on est parvenu à mesurer. Voici quelques exemples :

L'étoile α de Cassiopée parcourt annuellement un arc de 3″,74. Arcturus, la plus belle étoile du Bouvier, s'avance continuellement vers le midi avec une vitesse de 2″,25 par an. Sirius, la Lyre, Aldébaran, subissent des déplacements analogues. Les deux étoiles de la 61e du Cygne, étoiles doubles qui, observées depuis 50 ans, sont toujours restées à la même distance, 15″, l'une de l'autre, ont parcouru ensemble, pendant ce temps, un arc de 4′ 23″, ou environ 5″,3 par an. Vers 1718, les deux étoiles qui composent l'étoile double γ de la Vierge étaient séparées par une distance de 6 à 7″, et il suffisait d'un télescope passable pour les voir distinctes. Depuis elles se sont constamment rapprochées de manière à ne plus être qu'à 1″ l'une de l'autre; et on ne les voit distinctes qu'à l'aide d'un puissant télescope. Enfin, tout porte à croire que notre soleil, qui n'est qu'une étoile semblable aux autres, se meut avec son cortége de planètes, se dirigeant vers une étoile de la constellation d'Hercule.

CHAPITRE II.

DE LA TERRE.

Des phénomènes qui donnent une première idée de la forme de la terre.

59. La surface de la terre nous apparaît comme une surface plane d'une grande étendue sur laquelle le ciel s'appuie comme une voûte. Mais ce n'est là qu'une illusion ; les faits suivants, observés depuis longtemps, démontrent au contraire que *la terre est un corps rond, isolé de toutes parts.*

1° Quand un vaisseau s'éloigne du port, un spectateur placé sur le rivage le voit au bout de quelque temps s'enfoncer sous l'horizon ; bientôt le corps du navire ne se voit plus même avec une lunette, tandis que les mâts et les voiles s'aperçoivent distinctement ; puis le bas des mâts disparaît également, et enfin le haut. Pour revoir le navire, il suffit à l'observateur de s'élever davantage au-dessus du sol ; ce sont alors les sommets des mâts qui reparaissent les premiers. Les mêmes faits ont lieu, mais en ordre inverse, quand un navire revient au port ; on voit d'abord le haut des mâts, puis le bas, etc.

Les mêmes apparences se produisent partout en mer pour un observateur placé sur un navire qui s'éloigne ou se rapproche d'un autre navire.

Ces faits seraient inexplicables, impossibles, si la terre était plane ; dans ce cas, en effet, le navire serait vu tout entier tant qu'il serait à portée de la vue distincte, et, dans le lointain, ce serait évidemment le corps du navire qui disparaîtrait le dernier et reparaîtrait le premier.

Tout s'explique parfaitement, au contraire, quand on admet la convexité de la terre. L'observateur ayant l'œil en O (*fig.* 29), concevons menée de ce point O une tangente à la courbe que décrit le navire sur la surface de la mer supposée convexe; soit B le point de contact. Tant que le navire n'a pas dépassé le point B, il est vu tout entier du point O; au delà du point B, la partie inférieure commence à devenir invisible; bientôt le corps du navire disparaît; on ne voit plus que la mâture en C; plus loin, en D, une partie des mâts seulement; enfin l'observateur ne voit plus rien du navire quand celui-ci est en E. S'il monte alors en O′, il revoit le haut des mâts.

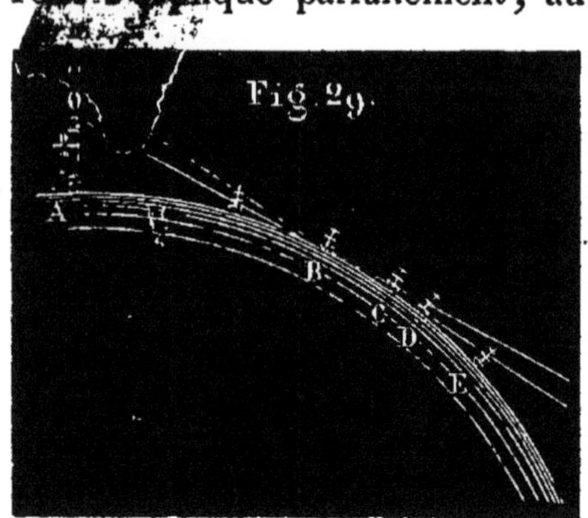

Fig. 29.

Les mêmes apparences se reproduisent sur le continent, quand on s'éloigne ou qu'on se rapproche d'une tour ou d'une éminence dont on est séparé par un terrain étendu et découvert. D'ailleurs, si on remarque le peu de pente des fleuves qui se rendent à la mer, et ce qui se passe à leurs embouchnres où la mer montante pénètre à une assez grande distance, on en conclura que la surface de chaque continent diffère peu de ce que serait la surface continuée des mers qui le baignent, si les eaux pouvaient s'étendre librement, et prendre leur position d'équilibre en pénétrant ce continent.

2° Un autre *indice* analogue de la convexité de la terre, c'est qu'en approchant du *pôle nord*, on voit l'étoile polaire de plus en plus élevée au-dessus de l'horizon, et *vice versâ*, quand on descend vers le *sud*.

3° *Les voyages autour du monde* ont prouvé jusqu'à l'évidence que la terre est un corps rond, isolé dans l'espace. Magellan, le premier, quittant le Portugal, vogua vers l'ouest, rencontra l'Amérique, la côtoya vers le sud jusqu'à ce qu'il pût continuer sa route à l'ouest, traversa le détroit qui porte son nom, entra dans l'océan Pacifique, et fut tué à l'île de Zébu par les naturels. Son lieutenant, voguant toujours à l'ouest, doubla le cap de Bonne-Espérance et aborda en Europe. La terre est donc arrondie dans le sens que nous venons d'indiquer; de nombreux voyages accomplis depuis dans toutes les directions ont prouvé qu'elle l'est dans tous les sens. De plus

60. *La terre est à très-peu près sphérique.* En effet :

1° L'ombre portée par la terre sur la lune dans les éclipses partielles est *toujours* terminée *circulairement;* or la géométrie nous apprend que cela ne peut avoir lieu que si la terre est sphérique.

2° Un observateur placé à une certaine hauteur au-dessus de la surface de la mer n'en découvre qu'une partie, laquelle est terminée circulairement. S'il est placé au haut d'une tour très-élevée ou d'une montagne, la partie visible de la surface terrestre lui paraît également bornée par une courbe circulaire; il en est de même *en tout lieu* de la terre. Or la géométrie nous apprend encore qu'il n'en peut être ainsi que *si la terre est sphérique* (*).

61. Cependant nous avons dit seulement : *La terre est à peu près sphérique.* C'est qu'en effet, eu égard à ce que l'homme ne peut s'élever qu'à des hauteurs limitées, et aux erreurs dont peuvent

---

(*) On appelle *horizon sensible* d'un observateur placé à une certaine hauteur au-dessus du niveau de la mer la surface conique limitée circulairement que forment tous les rayons visuels allant à la courbe à laquelle s'arrête la vue.

On conclut que cette courbe limite est circulaire des observations suivantes :

1° Les rayons visuels dirigés du même point de vue vers les différents points de cette courbe limite font avec la verticale du lieu d'observation des angles égaux.

2° Si l'observateur s'élève sur la même verticale, la courbe limite change : il voit de tous côtés plus loin qu'il ne voyait à la station inférieure. Les rayons visuels dirigés dans tous les sens vers les points de la nouvelle courbe limite font avec la verticale des angles égaux entre eux; mais ces angles sont moindres que ceux des rayons visuels allant aux points de la courbe précédente.

Ces faits ont été observés des diverses hauteurs auxquelles on a pu s'élever et à tous les endroits de la terre où on a voulu les vérifier.

En admettant que ce résultat continue à être obtenu par un observateur placé à des hauteurs de plus en plus grandes sur une verticale quelconque, on en conclut la sphéricité de la terre. (V. la note à la fin du chapitre.)

être affectés les résultats des observations faites avec nos instruments pour déterminer la forme des courbes limites dont nous venons de parler, on ne peut pas conclure de ces observations, d'une manière absolue, que la terre est sphérique; on peut affirmer seulement que sa forme approche de celle d'une sphère.

Plus tard, nous dirons comment on a déterminé d'une manière plus précise la forme de la terre en mesurant différents arcs tracés sur sa surface.

CERCLES PRINCIPAUX; LONGITUDE ET LATITUDE GÉOGRAPHIQUES.

62. Sachant que la terre est un corps rond, isolé dans l'espace, on comprend plus aisément qu'elle puisse tourner sur elle-même, autour d'un de ses diamètres comme axe. Ainsi que nous l'avons expliqué précédemment, les étoiles doivent nous paraître tourner autour du même axe; la ligne idéale PP′ que nous avons appelée *axe du monde*, et l'axe de rotation *pp′* de la terre, sont une seule et même droite (*fig.* 32) (*). De plus, la terre n'étant pour ainsi dire qu'un point dans l'espace, nous pouvons sans inconvénient regarder son centre comme étant celui de la sphère céleste.

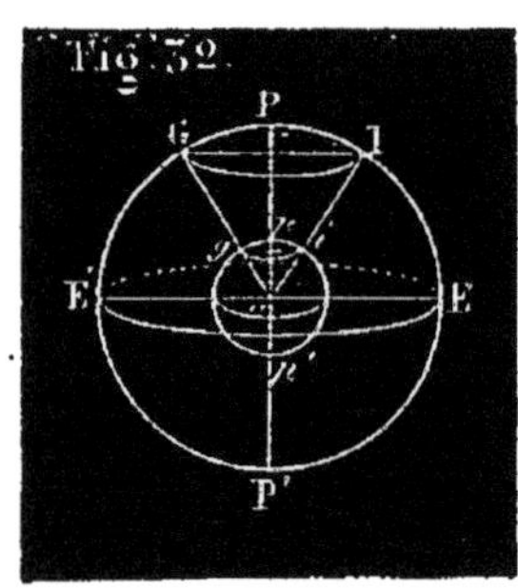

63. PÔLES. On nomme *pôles terrestres* les deux points *p*, *p′* où la surface de la terre est rencontrée par l'axe du monde, autrement dit, l'axe de rotation de la terre. L'un de ces pôles *p*, celui

(*) La droite imaginaire que nous avons appelée *axe du monde*, dans le chapitre des étoiles, passait par le lieu d'observation; cette ligne n'est, en réalité, qu'une parallèle à l'axe de rotation de la terre qui est l'axe vrai. Le mouvement diurne des étoiles, étudié par rapport à cet axe apparent, est tel que le verrait un observateur placé sur l'axe réel : la distance des deux lignes, qui est au plus égale au rayon de la terre, étant d'une petitesse inappréciable par rapport aux distances célestes, il ne saurait y avoir de différence appréciable entre les observations faites par rapport à l'une et à l'autre lignes, considérées comme axes, quand il s'agit de distances angulaires entre des points de la sphère céleste.

qui est du côté du pôle céleste boréal, s'appelle *pôle boréal;* l'autre p' est le *pôle austral.*

64. Équateur. On nomme *équateur terrestre* le grand cercle d'intersection de la terre par un plan perpendiculaire à l'axe pp', mené par le centre. On considère l'*équateur céleste* comme déterminé par le même plan E'E.

Hémisphères. L'équateur divise la terre en deux hémisphères, dont l'un, celui qui contient le pôle boréal, s'appelle *hémisphère boréal;* l'autre est l'*hémisphère austral.*

65. Parallèles. On nomme *parallèles terrestres* les petits cercles de la terre parallèles à l'équateur.

Chaque parallèle terrestre, gi, correspond à un parallèle céleste GI, qui est l'intersection de la sphère céleste par un cône circulaire droit, ayant pour sommet le centre commun, o, des deux sphères, et pour génératrices les rayons menés de ce centre au parallèle terrestre. L'un de ces cercles est la perspective de l'autre.

66. Méridien. On appelle *méridien* d'un lieu g la courbe pgp' (fig. précéd.), suivant laquelle la surface de la terre est coupée par le plan qui passe par la ligne des pôles et le point g, limité à cet axe pp'.

Dans l'hypothèse que la terre est exactement sphérique, le méridien d'un lieu g est la *demi*-circonférence de grand cercle, pgp', qui passe par la ligne des pôles pp' et le lieu g. Le plan de ce méridien coupe la sphère céleste suivant un grand cercle PGP' qui est le méridien céleste du lieu.

67. La position d'un lieu sur la terre se détermine au moyen de sa *longitude et de sa latitude géographiques.*

Longitude géographique. On fait choix d'un méridien PAP' (*fig.* 33) qu'on appelle *méridien principal* ou *premier méridien;* cela posé, on appelle *longitude* d'un lieu, S, de la terre, l'angle dièdre moindre que deux droits que fait le méridien PSP' de ce lieu avec le méridien principal PAP'; ou ce qui revient au même, la longitude d'un lieu S est le plus petit des arcs d'équateur compris entre le méridien du lieu et le méridien principal; c'est l'arc AB (l'arc mesure l'angle).

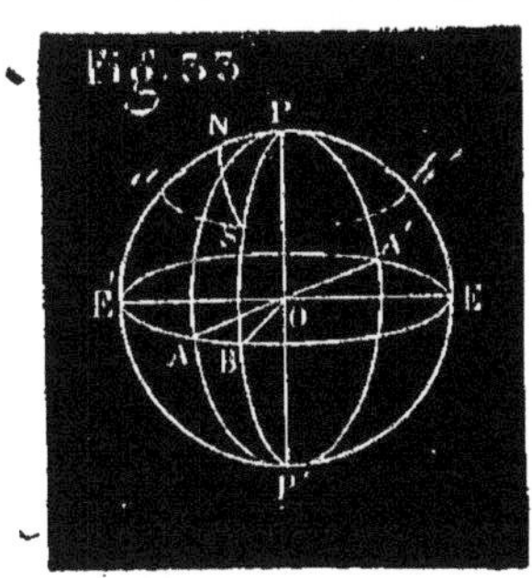

La longitude d'un lieu est *occidentale* ou *orientale* suivant que l'arc d'équateur qui la mesure, compté à partir du méridien principal, se dirige dans le sens du mouvement diurne, c'est-à-dire de *l'est à l'ouest*, ou en sens contraire. Exemple : la longitude AB du lieu S est *orientale;* la longitude AE' du lieu N est *occidentale.* L'une ou l'autre longitude varie de 0 à 180°.

Autrefois tous les pays avaient adopté, avec *Ptolémée*, un premier méridien unique, qui passe par l'*île de Fer*, la plus occidentale des îles Canaries; et comme le monde connu ne s'étendait pas au delà vers l'ouest, toutes les longitudes étaient orientales. Aujourd'hui chaque nation a le sien : c'est celui qui passe par le principal observatoire du pays. Pour les Français, c'est le méridien de l'Observatoire de Paris; pour les Anglais, c'est le méridien de Greenwich, qui est à 2° 20′ 24″ ouest de celui de Paris. Il est facile de transformer une longitude anglaise en longitude française, et *vice versâ* (n° 74); mais il vaudrait mieux que tous les peuples s'entendissent pour adopter un premier méridien unique.

Latitude géographique. On appelle *latitude* d'un lieu S (*fig.* 33) l'angle que fait la verticale OS de ce lieu avec sa projection OB sur l'équateur; ou, ce qui revient au même, c'est le nombre de degrés du plus petit arc de méridien, SB, qui va de ce lieu à l'équateur (l'arc mesure l'angle).

La latitude est *boréale* ou *australe* suivant que le lieu est situé sur l'hémisphère boréal ou sur l'hémisphère austral; elle varie de 0 à 90°, et se compte à partir de l'équateur dans l'un ou l'autre sens. La latitude SB est boréale. La longitude et la latitude d'un lieu S déterminent évidemment sa position sur le globe terrestre. En effet, ce lieu est le point de rencontre du demi-méridien PBP′ qu'indique la première, et du parallèle *aSb′* qu'indique la seconde. Il y a donc lieu de résoudre ce problème : *Trouver la longitude et la latitude d'un lieu de la terre.*

68. Détermination de la latitude. *La latitude d'un lieu est précisément égale à la hauteur du pôle au-dessus de l'horizon de ce lieu.* Il sufit donc de déterminer cette hauteur comme il a été indiqué n° 25.

En effet, soit ON (*fig.* 33 *bis*) la verticale du lieu, PEP'E' son méridien, E'E la trace de l'équateur céleste sur ce méridien, HH' la trace de l'horizon rationnel sur le même plan. La latitude est NE', et la hauteur du pôle PH ; or les arcs NE' et PH sont égaux comme compléments du même arc PN.

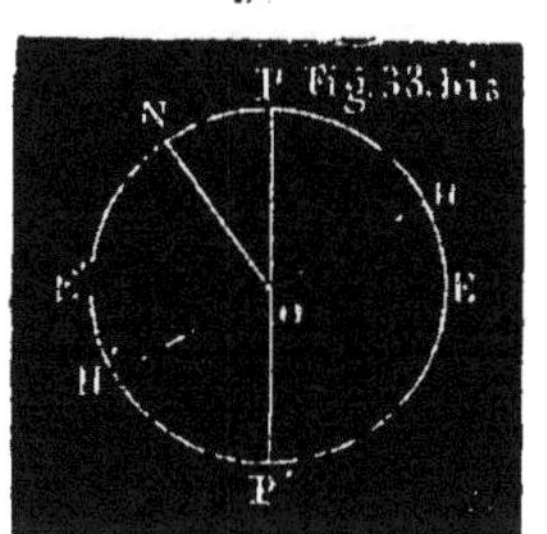

Ex. : *La hauteur* du pôle, à l'*Observatoire* de Paris, est 48° 50' 11"; telle est donc la latitude de Paris à cet endroit (*).

En mer, on ne peut déterminer la hauteur du pôle comme il a été indiqué, faute de pouvoir installer sur le navire un mural ou une lunette méridienne. On fait alors usage d'un instrument qu'on appelle *sextant*.

69. Calcul de la longitude. *Pour déterminer la longitude d'un lieu, il suffit de connaître l'heure sidérale du lieu et celle qu'il est au même instant sous le premier méridien ; on convertit la différence de ces heures en degrés à raison de 15° par heure; le résultat est la longitude cherchée* (*V.* les Remarques, n° 70).

Les heures se comptent respectivement aux divers lieux de la terre à partir du passage au méridien de chaque lieu d'un point déterminé de la sphère céleste, d'une étoile remarquable, par exemple. Cela posé, soient $pE'p'$ (*fig.* 34) le méridien principal, pBp' le méridien d'un lieu quelconque m, EBE' l'équateur céleste, ebe' le cercle diurne de l'étoile régulatrice qui tourne dans le sens ebe'. Supposons qu'au même instant il soit 5 heures au lieu m, et 2 heures sous le premier méridien $pE'p'$. Quand l'étoile régulatrice se trouvait en e', il était $0^h 0^m 0^s$ sous le premier méridien, et 3 heures au lieu m ; c'est-

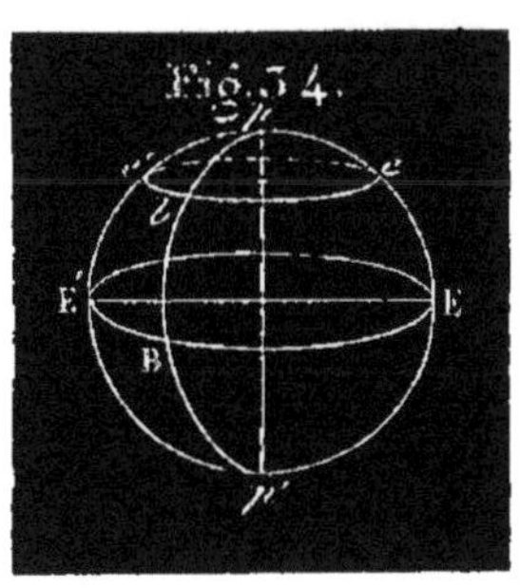

(*) La latitude varie de 1" par distance de 30m,9 comptée du nord au sud ou *vice versâ*, dans le sens du méridien. Il faut donc indiquer le point de Paris dont on considère la latitude (V. longueur du mètre).

à-dire qu'en ce moment il y avait 3 heures que l'étoile avait passé en b au méridien du lieu m; elle a employé ces trois heures à parcourir l'arc be', dont le nombre de degrés est précisément le même que celui de la longitude E'B. Mais l'étoile parcourt 360° en 24 heures, soit 15° par heure; donc l'arc $be' = BE'$ parcouru en 3 heures est égal à $15° \times 3$ (15° multipliés par la différence des heures). C. Q. F. D.

70. Remarques. *Si c'est l'heure de Paris qu'on retranche de celle du lieu proposé, la longitude trouvée est orientale,* puisque l'étoile, qui vient de l'*est*, a passé en ce lieu avant d'arriver au premier méridien.

Si c'est l'heure du lieu qu'on retranche de celle de Paris, la longitude trouvée est occidentale, puisque l'étoile venant de l'*est* passe en ce lieu après avoir passé à Paris.

Si la différence des heures observées surpassait 12 *heures, il faudrait augmenter l'heure la plus faible de* 24 *heures, et retrancher l'autre heure de la somme. La différence convertie en degrés est encore la longitude cherchée;* celle-ci est encore *orientale* ou *occidentale,* suivant que l'heure *soustraite* est ou n'est pas celle de Paris.

Ex. : L'horloge sidérale d'un lieu, m, marque $3^h\,24'$ quand celle de Paris marque $19^h\,37'$; quelle est la longitude du lieu m?

$3^h\,24^m + 24^h = 27^h\,24^m$; $27^h\,24^m - 19^h\,37^m = 7^h\,47^m$; en convertissant $7^h\,47^m$ en degrés, on a la longitude demandée; cette longitude est *orientale.*

Pour justifier cette dernière opération, il suffit d'observer que la différence $19^h\,37^m - 3^h\,24^m$, plus grande que 12 heures, correspond à un arc de cercle diurne de l'étoile régulatrice plus grand que 180°; or la longitude doit être au plus égale à 180°; la longitude cherchée est donc le complément de cet arc à *une circonférence;* ou, ce qui revient au même, c'est le complément à 24^h de la différence ci-dessus qu'il faut convertir en degrés; $24^h - (19^h\,37' - 3^h\,24) = 24^h + 3^h\,24 - 19^h\,37^m$. C'est la soustraction que nous avons prescrite et opérée.

71. Le calcul d'une longitude se réduit donc, en définitive à la résolution de ce problème : *Trouver les heures que marquent au* *même instant les horloges sidérales de deux lieux différents, réglées sur la même étoile?* (*) Il y a pour cela diverses méthodes.

72. 1° Méthode du chronomètre. Un observateur transporte, de Paris au lieu dont on veut avoir la longitude, un chronomètre ou horloge sidérale portative, réglé à l'Observatoire de Paris de manière à marquer $0^h 0^m 0^s$ à l'instant où une certaine étoile remarquable passe au premier méridien. Il lui suffit de comparer sur place l'heure du chronomètre à celle d'une horloge sidérale marquant $0^h 0^m 0^s$ à l'instant où cette même étoile passe au méridien du lieu.

S'il n'y avait pas en ce lieu d'horloge sidérale, *en mer* par exemple, on y déterminerait l'heure du lieu par des observations astronomiques ; l'heure marquée en ce moment par le chronomètre ferait connaître la différence des heures sidérales de Paris et du lieu.

73. 2° Méthode du télégraphe électrique. L'admirable et récente invention du télégraphe électrique donne le moyen de résoudre la question qui nous occupe pour deux lieux mis en communication par un fil électrique. A l'instant d'un signal transmis, deux observateurs regardent les horloges sidérales de ces lieux, réglées sur la même étoile, puis se communiquent respectivement les heures observées. La transmission du signal pouvant être regardée comme instantanée, ces heures correspondent au même moment.

74. 3° Signaux de feu. Avant la découverte du télégraphe électrique, Cassini avait employé la méthode des signaux de feu, qui peut encore être employée à défaut de fil électrique. Deux observateurs, séparés par une distance de 20 à 30 lieues, munis de chronomètres et de lunettes, aperçoivent au même instant une fusée lancée durant la nuit à une station intermédiaire ; leurs chronomètres leur indiquent alors les heures sidérales de leurs stations respectives.

Cette méthode peut être appliquée à deux lieux, A et B, séparés par une distance trop grande pour que le même feu soit vu à la fois de l'un et de l'autre.

(*) Au lieu d'horloges sidérales, on peut se servir d'horloges bien réglées sur le temps moyen (V. le temps moyen).

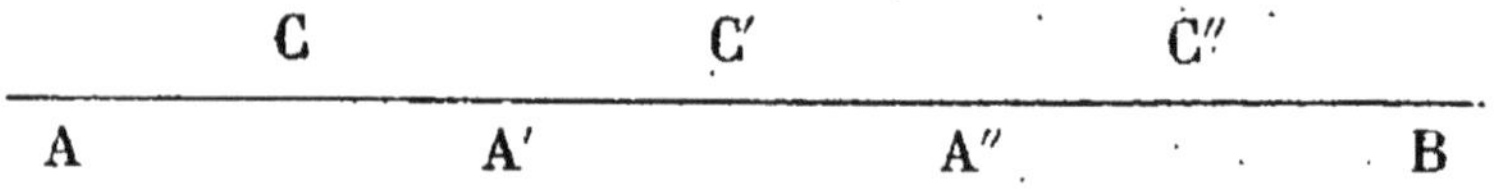

C C′ C″

A A′ A″ B

On partage la distance AB par les stations intermédiaires A′, A″, en intervalles tels que chacun rentre dans le cas précédent; des observateurs se placent en A, A′, A″, B. Un premier signal C se produisant entre A et A′, les observateurs y notent leurs heures respectives; supposons qu'il soit alors h heures au lieu A. Après un temps t^s que l'observateur en A′ peut mesurer, un second signal C′ se produit entre A′ et A″; on y note les heures. Après un nouveau temps t'^s que l'observateur en A″ peut mesurer, un troisième signal C″ se produit entre A″ et B; on y note les heures. Supposons qu'il soit alors h' heures au lieu B; l'heure de A au même instant est évidemment $h^{\text{heures}} + t^s + t'^s$.

75. 4° Emploi du sextant. On se sert *en mer*, pour la détermination des longitudes, d'un instrument qu'on appelle *sextant*.

76. 5° Signaux astronomiques. Certains phénomènes célestes, tels que les éclipses des satellites de Jupiter, les occultations d'étoiles par la lune, les distances angulaires de la lune au soleil ou à certaines étoiles principales, visibles au même instant en des points de la terre très-éloignés les uns des autres, sont d'excellents signaux pouvant servir à la détermination des longitudes. L'heure de chacun de ces phénomènes, en temps de Paris, se trouve dans un livre appelé *la Connaissance des temps*, publié à l'avance par le bureau des Longitudes de France; la différence de cette heure et de celle du lieu au même instant donne la longitude.

77. Au lieu de comparer l'heure d'un lieu à celle du premier méridien, il est quelquefois plus commode de la comparer à celle d'un lieu dont la longitude est déjà connue. On a aussi besoin de convertir la longitude relative à un méridien en longitude relative à un autre méridien.

Problème. *Connaissant la longitude* l *d'un lieu* G *par rapport au premier méridien, et la longitude* l′ *d'un lieu* B *par rapport au lieu* G, *trouver la longitude*, x, *du lieu* B *par rapport au premier méridien.*

Ex. : *Connaissant la longitude de Greenwich par rapport à Paris, convertir une longitude anglaise donnée en longitude française.*

Le second lieu peut avoir par rapport au premier, G, l'une des quatre positions B, B', B'', B''' (*fig.* 35). 1° Il a la position B quand les longitudes l et l' sont de même nom et que leur somme ne dépasse pas 180°; alors PB=PG+GB ou $x=l+l'$. 2° Il a la position B' quand les longitudes données étant toujours de même nom, leur somme PG + GB' dépasse 180°; la longitude cherchée $x=$ PG'B' $=360^{\circ}-(l+l')$; elle est de nom contraire à l et à l'. 3° Le second lieu a la position B''; $l=$ PG et $l'=$ GB'' sont des longitudes de noms différents; alors la longitude $x=$ GB'' $-$ GP $=l'-l$ est de même nom que l'. 4° Enfin le second lieu étant B''', on a $x=$ GP $-$ GB''' $=l-l'$, de même nom que l.

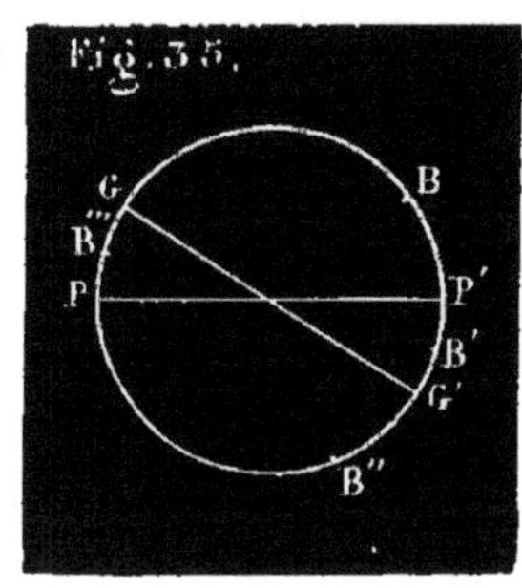

78. Commencement du même jour sidéral en différents lieux. Le jour d'une date précise quelconque, le 19 mai 1856 par exemple, commence d'abord pour les lieux situés sous le méridien PA'P' opposé à celui de Paris (*fig.* 33), à l'instant où l'étoile régulatrice passe à ce méridien; puis le jour de même date commence successivement à chacun des autres lieux du globe, considérés dans le sens A'EAE', au fur et à mesure que l'étoile, venant de PA'P', passe au méridien de ce lieu.

Imaginons un navire parti d'un port français de l'Océan, de Brest, par exemple, se dirigeant vers l'ouest; ayant tourné le continent américain, il a continué à s'avancer vers l'ouest, et vient à dépasser le méridien PA'P'. Il devra augmenter d'un jour la date du journal du bord, s'il veut être d'accord avec les habitants du port où il arrivera postérieurement. Le contraire aurait lieu si un navire passait ce méridien PA'P' en venant de l'ouest.

79. Problème. *Trouver la plus courte distance de deux lieux*, S, N *de la terre supposée sphérique, connaissant leurs longitudes et leurs latitudes* (*fig.* 33). Les arcs PS, PN, menés du pôle à chaque lieu, forment avec l'arc SN un triangle sphérique dont on connaît deux côtés, PS $=90\mp$ latitude de S, PN $=90^{\circ}\mp$ latitude de N (suivant que la latitude considérée est boréale ou australe), et l'angle SPN qui est la somme ou la différence des longitudes, suivant que les longitudes sont de noms différents ou de même nom. Tout cela se voit à l'inspection de la figure; on calculera facilement SN.

Étude précise de la forme de la terre. *Valeurs numériques des degrés en France, en Laponie, au Pérou; leur allongement quand on va de l'équateur vers le pôle.*

80. Pendant longtemps on s'en est tenu à la première idée que donnent de la forme de la terre les phénomènes que nous avons indiqués au commencement de ce chapitre; jusqu'à la fin du XVIIe siècle, on a considéré la terre comme sphérique, et on s'est seulement occupé d'en déterminer la grandeur. Dans cette hypothèse, il suffit évidemment de déterminer, par des mesures exécutées sur la surface même de la terre, la longueur d'un arc de méridien d'un nombre de degrés connu; de la longueur d'un degré on déduit celle de la circonférence, et de celle-ci la longueur du rayon.

Diverses mesures ont été ainsi exécutées, même dans l'antiquité (*). Parmi les modernes, le premier qui essaya de mesurer la longueur d'un degré fut Fernel, médecin de Henri II; il se dirigea de Paris vers Amiens, en comptant exactement le nombre des tours de roue de sa voiture; il trouva ainsi pour la longueur du degré, 57070 toises.

Mais la première mesure qui ait été obtenue par des méthodes de précision dignes de toute confiance, est due à l'astronome français Picard. Établissant un réseau géodésique entre Paris et Amiens, il trouva pour la longueur du degré, 57060 toises.

81. A la fin du XVIIe siècle, Newton et Huyghens, guidés par des considérations théoriques, émirent cette opinion : *La terre n'est pas sphérique; c'est un ellipsoïde de révolution, aplati vers les pôles et renflé à l'équateur, c'est-à-dire que sa surface est semblable à celle que décrit une ellipse tournant autour de son petit axe* PP' (*fig.* 37, ci-après). L'Académie des sciences s'occupa aussitôt de vérifier ces indications de la théorie; la seule différence entre l'ancienne hypothèse et la nouvelle consiste en ce que, dans la première, chaque plan méridien, c'est-à-dire mené par l'axe, coupe la surface de la terre suivant une circonférence de cercle (*fig.* 36), tandis que dans la seconde, il la coupe suivant une ellipse aplatie vers les pôles (*fig.* 37); c'était donc la forme de la courbe méridienne qu'il fallait étudier. Pour cela, on a mesuré la longueur du degré à diverses latitudes (*V.* la note) (**).

(*) La plus remarquable des mesures exécutées dans l'antiquité est attribuée à Ératosthène, à la fois géomètre, astronome, et géographe, qui vivait 256 ans avant J.-C. Il trouva pour la longueur du degré 694 stades. On ne connait pas précisément la longueur du stade; cependant on croit ce résultat peu éloigné de la vérité.

(**) MESURE D'UN ARC DE MÉRIDIEN. *Définitions.* On nomme *méridien* ou *courbe méridienne*, sur la surface de la terre, la courbe suivant laquelle cette surface est coupée par un plan mené par la ligne des pôles. Deux lieux A et B sont sur

Si la courbe méridienne est une circonférence de cercle, la longueur du degré doit être la même à toutes les latitudes (*fig.* 36);

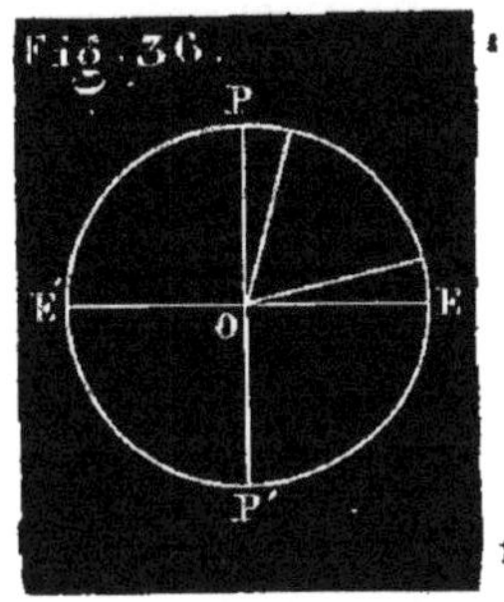

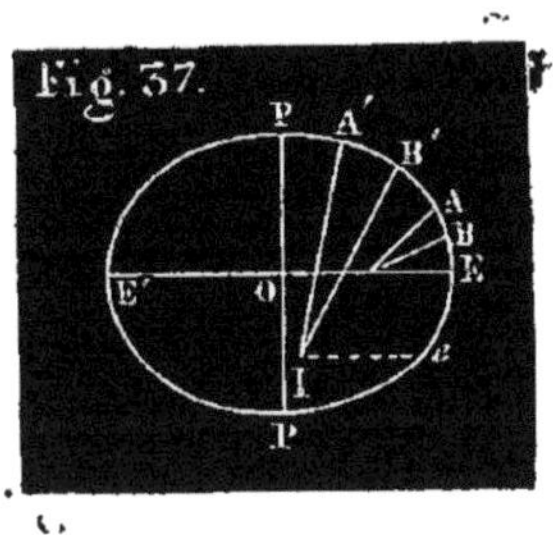

si c'est une ellipse aplatie vers les pôles, la longueur du degré doit être plus grande aux environs du pôle qu'à l'équateur, et en général augmenter avec la latitude (*fig.* 37). En outre, comme on

---

le même méridien quand la même étoile passe au méridien dans les deux lieux à la même heure de l'horloge sidérale.

Un arc de 1°, 2°, 3°,.... du méridien est un arc A'B' (*fig.* 37), tel que les deux normales à la courbe, autrement dit les verticales, A'I, B'I, menées à ses extrémités, font entre elles un angle A'IB' de 1°, 2°, 3°...... Cet angle A'IB' est précisément égal à la différence des latitudes des lieux A' et B', si ces lieux sont sur le même hémisphère; puisque la latitude d'un lieu, (n° 64), est égale à l'angle que fait la verticale du lieu avec sa projection sur l'équateur); A'IB' = A'Ie — B'Ie.

Le nombre des degrés d'un arc AB étant connu, il faut mesurer cet arc avec l'unité linéaire, la toise, par exemple. Si l'arc AB est sur une surface unie, découverte, on procède à cette mesure à la manière des arpenteurs, en employant seulement des instruments de mesure plus précis et plus de précautions. Mais dans le cas d'obstacles intermédiaires s'opposant à cette mesure, ce qui arrive presque toujours, on établit ce qu'on nomme un *réseau géodésique.*

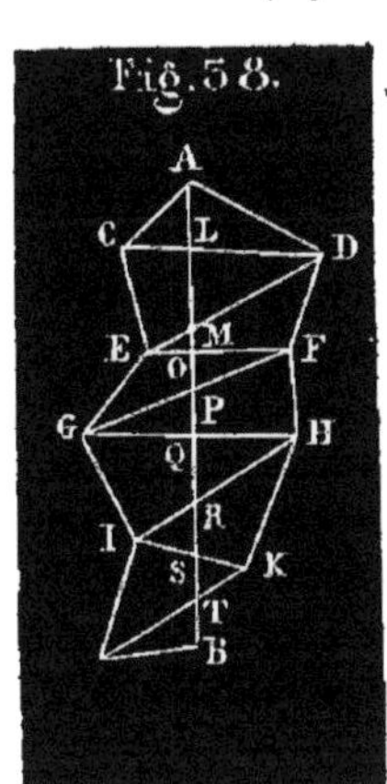

On choisit, dans le voisinage des lieux où l'on suppose que l'arc AB doit passer, des points C, D, E, F, ..., placés de manière à pouvoir être aperçus de loin (*fig.* 38). Concevons que les points A, C, D, E, F, etc.. soient liés entre eux comme la figure l'indique, par des triangles que traverse la direction de l'arc AB. Parmi les côtés de ces triangles on choisit celui qui peut être mesuré le plus aisément; supposons que ce soit EG; c'est ce qu'on appelle une *base.* Connaissant EG et les angles E et G du triangle EGF, on peut résoudre

savait *à priori* que la forme de la terre approche de celle d'une sphère, il fallait exécuter des mesures à des latitudes assez diverses pour que les différences entre les valeurs numériques du degré, si elles existaient, fussent assez notables pour ne pouvoir pas être attribuées aux erreurs des observations. On ne s'est donc pas contenté des mesures exécutées en France; la Condamine et

---

ce triangle. Connaissant EF et les angles E et F du triangle EDF, on peut résoudre ce triangle. Connaissant ED et les angles D et E du triangle EDC, on peut résoudre ce triangle. Enfin, pour la résolution du triangle ACD, on connait AC et AD. Connaissant, à partir de A, la direction de la méridienne, dont tous les segments AL, LM, MO,..... à cause de leur peu d'étendue, sont considérés comme des lignes droites, on peut mesurer les angles CAL, DAL; on peut donc résoudre le triangle ALD; ce qui donne le segment AL et la longueur DL. Connaissant DL, l'angle D et l'angle DLM du triangle DLM, on résout le triangle, et on calcule le segment LM et la longueur DM. Dans le triangle EMO, on connaît EM, l'angle E et l'angle M; ainsi de suite jusqu'à ce qu'on arrive à la fin du réseau. Ayant la longueur de AB en toises, on la divise par le nombre de degrés de cet arc pour avoir la longueur d'un degré.

De ce que la longueur du degré va en augmentant avec la latitude, on conclut (*fig.* 37) *que chaque méridien s'aplatit, c'est-à-dire que sa courbure diminue quand on va de l'équateur au pôle.* Voici une manière, entre plusieurs, d'expliquer ce fait : Soit AB (*fig.* 37) un arc de 1°, voisin de l'équateur; A'B' un autre arc de 1°, voisin du pôle; on sait que A'B' > AB. On peut, à cause du faible aplatissement de l'ellipse méridienne, regarder chacun des arcs AB, A'B' comme confondu avec l'arc de cercle qui passerait par son milieu et ses extrémités. A ce point de vue, AB et A'B' sont des arcs de 1° appartenant à des circonférences de rayons différents r, r'. Puisque l'on a A'B' > AB, on doit avoir $r' > r$; (360 A'B' = circ. r' > 360 AB = circ. r). Cela posé, pour comparer les courbures de ces deux arcs, rapprochons-les comme il suit : sur une ligne indéfinie X'X (*fig.* 39) élevons une perpendiculaire GH, et prenons à partir de G, GO = r, GO' = r'; puis des points O et O' comme centres avec les rayons OG, O'G', décrivons deux arcs de cercle passant en G; ces deux arcs sont tangents à X'X en G. Si on prend QGP = 1°, Q'GP' = 1°, le milieu étant en G, ces arcs ne seront évidemment que la reproduction des arcs AB, A'B' rapprochés l'un de l'autre. L'arc Q'GP' ou A'B' se rapprochant plus de la ligne droite X'GX que QGP ou AB, est moins convexe ou plus aplati que AB.

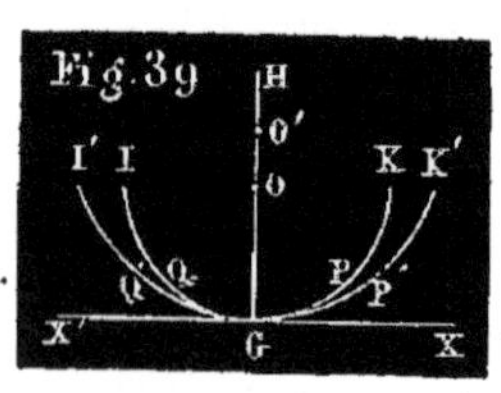

Nous avons pris AB = 1°; on peut, pour éviter toute objection, supposer AB aussi petit que l'on veut.

Bouguer se transportèrent au Pérou, Maupertuis et Clairaut se rendirent en Laponie, afin d'y mesurer des arcs de méridien. Les résultats obtenus confirmèrent les prévisions de Newton et Huyghens.

82. Voici ces résultats, auxquels nous en joignons de plus récemment obtenus pour qu'on voie mieux la variation du degré :

LIEUX.	LATITUDE moyenne.	LONGUEUR de l'arc de 1°.
Pérou	1° 31	56737 toises.
Inde	12° 32′ 21″	56762
France	46° 8′ 6″	57025
Angleterre	52° 2′ 20″	57066
Laponie	66° 20′ 10″	57196

83. Toutes les mesures analogues exécutées jusqu'à nos jours en France, en Angleterre, en Espagne, en Russie, dans l'Inde, sur des arcs d'une assez grande étendue, ont constaté que la longueur du degré augmente constamment de l'équateur aux pôles. En résumé, sauf quelques irrégularités locales de peu d'importance, tous ces travaux concourent à établir la vérité de la proposition énoncée par Newton et Huyghens. Ainsi donc:

FORME DE LA TERRE. *La terre n'est pas absolument sphérique; c'est un ellipsoïde de révolution un peu aplati vers les pôles et renflé à l'équateur; c'est-à-dire que sa surface est semblable à celle que décrit une ellipse tournant autour de son petit axe* (*V. fig.* 37).

84. DIMENSIONS DE LA TERRE; LONGUEUR DU MÈTRE. Quand la convention nationale décida en 1790 que l'unité de longueur, base du système uniforme de mesures qu'elle voulait établir en France, serait prise dans la nature, c'est-à-dire aurait un rapport simple avec les dimensions de la terre, elle ordonna qu'il serait procédé à la détermination aussi exacte que possible de ces dimensions. En exécution de cet ordre, Delambre et Méchain mesurèrent l'arc de méridien compris entre Dunkerque et Barcelone. La commission des poids et mesures, combinant leurs résultats avec ceux qu'on avait déjà obtenus en Laponie et au Pérou, en conclut que le méridien terrestre est une ellipse dont l'aplatissement a pour mesure $\frac{1}{334}$, et dont le quart a pour longueur 5130740 toises. La dix-millionième partie de cette longueur fut choisie sous le nom de *mètre* pour unité de longueur; ainsi $10000000^{\text{mètres}} = 5130740^{\text{toises}}$; d'où on déduit la LONGUEUR DU MÈTRE.

Le mètre légal vaut $0^{\text{toise}},5130740 = 3^{\text{pieds}}0^{\text{pouce}}11^{\text{lignes}},296$.

(On sait que la toise vaut 6 pieds, le pied 12 pouces, le pouce 12 lignes.)

De nouveaux arcs terrestres ont été mesurés depuis 1795; les travaux de Delambre et Méchain ont été continués et vérifiés par divers savants (*). En discutant toutes les mesures, tant anciennes que nouvelles, M. Bessel a trouvé que les nombres $\frac{1}{334}$ et 5130740 toises étaient trop petits et devaient être remplacés par ceux-ci : $\frac{1}{299}$ et 5131180 toises. Voici ce qui résulte de ce travail de révision de M. Bessel en ce qui concerne *les dimensions de la terre :*

Demi-diamètre à l'équateur $a = 3272077^{\text{toises}} = 6377398^{\text{mètres}}$.

Demi-diamètre polaire $b = 3261139^{\text{toises}} = 6356080^{\text{mètres}}$.

L'aplatissement d'un ellipsoïde a pour mesure le rapport $\frac{a-b}{a}$ de la différence de ses deux axes au plus grand des deux.

APLATISSEMENT DE LA TERRE $\frac{a-b}{a} = \frac{1}{299}$ (**).

La différence $a - b$ des axes $=$ 21318 mètres, en nombre rond, 21 *kilomètres*. On définit quelquefois l'aplatissement en indiquant cette différence.

Le quart du méridien vaut 10000856 mètres.

Le quart de l'équateur vaut 10017594 mètres.

REMARQUE. On commet maintenant une erreur, très-faible, il est

(*) Leur méridienne a été prolongée au nord jusqu'au parallèle de Greenwich; elle l'a été aussi au sud jusqu'à l'île de Formentera, par MM. Biot et Arago.

(**) Un globe terrestre de même forme que la terre ayant $2^{m},99$ de rayon à l'équateur, aurait, d'après cela, à peu près $2^{m},98$ de rayon vers le pôle.

vrai, en disant que le mètre est la dix-millionième partie du quart du méridien; il s'en faut de $0^{\text{ligne}},038$. On n'a pas cru devoir faire cette correction; le mètre légal est toujours égal à $0^{\text{toise}},5130740 = 3^{\text{pieds}}11^{\text{lignes}},296$. Dans les calculs qui n'exigent pas une très-grande précision, on considère toujours la circonférence du méridien comme valant 40000000 mètres, et le rayon de la terre comme égal à 6366 kilomètres. L'unité pour les dimensions ci-dessus est le mètre légal.

NOTIONS SUR LES CARTES GÉOGRAPHIQUES.

85. Les positions relatives des différents lieux de la terre étant connues par leurs longitudes et leurs latitudes, afin d'embrasser d'un coup d'œil ces positions relatives, ou de les graver plus aisément dans la mémoire, on fait de la terre entière, ou de ses parties considérées séparément, diverses représentations dont nous allons nous occuper. Ce sont les globes et les cartes géographiques.

86. Globes terrestres. Un globe géographique terrestre se construit de la même manière qu'un globe céleste (n° 41). On marque de même sur le globe de carton les deux pôles p, p', et l'équateur; sur celui-ci le point de départ des longitudes. Puis, en employant, pour plus de facilité, le demi-cercle mobile dont nous avons parlé, on marque sur le globe la position de chaque lieu remarquable de la terre d'après sa latitude et sa longitude, connue par l'observation ou autrement. *Nous renvoyons à ce qui a été dit (n° 41) pour la construction d'un globe céleste; il n'y a qu'à dire longitude au lieu d'Æ, et latitude au lieu de* D.

Quand on représente ainsi la terre par un globe, on la représente par une sphère parfaitement unie; on n'entreprend pas de rendre sensible l'aplatissement de la terre vers les pôles; cet aplatissement étant à peu près de $\frac{1}{300}$, sur un globe de 3 mètres de rayon équatorial, déjà bien grand, le rayon polaire aurait $2^{m},99$. On n'entreprend pas non plus de rendre sensible sur la surface d'un globe géographique la hauteur des montagnes, ni la profondeur des mers; car la hauteur de la plus grande montagne de la terre, le pic de l'Himalaya, au Thibet, est de $\frac{1}{740}$ du rayon de la terre; les autres grandes montagnes ne vont pas à la moitié de cette hauteur. Si donc le globe avait $0^m,740$ de rayon, la plus grande protubérance de la surface terrestre serait d'un millimètre. La plus grande dépression (le creux), destinée à représenter la profondeur maxima des mers, ne serait pas plus grande; et encore pour la généralité des montagnes et des mers ce serait beaucoup moins. Ces inégalités seraient moins nombreuses et moins sensibles que les rugosités sur la peau d'une orange.

Un globe terrestre géographique est sans contredit la représentation la plus exacte possible de la surface terrestre. Mais l'usage d'un pareil globe n'est pas commode, surtout pour ceux qui ont le plus besoin de renseignements géographiques, c'est-à-dire, pour les voyageurs. Car, pour y rendre distinctes les positions des lieux d'une même contrée, il faut donner au globe de grandes dimensions. Aussi remplace-t-on généralement les globes par quelque chose de plus portatif, par des cartes géographiques.

87. Cartes géographiques. On appelle ainsi la représentation sur une surface plane de portions plus ou moins étendues de la surface de la terre.

Si la surface d'un globe terrestre géographique, préalablement construit, pouvait être développée et étendue sur un plan sans déchirure ni duplicature, on aurait ainsi la meilleure carte géographique. Mais la surface d'une sphère ne peut pas être ainsi développée; il en résulte que la représentation de la terre sur une surface plane ne peut se faire sans qu'il y ait des déformations dans certaines parties; on cherche naturellemment à construire les cartes de manière à atténuer le plus possible ces déformations. Nous allons faire connaître les dispositions les plus usitées en indiquant les avantages et les inconvénients de chacune.

88. Canevas. Les points de la terre se distinguant par les méridiens et les parallèles sur lesquels ils se trouvent, on est conduit à représenter ces cercles sur la carte; on ne peut en représenter qu'un nombre limité. On appelle *canevas* un ensemble de lignes droites ou courbes qui, se croisant dans toute l'étendue de la carte, représentent, les unes des méridiens équidistants (en degrés), les autres des parallèles équidistants aussi. La première chose que l'on dessine sur une carte c'est le canevas; on a alors devant soi un grand nombre de quadrilatères dans lesquels on place les lieux ou objets qui doivent figurer sur la carte, soit d'après un globe terrestre que l'on a sous les yeux, soit d'après leurs longitudes et leurs latitudes connues.

89. Mappemondes. Quand on veut représenter la terre tout entière, pour en embrasser l'ensemble d'un coup d'œil, on la divise en deux hémisphères par un de ses cercles principaux ; on exécute, à côté l'une de l'autre, les représentations des deux hémisphères ; l'ensemble est ce qu'on appelle une *mappemonde*.

On emploie pour la construction des cartes la méthode des projections ou les développements de surface.

90. Projection orthographique. La projection orthographique d'un point est le pied de la perpendiculaire abaissée de ce point sur un plan qu'on appelle plan de projection. Pour la construction des cartes géographiques, le plan de projection est ordinairement l'équateur ou un méridien choisi.

Projection de l'équateur. On trace un cercle d'un rayon plus ou moins grand, suivant les dimensions qu'on veut donner à la carte. On considère ce cercle comme l'équateur d'un demi-globe terrestre géographique que l'on imagine superposé à ce cercle même et sur lequel sont supposés marqués à l'avance les lieux qui doivent figurer sur la carte. Le pôle de ce globe se projette au centre; chaque parallèle se projette en véritable grandeur; chaque demi-méridien a pour projection le rayon qui est la trace même de son plan sur la carte. Les distances des lieux en longitude, qui sont des arcs de parallèles, sont donc très-exactement conservés, tandis que les arcs de chaque méridien sont représentés en raccourci, et sous une forme qui ne rappelle nullement leur forme réelle (un arc de 90° est représenté par une ligne droite, un rayon). Aux environs du pôle, les petits arcs de méridiens, approchant d'être parallèles au plan de projection, sont représentés par des lignes presque égales en longueur à ces arcs; la représentation des parties de la terre voisines du pôle est donc la moins défectueuse; mais c'est précisément là qu'il n'y a pour ainsi dire rien à représenter. A mesure qu'on se rapproche du bord de la carte, l'altération des longueurs devient de plus en plus grande; tout près du bord la projection d'un arc de 1°, par exemple, se réduit presque à un point. Ces déformations, très-grandes dans les latitudes les plus importantes à considérer, ont fait abandonner ce mode de construction pour les cartes terrestres.

La projection sur un méridien offre les mêmes inconvénients; chaque demi-parallèle a pour projection un de ses diamètres; d'où il résulte précisément la même déformation que tout à l'heure pour les méridiens, mais cette fois du milieu de la projection de chaque parallèle vers les bords de la carte.

Si nous avons parlé des projections orthographiques, c'est qu'elles sont employées pour les cartes ou planisphères célestes, notamment pour représenter les constellations circompolaires; ici les environs du pôle sont plus importants à représenter.

91. Planisphère. *Projection sur l'équateur.*

Pour construire le canevas, on commence par tracer un cercle de rayon aussi grand que l'on veut, et sur ce cercle un diamètre horizontal. On divise chaque demi-circonférence en un certain nombre de parties égales, en degrés par exemple, puis on joint le centre à tous les points de division. On ne marque généralement que les divisions qui correspondent aux 24 cercles horaires, c'est-à-dire de 15° en 15°, ou d'heure en heure, à partir de 0° sur le diamètre horizontal. Ces divisions de la circonférence indiquent les ascensions droites; les rayons tracés sont les projections des cercles horaires. Pour obtenir les projections des parallèles, on abaisse, des points de division du 1er quadrant du contour, des perpendiculaires sur le diamètre horizontal; puis, enfin, on trace des circonférences, concentriques au contour, et passant respectivement par les pieds de toutes ces perpendiculaires : on marque au pied de chaque perpendiculaire le nombre de degrés marqué à son origine; chacun de ces numéros indique la déclinaison de tous les points du cercle adjacent (*). Le canevas est alors terminé; il ne reste plus qu'à y placer les étoiles d'après leurs coordonnées.

Si on veut déterminer avec précision la position d'une étoile particulière, on compte son ascension droite à partir de 0°, et on trace le rayon qui va à l'extrémité de l'arc mesuré. On compte la

(*) La construction des parallèles est fondée sur cette remarque que le rayon de chaque parallèle céleste est égal au cosinus de la déclinaison correspondante.

déclinaison sur la circonférence, à partir du même point 0°, et on abaisse une perpendiculaire de l'extrémité de l'arc obtenu sur le diamètre horizontal; on décrit la circonférence qui passe par le pied de cette perpendiculaire. L'intersection de cette circonférence et du rayon que l'on vient de tracer est la position cherchée de l'étoile.

92. Projection stéréographique. Si de l'œil placé en O on mène un rayon visuel OA à un point quelconque de l'espace, la trace *a* de ce rayon sur un plan fixe, MM', s'appelle la perspective du point A sur le plan MM'. Le point fixe O est dit le *point de vue*, et le plan MM' le *tableau*.

Ce mode de projection, connu sous le nom de *projection stéréographique*, est employé pour construire des cartes géographiques. On choisit alors pour tableau un méridien G'MGM' (*fig.* 40), et pour point de vue le pôle O de ce méridien opposé à l'hémisphère MABCM' que l'on veut projeter en tout ou en partie. Exécutée dans ces conditions, la projection stéréographique jouit des propriétés fondamentales suivantes :

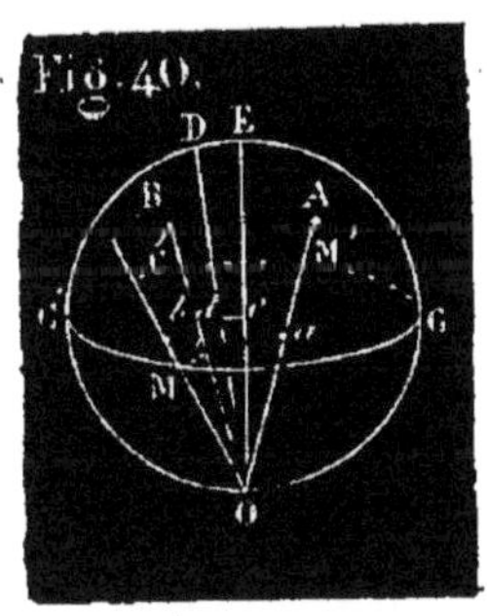

1° *Tout cercle de la sphère, quel qu'il soit, a pour perspective un cercle.*

2° *L'angle de deux lignes quelconques, tracées sur la surface de la sphère est égal à celui que forment les lignes qui les représentent sur la carte.* (On appelle angle de deux courbes l'angle compris entre les tangentes menées à ces courbes à leur point d'intersection.) (*)

Il résulte de ces deux principes que les méridiens et les parallèles sont représentés sur le canevas *par des arcs de cercle perpendiculaires entre eux,* comme sur le globe terrestre. Ce canevas est donc facile à construire.

93. On choisit ordinairement pour tableau le méridien de l'île de Fer, la plus occidentale des îles Canaries, ou pour parler d'une manière plus précise, le méridien situé à 20° de longitude occidentale de Paris. On a choisi ce méridien parce qu'il partage la

---

(*) V. à la fin du chapitre, la démonstration de ces deux principes.

terre en deux hémisphères, sur l'un desquels se trouvent ensemble l'Europe, l'Asie, l'Afrique (tout l'ancien monde) et une partie de l'Océanie. Le cercle PE'P'E (*fig.* 42), qui représente ce méridien, forme le contour de la carte.

Voici les deux problèmes qu'il faut savoir résoudre pour construire une carte dans ce système de projections.

94. Projection d'un méridien. Soit proposé de construire la perspective du méridien M, qui fait avec celui de l'île de Fer un angle de 10°. On prend sur le contour PE'P'E, à partir de P', sur la droite, un arc P'G de 20° (*fig.* 42), (le double de 10°); on tire la droite PG qui rencontre E'E en I; du point I comme centre avec le rayon IP, on décrit un arc de cercle PKP' limité aux deux points P et P'; cet arc est la perspective du demi-méridien indiqué.

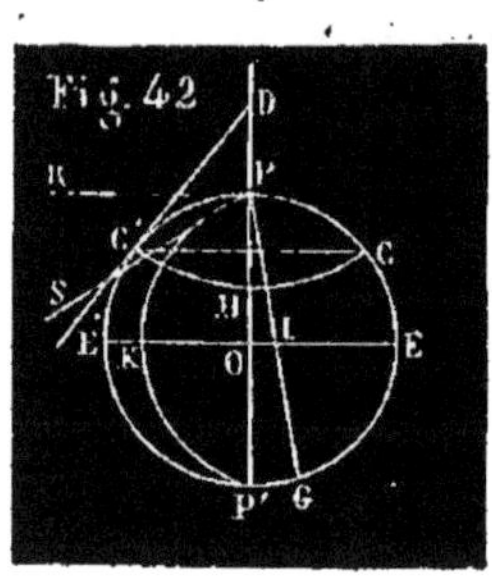

Démonstration. Le méridien M, comme tous les autres, passe par les points P et P' qui sont à eux-mêmes leurs perspectives; l'arc de cercle, perspective de méridien, passe donc en P et en P', et a son centre sur E'E. Soit I ce centre supposé trouvé, et PKP' l'arc cherché; menons PIG et la tangente PS à l'arc PKP'. La tangente RP au méridien PE'P'E est sa projection à elle-même; il résulte du 2ᵉ principe, n° 92, que l'angle RPS est égal à 10°; mais les rayons OP, IP des cercles PE'P', PKP' étant perpendiculaires à PR et PS, l'angle P'PG = RPS = 10°; cet angle P'PG est donc connu *à priori* : comme il est inscrit, l'arc P'G qui le mesure est égal à 20°. On connaît donc le point G, et par suite la direction du rayon PIG; de là la construction indiquée.

95. Projection d'un parallèle. Soit proposé de construire la perspective du demi-parallèle dont la latitude est 60°. On prend E'C' = 60° (*fig.* 42); on mène en C' la tangente C'D au cercle PE'P'E; puis du point D comme centre avec le rayon DC', on décrit un arc de cercle C'HC limité au point C, où il rencontre une seconde fois le contour PE'P'E; cet arc C'HC est la perspective du demi-parallèle en question.

Démonstration. Le parallèle en question rencontre le méridien PE'P'E en deux points C' et C du tableau, situés à 60° des points E', E; l'arc de cercle, perspective du demi-parallèle en question, passe donc aux points C', C et a son centre sur P'P : il faut trouver ce centre. Or, le parallèle proposé étant perpendiculaire au méridien PEP'E', la tangente C'D, qui est sa propre perspective, est perpendiculaire à la tangente qui serait menée au même point à la perspective du parallèle. La perpendiculaire menée à la tangente d'un arc de cercle, au point de contact, passant par le centre de cet arc, la ligne C'D passe au centre de l'arc à construire. Ce centre est d'ailleurs sur P'P; il est donc en D. C. Q. F. D.

96. Construction du canevas (*fig.* 43). Nous supposerons qu'on veuille représenter les méridiens et les parallèles de 10° en 10°. On divise la circonférence en 36 parties égales (arcs de 10°) à partir de l'un des pôles. On joint par des lignes au crayon le pôle P à tous les points de division de rangs pairs à partir de P'; ex. le point G (*fig.* 42). De chaque point de rencontre, I, de ces lignes avec E'E comme centre, avec IP pour rayon, on décrit un arc de cercle limité aux points P et P'. On obtient ainsi une série d'arcs de cercle tels que PKP' (fig. 42), qui représentent les méridiens considérés de 10° en 10° à partir du méridien de l'île de Fer (*fig.* 43).

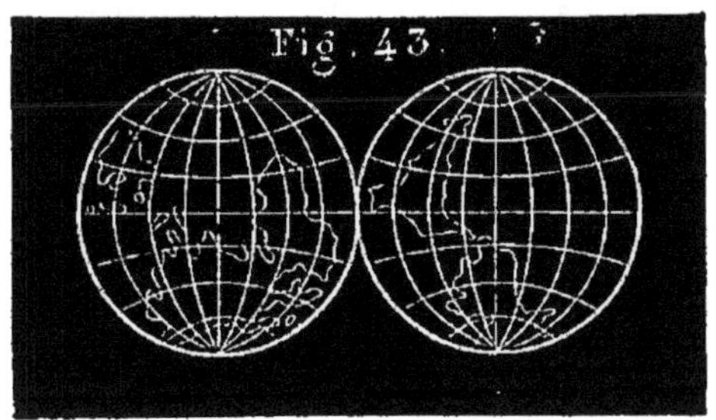
Fig. 43.

Pour tracer les parallèles, à chacun des points de division, ex. : C' (*fig.* 42), de la *demi-circonférence* PE'P', on mène au crayon une tangente C'D à cette demi-circonférence, à la rencontre de PP'. Du point de rencontre D, comme centre, avec DC' pour rayon, on trace un arc de cercle limité en C' et en C sur le contour PE'P'E. On obtient ainsi (*fig.* 43) une série d'arcs de cercle qui représentent les parallèles, de 10° en 10° à partir de l'équateur. On marque les latitudes de 0 à 90°, de E' vers P, puis de E' vers P', sur la demi-circonférence PE'P', et même, si on veut, sur PEP'. On marque les longitudes de 10° en 10° sur l'équateur, aux points où il est rencontré par les perspectives des méridiens; seulement, il faut marquer 10° à la 1re division après le point E', 0° à la seconde (méridien de Paris), puis 10°, 20°, etc., de gauche à droite. Le canevas ainsi construit (*fig.* 43), on y marque les divers lieux, soit d'après un globe terrestre, soit d'après leurs longitudes et leurs latitudes connues.

Remarque. Le méridien du point de vue et l'équateur sont représentés par des lignes droites PP', EE'. Les perspectives s'aplatissent de plus en plus quand on s'approche de l'une ou l'autre de de ces lignes.

97. Avantage et inconvénient de la projection stéréographique ordinairement employée pour construire les atlas de géographie.

L'avantage qu'elle présente, c'est qu'une figure de petites dimensions, située n'importe où sur l'hémisphère, est représentée sur la carte par une figure semblable. En effet, cette figure peut être considérée comme plane à cause de sa petitesse; cela posé, il résulte de la seconde propriété des projections stéréographiques, n° 92, que les triangles, dans lesquels la figure et sa représentation peuvent être décomposés, sont semblables comme équiangles, et semblablement disposés. Cette figure n'est donc pas déformée; seulement ses dimensions sont réduites dans le même rapport (V. BC et *bc*, *fig.* 40).

L'inconvénient de ce mode de projection consiste précisément en ce que le rapport dans lequel se fait la réduction d'une petite figure varie avec la position de celle-ci sur l'hémisphère. Au bord de la carte il n'y a pas de réduction, puisque les parties du méridien qui forme le contour sont représentées en véritable grandeur; mais les dimensions se réduisent de plus en plus à mesure qu'on s'éloigne du bord; vers le centre les dimensions sont réduites de moitié. Ex. : $de = \frac{1}{2}$ DE (*fig.* 40).

98. Système de développement employé pour la carte de France. Dans la construction de la grande carte de France du dépôt de la guerre, on s'est surtout attaché à ne pas altérer les rapports d'étendue superficielle qui existent entre les diverses parties de la contrée, tout en conservant autant que possible les formes telles qu'elles existent sur la terre. Pour cela, on a employé un système de développement, dit *développement conique modifié*, que nous allons faire connaître.

Construction du canevas. Supposons qu'il s'agisse de représenter une contrée dont les longitudes extrêmes sont 5° Ouest et 7° Est, et les latitudes extrêmes 42° et 52° Nord (ce sont à peu près celles de France). On détermine la longitude moyenne, qui est $\left(\frac{7°+5°}{2}\right) = 1°$ Est, et la latitude moyenne, qui est $\left(\frac{42°+52°}{2}\right) = 47°$

Nord. Cela fait, on imagine devant soi un globe terrestre géographique sur lequel est figurée la contrée à représenter, décomposée par un canevas de méridiens et de parallèles comme le doit être la carte elle-même. On représente le méridien moyen SCE (*fig.* 44) par une ligne droite *sce*. Pour représenter le parallèle moyen, on

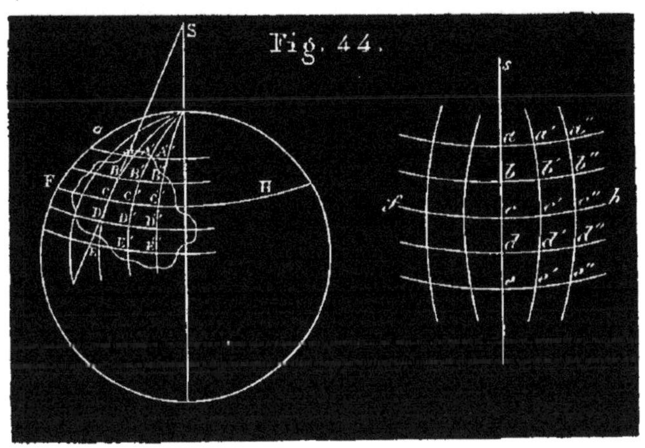

imagine menée en C une tangente CS au méridien du globe, jusqu'à la rencontre de l'axe PP' en S; on détermine, à l'aide de la latitude moyenne (47°), la longueur de cette tangente du point S au point C (*); puis du point *s* sur la carte, comme centre, avec un rayon *sc* = SC, on trace un arc de cercle *fch* qui représente le parallèle moyen. Pour avoir la représentation des autres parallèles, on imagine le méridien moyen ACE divisé en parties AB, BC, CD, DE,..... dont les extrémités correspondent à des latitudes connues, de degré en degré par exemple. On porte sur *sce*, de part et d'autre de *c*, et dans le même ordre que sur le

(*) A l'inspection seule de la première des figures 44, on voit que la tangente SC peut se construire comme il suit :

Le rayon R du globe terrestre est représenté par une longueur qui dépend des dimensions que l'on veut donner à la carte, $0^m,2$, par exemple. On décrit un cercle avec ce rayon et on y trace deux diamètres, l'un horizontal, l'autre vertical. A partir du premier, on prend sur la circonférence un arc égal à la latitude moyenne donnée; à l'extrémité de cet arc, on mène une tangente que l'on prolonge seulement jusqu'à sa rencontre avec le diamètre vertical prolongé lui-même. Cette tangente est la longueur cherchée SC.

globe, des longueurs *cb*, *ba*,..... *cd*, *de*,..... respectivement égales aux longueurs CB, BA,... CD, DE... (*). Puis de *s* comme centre, on décrit des arcs de cercle passant aux points *b*, *d*, *e*...; chacun de ces arcs *bb'b''*,... représente un des parallèles de la contrée correspondant à une latitude connue. Pour achever le canevas, il n'y a plus qu'à représenter un certain nombre de méridiens de part et d'autre du méridien moyen. Pour cela, on imagine sur le globe un certain nombre de ces méridiens correspondant à des longitudes connues, de degré en degré par exemple, lesquels divisent les parallèles en arcs tels que AA', A'A'',... BB', B'B'',... etc. Sur chacun des parallèles de la carte, *aa'a''*, *bb'b''*, on prend des arcs respectivement égaux en longueur à leurs correspondants sur le globe, *aa'*=AA', *a'a''*=A'A'',... *bb'*=BB',..., etc. (**). Cela fait, on fait passer par chaque série de points ainsi obtenus, occupant le même rang sur leurs courbes respectives à partir de *sce*, ex. : (*a'*, *b'*, *c'*,...), une ligne continue (*a'b'c'*...); chacune des lignes ainsi obtenues représente un des méridiens de la contrée correspondant à une longitude connue que l'on indique sur la carte. On marque les latitudes sur les bords de la carte, à gauche et à droite, aux extrémités des arcs *aa'a''*, *bb'b''*..., et les longitudes en haut et en bas aux extrémités des arcs *abc*, *a'b'c'*... Le canevas achevé, il ne reste plus qu'à y marquer les lieux et les objets que l'on veut indiquer, d'après un globe terrestre ou d'après leurs longitudes et leurs latitudes connues.

Remarques. Dans cette construction, on attribue au globe terrestre,

(*) Supposons que les arcs AB, BC, CD,..... du méridien moyen soient 1°. Chacun d'eux est la 360e partie de la circonférence; $AB = \frac{2\pi R}{360}$. Connaissant π et R, on peut calculer la longueur de AB = BC = CD. Cette longueur est celle que l'on porte sur la droite *sce* de la carte, de *c* en *b*, de *b* en *a*, etc. Dans la construction de la carte de France, on a eu égard à l'aplatissement de la terre; la longueur d'un degré du méridien dépend, dans ce cas, de sa latitude.

(**) Pour construire les arcs *aa'*, *a'a''*, ... qui appartiennent à un parallèle dont la latitude est donnée, on construit à part ce parallèle, avec un rayon $r = R \times \cos.$ latitude de ce parallèle, ou bien de la manière indiquée à propos de la projection orthographique. Si les arcs *aa'*, *a'a''*,..... sont de 1d, on prend un arc de 1d sur ce parallèle; puis on porte cet arc par parties très-petites, de *a* en *a'*, sur l'arc de cercle *aa'a''*; puis une 2e fois de *a'* en *a''*; une 3e fois de *a''* en *a'''*, etc.....

dont on est censé développer une partie de la surface, un rayon arbitraire R dont la grandeur dépend du rapport que l'on veut établir entre les distances sur la carte et les distances réelles. Si les arcs AB, BC,... sont des arcs de 1°, on déduit leur longueur de celle du rayon assigné au globe terrestre $\left(1^\circ = \frac{2\pi R}{360}\right)$. Pour la carte de France, on a eu égard à l'aplatissement de la terre; la longueur d'un degré du méridien est estimée suivant la latitude.

Enfin, pour construire les arcs aa', $a'a''$,... bb',... on peut déterminer la longueur des arcs AA', A'A'',... BB',... que nous supposons de 1°, d'après les rayons des parallèles auxquels ils appartiennent. On porte chaque longueur ainsi déterminée, AA', par parties très-petites, sur la ligne $aa'a''$ de la carte. (V. la 2e note ci-contre).

99. Avantages de ce mode de développement. Ce sont ceux que nous avons indiqués à l'avance. Les rapports d'étendue superficielle sont partout conservés; ainsi, des contrées de même surface sur la terre occupent des surfaces égales sur la carte. De plus, les surfaces représentées sont fort peu déformées.

En effet, le canevas de la contrée sur le globe terrestre géographique et sa représentation sur la carte, sont composées de petites figures telles que A'A''B''B', $a'a''b''b'$, équivalentes chacune à chacune, à peu près de la même forme et semblablement disposées. Nous supposons les parallèles et les méridiens très-rapprochés, ce qu'il est toujours possible d'effectuer dans la construction.

Cela posé, 1° les petites figures A'A''B''B', $a'a''b''b'$ sont équivalentes; car elles peuvent être considérées comme des parallélogrammes ayant des bases égales; $B'B'' = b'b''$ par construction, et même hauteur $B'A' = BA = ba$.

2° Ces figures A'A''B''B', $a'a''b'b''$, ont sensiblement la même forme; l'une et l'autre peuvent être considérées comme de petits rectangles. En effet, les méridiens et les parallèles perpendiculaires sur le globe le sont à fort peu près sur la carte; le long du méridien moyen, *sce*, les angles sont même exactement droits.

Ce dernier mode de représentation consiste, comme on le voit, à décomposer la contrée sur le globe terrestre, en très-petites parties (les petites figures A'A''B''B') que l'on transporte une à une aussi fidèlement que possible sur le papier. Cette représentation approche d'autant plus de l'exactitude que ces figures sont plus petites.

APPENDICE AU CHAPITRE II

(NON EXIGÉ).

100. Cartes marines, dites de Mercator. Les cartes dont on se sert pour la navigation diffèrent des précédentes : voici leur mode de construction.

On imagine un globe terrestre géographique sur lequel sont tracés une série de méridiens et de parallèles équidistants, aussi rapprochés que l'on veut. On trace sur le papier une droite E'E dont on suppose la longueur égale à celle de l'équateur du globe. On divise E'E en autant de parties égales que ce même équateur, en 18 parties par exemple ; par tous les points de division, on mène des perpendiculaires à E'E (*fig.* 45) ; il y a alors autant de bandes

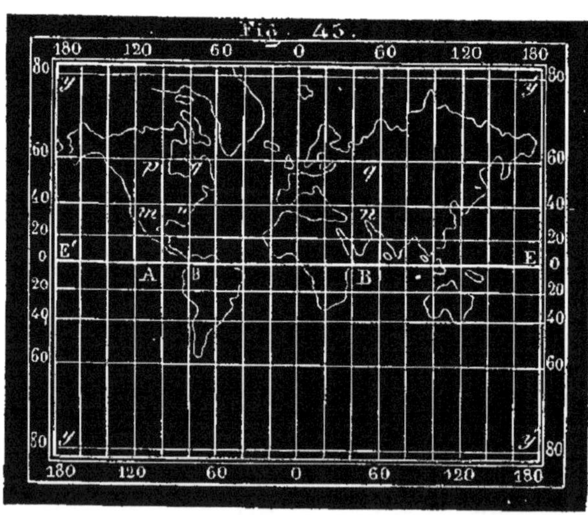

Fig. 45.

parallèles sur le papier que de fuseaux sphériques sur le globe. Chacun de ces derniers est divisé en un certain nombre de quadrilatères ABCD, MNPQ... Si les méridiens et les parallèles, qui se coupent à angle droit, sont suffisamment rapprochés, on peut regarder approximativement chacun de ces quadrilatères, par ex. MNPQ, comme un rectangle ayant pour base MN et pour hauteur MP. Le mode de construction de la carte consiste à représenter, en procédant *par ordre*, de l'équateur au pôle, les divers rectangles de chaque fuseau sphérique par des rectangles respectivement semblables, disposés à la suite les uns des autres dans la bande parallèle correspondante à ce fuseau. Tous les rectangles de la carte auront des bases égales; $mn = AB$ (*fig.* 45), tandis que ceux du fuseau ont des bases constamment décroissantes de l'équateur au pôle (V. la *fig.* 44). Pour obtenir la similitude de chaque rectangle MNPQ et du rectangle *mnpq* qui le représente sur la carte, on prend la hauteur *mp* du rectangle de la carte quatrième proportionnelle aux lignes connues MN, MP, *mn* (MN = MP cos. latit.); il faut donc faire un calcul ou une construction pour la hauteur de chaque rectangle d'un fuseau. Ces hauteurs trouvées, on les porte dans leur ordre sur une des lignes du cadre, à droite ou à gauche; puis, par l'extrémité de chacune d'elles, on mène une parallèle à E'E. Le canevas est tracé; les méridiens y sont représentés par les droites parallèles à $y'Ey'$, et les parallèles par les droites parallèles à E'E; les longitudes se marquent sur une parallèle à E'E, et les latitudes sur les deux perpendiculaires extrêmes $y'Ey'$, $yE'y$.

101. Remarque. Les rectangles *de la carte* considérés dans un sens ou dans l'autre, à partir de l'équateur, vont en s'allongeant indéfiniment; vers les pôles leurs hauteurs deviennent excessivement grandes. Ce fait s'explique aisément; en effet, toutes les hauteurs des rectangles du globe terrestre sont égales; exemple : AC = MP; chacune d'elles est, par exemple, un degré du méridien : les bases AB...MN, de ces rectangles vont en décroissant indéfiniment de l'équateur au pôle (car MN = AB × cos. latit., et par suite MP = AB = MN : cos. latit.). La hauteur constante, un degré du méridien, devient donc dans les rectangles successifs de plus en plus grande par rapport à la base (V. le globe). Le rapport de la hauteur de chaque rectangle à sa base étant le même sur la carte que sur le globe, et la base restant constante sur la carte, $ab = mn$, il en résulte que sur celle-ci, les hauteurs *ac*, *mp*... ($mp = mn$: cos. *latitude*) doivent aller en augmentant indéfiniment; ce qui fait que les rectangles s'allongent de plus en plus, à mesure qu'on s'éloigne de l'équateur. Dans les régions polaires les rectangles tendent à devenir infiniment longs. On ne doit donc pas chercher à se faire une idée de l'étendue superficielle d'une contrée par sa représentation sur une pareille carte; on se tromperait gravement.

Les marins, qui ne cherchent sur la carte que la direction à donner à leur navire, trouvent à ces cartes un avantage précieux que nous allons indiquer.

102. Pour aller d'un lieu à un autre les navigateurs ne suivent pas un arc de grand cercle de la sphère terrestre; cette ligne, la plus courte de toutes, a le désavantage de couper les divers méridiens qu'elle rencontre sous des angles différents; ce qui compliquerait la direction du navire. Les marins préfèrent suivre une ligne nommée *loxodromie* qui a la propriété de couper tous les méridiens sous le même angle. Cette ligne se transforme *sur la carte marine* en une ligne droite qui joint le point de départ au point d'arrivée (*); il suffit donc aux marins de tracer cette ligne sur leur carte, pour savoir sous quel angle constant la marche du navire doit couper tous les méridiens sur la surface de la mer. Habituellement, et pour diverses causes, le navire ne suit pas la ligne mathématique qu'on veut lui faire suivre; c'est pourquoi, après avoir navigué quelque temps, on cherche à déterminer, au moyen d'observations astronomiques, le lieu qu'on occupe sur la mer. Quand on a trouvé la longitude et la latitude de ce lieu, on le marque sur la carte marine; en le joignant par une ligne droite au lieu de destination, on a une nouvelle valeur de l'angle sous lequel la marche du navire doit rencontrer chaque méridien.

Le système de *Mercator* est employé pour construire des *cartes célestes;* mais seulement pour les parties du ciel voisines de l'équateur.

De l'atmosphère terrestre.

103. Atmosphère. La terre est entourée d'une atmosphère gazeuse composée de l'air que nous respirons. L'air est compressible, élastique et pesant; les couches supérieures de l'atmosphère comprimant les couches inférieures, la densité de l'air est la plus

(*) Toutes les petites figures du canevas de la carte sont semblables à celles du globe terrestre; les éléments *successifs* de la loxodromie, qui font sur le globe des angles égaux avec les éléments des méridiens qu'ils rencontrent, doivent faire les mêmes angles avec ces éléments de méridien rapportés sur la carte; ceux-ci étant des droites parallèles, tous les éléments de la loxodromie doivent se continuer suivant une même ligne droite.

grande aux environs de la terre. A mesure qu'on s'élève, cette densité diminue; l'air devient de plus en plus rare, et à une distance de la terre relativement peu considérable, il n'en reste pas de traces sensibles.

104. Hauteur de l'atmosphère. On ne connaît pas cette hauteur d'une manière tout à fait précise; d'après M. Biot qui a discuté toutes les observations faites à ce sujet, elle ne doit pas dépasser 48000 mètres ou 12 lieues de 4 kilomètres. Cette hauteur ne serait pas la cent-trentième partie du rayon moyen de la terre (*); le duvet qui recouvre une pêche serait plus épais relativement que la couche d'air qui enveloppe la terre.

105. Utilité de l'atmosphère. L'air est indispensable à la vie des hommes et des animaux terrestres tels qu'ils sont organisés. L'atmosphère par sa pression retient les eaux à l'état liquide; elle empêche la dispersion de la chaleur; sans elle le froid serait excessif à la surface de la terre (**). Les molécules d'air réfléchissent la lumière en tous sens; cette lumière réfléchie éclaire les objets et les lieux auxquels n'arrivent pas directement les rayons lumineux; sans cette réflexion ces lieux resteraient dans l'obscurité.

La réflexion des rayons lumineux qui frappent une partie de l'atmosphère au-dessus d'un lieu m de la terre, quand le soleil est un peu au-dessous de l'horizon de ce lieu, produit cette lumière indirecte connue sous le nom d'*aurore* ou de *crépuscule*, qui prolonge d'une manière si sensible et si utile la durée du jour solaire. Si l'atmosphère n'existait pas, la nuit la plus absolue succéderait subitement au jour le plus brillant, et réciproquement.

106. Extinction des rayons lumineux. L'atmosphère incomplétement transparente éteint une partie des rayons qui la traversent. Cette extinction, faible pour les rayons verticaux, augmente avec la distance zénithale de l'astre, parce que l'épaisseur de la couche

---

(*) Si on représentait la terre par un globe de 1 mètre de diamètre, l'atmosphère figurée n'aurait pas une épaisseur de 4 millimètres.

(**) Au sommet des montagnes, l'atmosphère devenant plus rare, s'oppose moins à la dispersion de la chaleur; à l'hospice du Grand-Saint-Bernard, à 2075 mètres au-dessus du niveau de la mer, la température moyenne est d'un degré au-dessous de zéro.

atmosphérique traversée par la lumière augmente avec cette distance; AC (*fig.* 46) vaut environ 16 AB. L'extinction de la lumière et de la chaleur solaire sont donc beaucoup plus grandes quand le soleil est près de l'horizon; cette extinction est encore augmentée par les vapeurs opaques qui existent dans les basses régions de l'atmosphère. C'est pourquoi le soleil nous paraît moins éblouissant à l'horizon qu'au zénith.

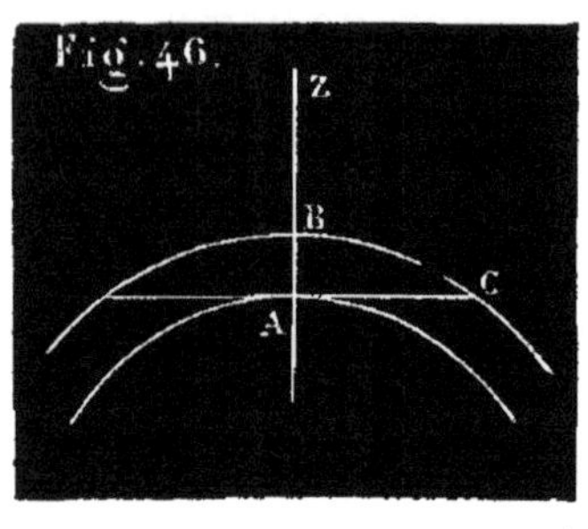

Les astres nous paraissent plus éloignés à l'horizon qu'au zénith; cela tient encore à ce que les molécules d'air, qui réfléchissent à l'œil la lumière émanée de ces astres, s'étendent beaucoup plus loin à l'horizon qu'au zénith; l'œil auquel arrivent ces rayons réfléchis doit juger les distances plus grandes dans le premier cas que dans le second. D'ailleurs l'extinction plus grande des rayons lumineux donne aux objets une teinte bleuâtre plus prononcée qui contribue à nous les faire paraître plus éloignés.

107. Réfraction. L'atmosphère possède, comme tous les milieux transparents, la propriété de réfracter les rayons lumineux, c'est-à-dire de les détourner de leur direction rectiligne. Cette déviation a lieu suivant cette loi démontrée en physique :

Quand un rayon lumineux SA (*fig*, 47) *passe d'un milieu dans un autre plus dense, par exemple du vide dans l'air, il se brise suivant* AB, *en se rapprochant de la perpendiculaire*, NN', *à la surface de séparation des milieux, sans quitter le plan normal* SAN. *Si le nouveau milieu est moins dense, le rayon s'écarte de la normale.*

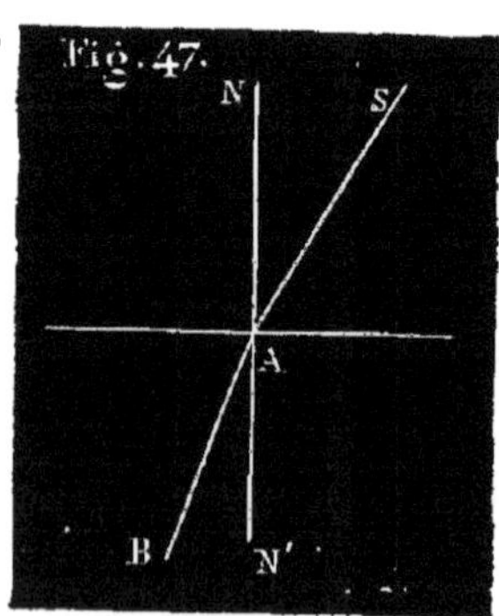

De cette propriété il résulte que les objets célestes, qui sont vus dans une direction oblique à l'atmosphère, nous paraissent situés autrement que nous les verrions si l'atmosphère n'existait pas. Il nous faut donc connaître le sens et la valeur de ce déplacement, si nous voulons savoir, à un instant donné, quelles sont les véritables positions des astres que nous observons.

Un spectateur est placé en A sur la surface CAc de la terre (*fig.* 48). Soient Ll, MM, Nn les couches successives de densités décroissantes dans lesquelles nous supposons l'atmosphère décomposée, et qui sont concentriques à la terre.

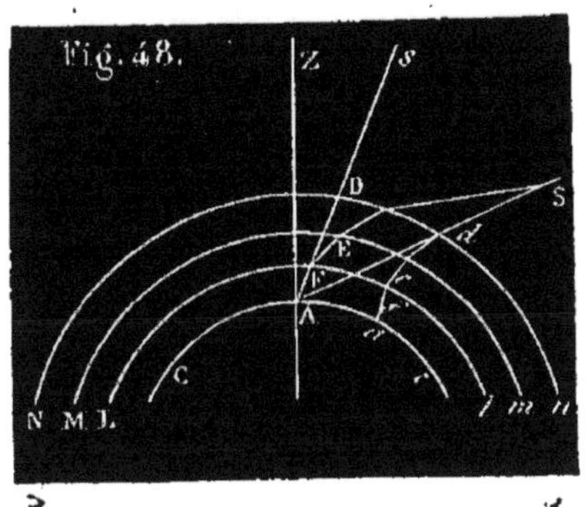

Soit une étoile S que nous considérons comme un point lumineux. Si l'atmosphère n'existait pas, le rayon lumineux SA nous montrerait l'astre S dans sa véritable position; mais le rayon lumineux qui aurait la direction AS, arrivant en d sur la première couche atmosphérique, Nn, d'une ténuité extrême, est légèrement dévié, et se rapprochant de la normale à la couche en d, prend la direction de; mais arrivé en e, ce rayon entrant dans une nouvelle couche plus dense, éprouve une nouvelle déviation, prend la direction ef et ainsi de suite; les directions successives que prend le rayon continuellement dévié, forment une ligne polygonale, ou plutôt une courbe, $defa$, qui vient apporter au lieu a, et non pas au lieu A, la vue de l'étoile. Celle-ci est vue en A à l'aide d'un autre rayon lumineux SD qui, arrivé en D sur l'atmosphère, a été dévié successivement de telle sorte que son extrémité mobile arrive au lieu A, après avoir parcouru la courbe DEFA. L'observateur qui place l'étoile à l'extrémité du rayon lumineux qu'il perçoit, prolongé en ligne droite jusqu'à la sphère céleste, voit cet astre dans la direction du dernier élément de la courbe DEFA, c'est-à-dire à l'extrémité s de la tangente AFs menée à cette courbe par le point A.

108. Il résulte de ce principe de physique : *le rayon incident et le rayon réfracté sont dans un même plan normal à la surface de séparation des milieux*, et de ce fait que toutes les couches atmosphériques ont pour centre commun le centre de la terre, que toutes les directions successives des rayons réfractés, sont dans un même plan vertical comprenant la verticale AZ, la position vraie, S, et la position apparente s de l'étoile. Toutes ces réfractions s'ajoutent donc et donnent une somme, SAs, qui est la réfraction totale relative à la position actuelle S de l'étoile.

Les effets de la réfraction astronomique se résument donc, pour l'observateur, dans un accroissement, SAs, de la hauteur de l'astre observé. On peut la définir par cet accroissement. *La réfraction astronomique est un accroissement apparent de la hauteur vraie d'un astre au-dessus de l'horizon.*

Quand un astre est au zénith Z, la réfraction est nulle ; elle augmente d'abord lentement à partir de 0°, quand la position vraie de l'astre descend du zénith à l'horizon, puis augmente plus rapidement quand cet astre est très-près de l'horizon; ainsi la réfraction, qui n'est encore que 1'9" quand l'astre se trouve à 40° de l'horizon, est de 33' 47",9 au bord de l'horizon. Voici d'ailleurs le tableau des réfractions pour des hauteurs décroissantes, de 10° en 10° d'abord, puis pour des hauteurs plus rapprochées dans l'intervalle de 10° à 0°.

HAUTEUR apparente.	RÉFRACTION.	HAUTEUR apparente.	RÉFRACTION.	HAUTEUR apparente.	RÉFRACTION.
90°	0",0	15°	3' 34",5	3°	14' 28",7
80	10 ,3	10	5 20 ,0	2 0'	18 23 ,1
70	21 ,2	9	5 53 ,7	1 0	24 22 ,3
60	33 ,7	8	6 34 ,7	0 40	27 3 ,1
50	48 ,9	7	7 25 ,6	0 30	28 33 ,2
40	1' 9 ,4	6	8 30 ,3	0 20	30 10 ,5
30	1 40 ,7	5	9 54 ,8	0 10	31 55 ,2
20	2 38 ,9	4	11 48 ,8	0	33 47 ,9(*)

Usage du tableau. Si la hauteur apparente d'un astre est de 15°, par exemple, on prend dans la table la réfraction correspondante 3' 34",5 et on la retranche de la hauteur observée pour avoir la hauteur vraie.

REMARQUE. Quand la hauteur apparente d'un astre est de 0° 0' 0", cet astre, vu au bord de l'horizon, se lève ou se couche en apparence, tandis qu'il est déjà, en réalité, à 33' 47" au-dessous de l'horizon.

109. REMARQUE. Le diamètre apparent du soleil étant en moyenne de 32' 3", il résulte de la remarque précédente que le bord supérieur de son disque étant déjà à 1' au-dessous de l'horizon, à l'Orient

(*) Près de l'horizon les réfractions sont très-irrégulières, parce que les rayons lumineux y traversent les couches d'air les plus chargées d'humidité, les plus inégalement échauffées ou refroidies par leur contact avec le sol. C'est pourquoi les astronomes évitent d'observer les astres trop près de l'horizon. Ce n'est qu'à partir de 5° ou 6° de hauteur que les réfractions deviennent régulières et conformes à la table précédente.

ou au Couchant, l'astre tout entier, soulevé par la réfraction, est visible pour nous. Le soleil nous paraît donc levé plus tôt et couché plus tard qu'il ne l'est réellement.

Une autre conséquence de la réfraction, c'est que le disque solaire, à son lever et à son coucher, nous apparaît sous la forme d'un ovale écrasé dans le sens vertical; la réfraction, relevant l'extrémité inférieure du diamètre vertical plus que l'extrémité supérieure, rapproche en apparence ces deux extrémités; le disque nous paraît donc écrasé dans ce sens. La réfraction élevant également les deux extrémités du diamètre horizontal n'altère pas ses dimensions.

Le même effet de réfraction a lieu pour la lune.

NOTE I.

SPHÉRICITÉ DE LA TERRE. Voici comment on montre la sphéricité de la terre en se fondant sur les observations 1°, 2°, 3°, mentionnées dans la note de la page 56.

On démontre d'abord que la courbe qui limite l'horizon sensible d'un observateur placé à une hauteur quelconque est une circonférence dont l'axe est la verticale du lieu.

Soit A (*fig.* 30) le point d'où on observe; AB, AC deux rayons visuels quelconques allant à la courbe limite BC; AI la verticale du lieu A. On sait que les angles BAI, CAI sont égaux (1°). Nous allons prouver que les lignes AB, AC sont égales. En effet, supposons qu'elles soient inégales, que l'on ait AC > AB; nous pouvons prendre sur AB une longueur AD=AC. Maintenant concevons que l'observateur s'élève en A' sur la verticale AI, à une hauteur telle que le rayon visuel dirigé de ce point A' dans le plan IAB, vers la nouvelle courbe limite, aille rencontrer la ligne AD entre B et D, en E, par exemple; ce qui est toujours possible. Le rayon visuel, dirigé de même de A' dans le plan IAC, ira rencontrer la ligne AC en un point F situé au delà de C (2°). Les deux triangles AA'E, A'AF sont égaux: car AA'=AA'; angle EA'I = angle FA'I (1°); les angles en A sont égaux comme suppléments des angles égaux EAI, FAI; les triangles AA'E, AA'F étant égaux, on en conclut AE=AF. Mais AF est >AC et AE<AD; avec AD=AC, on aurait donc une ligne AE plus petite que AD égale à une ligne AF>AC; ce qui est absurde. Cette absur-

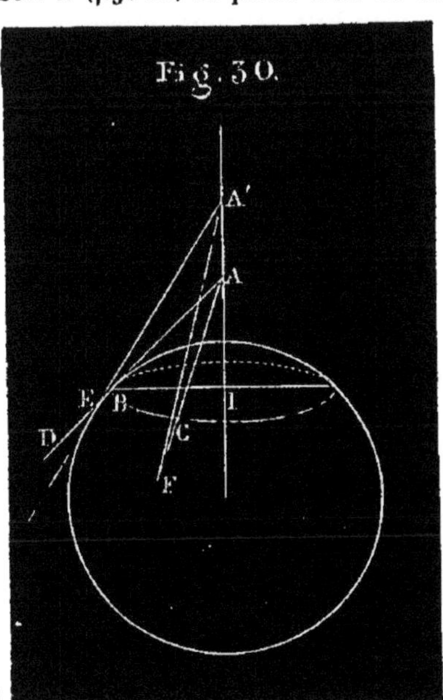

dité résulte de ce qu'on a supposé AC > AB; donc AC n'est pas plus grand que AB; ces deux lignes ne pouvant être plus grandes l'une que l'autre, sont égales. Les lignes allant du point A à la courbe limite étant égales, et faisant avec la verticale AI des angles égaux; la courbe limite, lieu de ces points B, C,..... est une circonférence qui a tous ses points également distants de chaque point de la verticale AI.

Soient maintenant deux points d'observation A et A', situés sur deux verticales différentes AI, A'Z (*fig.* 31); soit HD la corde commune aux deux circonférences qui limitent les horizons sensibles de A et A'; menons les diamètres BCK, MCN, par le milieu C de HD. Cette corde HD est perpendiculaire à ces deux diamètres BCK, MCN, et par suite à leur plan BCN. Réciproquement le plan BCN est perpendiculaire à HD, et par suite aux plans des circonférences qui ont HD pour corde commune. Le plan BCN étant perpendiculaire au plan BHK, la perpendiculaire IA à ce plan BHK est tout entière dans le plan BCN; de même A'Z est dans le plan BCN. Les deux verticales IA, ZA' perpendiculaires à deux droites BC, CN, dans un même plan avec ces droites, se rencontrent en un certain point O. Tirons OH; le point O est à la même distance OH de tous les points de la circonférence BHK; il est à la même distance OH de tous les points de circ. NHM; il est donc à égale distance de tous les points de l'une et l'autre circonférence.

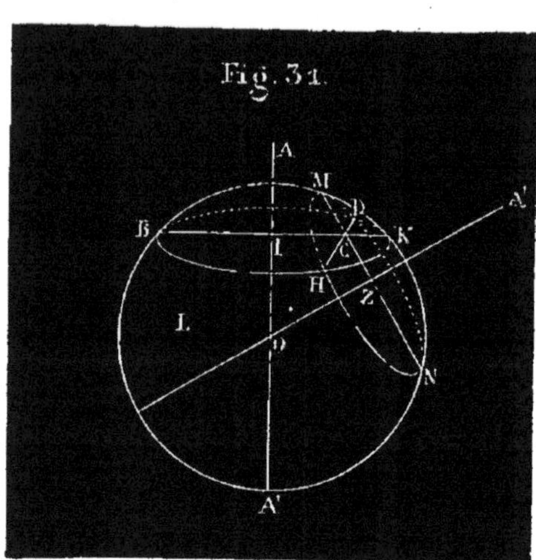

Soit L un point quelconque de la surface de la terre; on peut concevoir par L une circonférence LP, dont le plan soit perpendiculaire à la verticale AIO ou à son prolongement OA'', et qui rencontre la circonférence NHM; dès lors OL égale la distance de O à circ. NHM, c'est-à-dire OL = OH. Si circ. LP ne rencontrait pas circ. NHM, elle rencontrerait une circonférence perpendiculaire à OZA' rencontrant déjà circ. BKH; de sorte qu'on aurait toujours OL=OH. Le point O est donc à égale distance de tous les points de la surface terrestre; celle-ci ayant tous ses points à égale distance d'un point intérieur, est une surface sphérique.

Note II.

DÉMONSTRATION *des deux principes relatifs à la projection stéréographique des cercles d'une sphère, énoncés n° 92, page 74.*

THÉORÈME I. *Tout cercle* ED *de la sphère a pour perspective, ou projection stéréographique, un cercle.*

Observons d'abord que les droites qui projettent les points d'une circonférence, circ. ED (V. la *fig.* 41 ci-après) sont les génératrices d'un cône circulaire qui a le point de vue O pour sommet et cette circonférence pour base. L'intersection d'une pareille surface par un plan KBL parallèle à la base est une autre circonférence. En effet, menons les génératrices quelconques OA, OE, OD qui rencontrent la section en K, B, L (*fig.* 40 *bis*); les triangles semblables O*i*B,

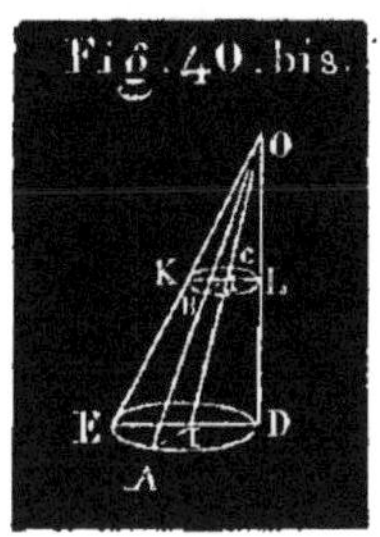

Fig. 40. bis.

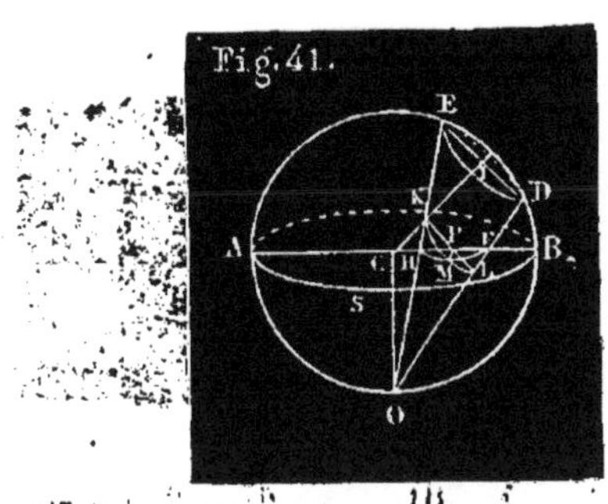

Fig. 41.

OIA donnent $\frac{Oi}{OI}=\frac{iB}{IA}$; les triangles O*i*K, OIE donnent $\frac{Oi}{OI}=\frac{iK}{IE}$; donc $\frac{iB}{IA}=\frac{iK}{IE}$; mais IA=IE, donc *i*B=*i*K; on prouverait de même que *i*B=*i*L; donc la courbe KBL est une circonférence dont le centre est *i*. Cela posé, soit O (*fig.* 41) le point de vue sur la sphère; on sait que le tableau ou plan de projection est un grand cercle ASB perpendiculaire au rayon OC. Soit HMF la perspective d'une circonférence quelconque de la sphère, circ. ED; il faut prouver que HMF est une circonférence. Pour cela, observons que la ligne CI, qui joint le centre C de la sphère et le centre I de circ. ED, est perpendiculaire au plan de cette circonférence; de sorte que le plan OCI est à la fois perpendiculaire à cercle ASB et à cercle ED. Ce plan OCI coupe la surface conique suivant le triangle OED, et le tableau ASB suivant un diamètre ACB. Soit M un point quelconque de la projection HMF de cercle ED; abaissons de M la perpendiculaire MP sur l'intersection CB ou HF du plan OED et du plan ASB. Comme ces plans sont perpendiculaires, MP, qui est dans le plan ASB, est perpendiculaire au plan OED; MP est donc parallèle à cercle ED. Conduisons par MP un plan parallèle à cercle ED; ce plan coupe le cône suivant une circonférence KML, dont KL, parallèle à ED, est un diamètre. D'après un théorème connu (3e livre de géométrie), $\overline{MP}^2=KP\times PL$ (1). Cela posé, observons que l'angle HFO = OED; en effet HFO a pour mesure $\frac{1}{2}$ AO + $\frac{1}{2}$ BD; OED a pour mesure $\frac{1}{2}$ DB + $\frac{1}{2}$ OB; or AO = OB (ce sont deux quadrants). De ce que HFO = OED, et OED = OKL, on conclut OKL = HFO; de OKL = HFO, on conclut que l'arc du segment circulaire capable de l'angle HFO, qui aurait HL pour corde, passerait par le point K. Les quatre points H, K, F, L sont donc sur une même circonférence; les lignes HF, KL étant deux cordes d'une même circonférence, $HP\times PF=KP\times PL$; donc en vertu de l'égalité (1), $\overline{MP}^2=HP\times PF$. Si donc on tirait les lignes HM, MF, le triangle HMF serait rectangle; le point M appartient donc à la circonférence qui, dans le plan ASB, a pour diamètre HF. Le point M étant un point quelconque de la projectionde circ. ED, on conclut que tous les points de la projection sont sur la circonférence HMF dont nous venons de parler, autrement dit, que cette circonférence est précisément la projection de circ. ED sur le plan ASB.

THÉORÈME II. *L'angle que forment deux lignes* MP, MN *qui se coupent sur la sphère est égal à celui que forment les lignes* mn, mp *qui les représentent sur la carte* (*fig.* 41 *bis*). (On sait qu'on appelle angle de deux lignes courbes MP, MN, l'angle que forment les tangentes MG, MF, menées à ces courbes à leurs points de rencontre.)

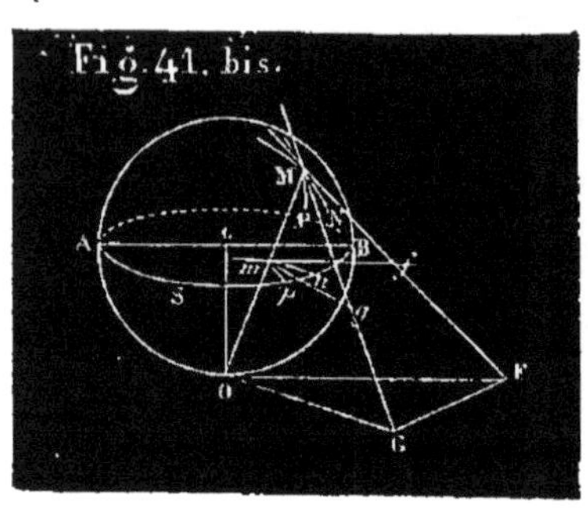

Soient g et f les points où MG, MF percent le tableau; les projections mg, mf de ces tangentes sont elles-mêmes tangentes aux courbes mn, mp; il faut démontrer que l'angle gmf=GMF. Pour cela, menons, par le point de vue O, un plan GOF parallèle au plan du tableau; ce plan GOF perpendiculaire à l'extrémité du rayon OC est tangent à la sphère. Soient G et F les points d'intersection de ce plan par les tangentes MG, MF; menons OG, OF, FG. Les lignes OG, mg, intersection des deux plans parallèles par le plan OMG, sont parallèles; OF, mf sont aussi parallèles; donc l'angle gmf=GOF; nous allons prouver que GOF=GMF. En effet, les lignes GM, GO, tangentes à la sphère, issues du même point G, sont égales (on peut concevoir deux grands cercles déterminés par les plans CMG, COG, lesquels auraient pour tangentes MG, OG); pour une raison semblable, FM=FO. Les deux triangles MGF, OGF sont donc égaux; par suite, l'angle GOF=GMF; donc gmf=GOF=GMF. C. Q. F. D.

REMARQUE. Nous avons dit que mf, projection de la tangente MF, était elle-même une tangente à la projection mn de MN. On se rend compte de ce fait en imaginant une sécante MM' à la courbe MN, et la projection mm' de cette sécante; puis faisant tourner le plan projetant OMM' autour de OM, jusqu'à ce que M' soit venu se confondre avec M, MM' devenant la tangente MF; pendant ce temps, m' se rapproche de m, et se confond avec m quand M' arrive en M; de sorte que la sécante et sa projection deviennent tangentes en même temps.

CHAPITRE III.

LE SOLEIL.

110. Mouvement propre apparent du soleil. En outre du mouvement diurne commun à tous les corps célestes, le soleil paraît animé d'un mouvement propre dirigé en sens contraire du mouvement diurne.

On dit qu'un astre a un mouvement propre quand sa position apparente, c'est-à-dire sa projection sur la sphère céleste, change continuellement; autrement dit, quand sa position relativement aux étoiles fixes change continuellement; or c'est ce qui arrive pour le soleil.

111. *Premiers indices.* Si un soir, à la nuit tombante, on remarque un groupe d'étoiles voisines de l'endroit où le soleil s'est couché, puis, qu'on observe ces étoiles durant un certain nombre de jours, on les voit de plus en plus rapprochées de l'horizon; au bout d'un certain temps, elles cessent d'être visibles le soir; elles se couchent avant le soleil. Si alors on observe le matin, un peu avant le lever du soleil, on retrouve ces mêmes étoiles dans le voisinage de l'endroit où le soleil doit bientôt apparaître. Celui-ci, qui d'abord précédait les étoiles dans le mouvement diurne, les suit donc en dernier lieu; d'abord à l'*ouest* de ces astres, sur la sphère céleste, il se trouve finalement à l'*est*. Mais les étoiles sont fixes; le soleil s'est donc déplacé de l'ouest à l'est, en sens contraire du mouvement diurne. Il se déplace de plus en plus dans le même sens; car si on continue l'observation, le lever de chacune des étoiles en question précède de plus en plus le lever du soleil. C'est là un mouvement en ascension droite.

On voit aussi aisément sans instruments que la déclinaison du soleil varie continuellement. En effet, d'une saison à l'autre, sa hauteur à midi, au-dessus de l'horizon, change notablement : elle augmente progressivement de l'hiver à l'été, et *vice versâ* diminue de l'été à l'hiver. Le soleil se déplaçant sur le méridien, sa déclinaison varie (*V.* la définition).

112. Étude précise du mouvement propre. Le mouvement propre du soleil une fois découvert, il faut l'étudier avec précision. Le moyen qui se présente naturellement consiste à déterminer, à divers intervalles, tous les jours par exemple, la position apparente précise du soleil sur la sphère céléste. Si on trouve que cette position change continuellement, on aura constaté de nouveau le mouvement; de plus, en marquant sur un globe céleste les positions successivement observées, on se rendra compte de la nature de ce mouvement.

La position apparente du soleil se détermine comme celle d'une étoile quelconque par son ascension droite et sa déclinaison (n° 33); mais le soleil a des dimensions sensibles que n'ont pas les étoiles.

Quand un astre se présente à nous sous la forme d'un disque circulaire, ayant des dimensions apparentes sensibles, comme le soleil, la lune, les planètes, on le suppose réduit à son centre. C'est la position de ce centre qu'on détermine; c'est de cette position qu'il s'agit toujours quand on parle de la position de l'astre (*).

113. Ascension droite du soleil. Pour déterminer chaque jour l'ascension droite du centre du soleil, on regarde passer au méridien le premier point du disque qui s'y présente (le bord occidental); on note l'heure précise à laquelle ce premier bord vient toucher le fil vertical du réticule de la lunette méridienne (n° 17); on

(*) Disons de plus que le soleil a un éclat que n'ont pas les autres astres. Pour empêcher que l'œil ne soit ébloui et blessé par l'éclatante lumière du soleil, dont l'image au foyer de la lunette est excessivement intense, on a soin, quand on observe cet astre, de placer en avant de l'objectif, ou entre l'œil et l'oculaire, des verres de couleur très-foncée qui absorbent la plus grande partie des rayons lumineux.

marque également l'heure à laquelle le soleil achevant de passer, ce même fil est tangent au bord oriental du disque; la demi-somme des heures ainsi notées est l'heure à laquelle a passé le centre; de cette heure on déduit l'Æ de ce centre, exactement comme il a été dit n° 34 pour les étoiles.

114. Déclinaison du soleil. D'après le principe indiqué n° 38, on déduit la déclinaison du soleil de sa distance zénithale méridienne, qui est la demi-somme des distances zénithales du bord supérieur et du bord inférieur du disque observées au mural. Cette distance zénithale doit être corrigée des erreurs de réfraction et de parallaxe, le lieu d'observation devant être ramené au centre de la terre (*V.* la réfraction et la parallaxe).

115. On peut ainsi, toutes les fois que le soleil n'est pas caché au moment de son passage au méridien, déterminer l'heure sidérale du passage, l'ascension droite et la déclinaison de l'astre, puis consigner les résultats de ces observations dans un tableau qui peut comprendre plusieurs années. On trouve ainsi des valeurs constamment différentes, au contraire de ce qui arrive pour les étoiles; ce fait général constate d'abord le mouvement propre du soleil. Voici d'ailleurs, en résumé, ce que nous apprend le tableau en question (*).

116. *Circonstances principales du mouvement propre apparent du soleil.*

Chaque passage du soleil au méridien retarde à l'horloge sidérale sur le passage précédent, d'environ 4 minutes (en moyenne $3^m56^s,5$). Si, par exemple, le passage a lieu un jour à 7 heures de l'horloge sidérale, le lendemain il a lieu à 7^h4^m environ, le surlendemain à 7^h8^m; et ainsi de suite. Le jour solaire, *qui est l'intervalle de deux passages consécutifs du soleil au méridien*, surpasse donc le jour sidéral d'environ 4 minutes. $365^j 1/4$ solaires valent approximativement $366^j 1/4$ sidéraux; autrement dit, si le soleil

(*) Dans cette étude du mouvement propre du soleil, on peut prendre l'origine des Æ sur le cercle horaire d'une étoile remarquable quelconque, c'est-à-dire faire marquer $0^h0^m0^s$ à l'horloge sidérale à l'instant où cette étoile passe au méridien du lieu. On verra plus loin (n° 131) comment on règle définitivement cette horloge.

accompagne un jour une étoile au méridien, il y revient ensuite 365 fois seulement, pendant que l'étoile y revient 366 fois.

Supposons que le soleil et une étoile passent ensemble au méridien à $0^h0^m0^s$ d'une horloge sidérale. L'étoile y revient tous les jours suivants à $0^h0^m0^s$, tandis que, à chaque nouveau passage du soleil, l'horloge marque $3^m56^s,5$ de plus que la veille; 365 de ces retards du soleil font 23^h59^m (sidérales). Le 365e *retour* du soleil a donc lieu à 23^h59^m; une minute après, à $0^h0^m0^s$, l'étoile revient pour la 366e fois; mais deux retours consécutifs du soleil étant séparés par $24^{h.sid.}4^m$ environ, il doit s'écouler encore 24^h3^m avant que le soleil ne soit revenu pour la 366e fois; donc l'étoile, 24 heures après, reviendra pour la 367e fois avant que le soleil ne soit revenu pour la 366e. Ces deux derniers passages recommencent une nouvelle période.

L'ASCENSION DROITE du soleil augmente chaque jour d'environ 1° (en moyenne 59′8″), et passe par tous les états de grandeur de 0° à 360°. C'est ce mouvement du soleil en Æ qui cause le retard de son passage au méridien (*V.* n° 140).

LA DÉCLINAISON est tantôt australe, tantôt boréale. Le 20 mars, d'australe qu'elle était, elle devient boréale, et croît progressivement de 0° à 23°28′ environ, maximum qu'elle atteint vers le 22 juin. A partir de là, elle décroît jusqu'à devenir nulle; redevient australe vers le 23 septembre, augmente dans ce sens de 0° à la même limite 23°28′, jusqu'au 22 décembre; puis décroît de 23°38′ à 0°; redevient boréale le 20 mars. Ainsi de suite indéfiniment.

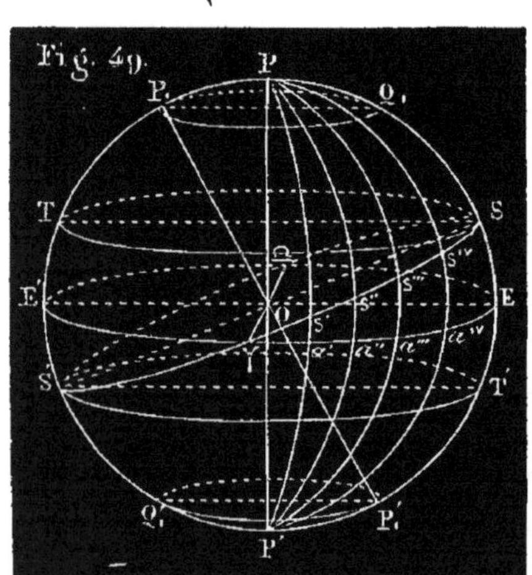

Si on marque chaque jour sur un globe céleste, pendant un an au moins, la position apparente du soleil, d'après son Æ et sa D observées, exactement comme il a été dit pour une étoile n° 45, on voit les positions successivement marquées s', s'', s''',... faire le tour du globe (*fig.* 49). Si on fait passer une circonférence de grand cercle par deux quelconques des points ainsi marqués, il arrive qui tous les autres points sont sur ce grand cercle. Le globe céleste figurant exactement la sphère céleste, et les points marqués figurant les positions apparentes successives du soleil sur cette sphère, on est conduit, par ce qui précède, à cette conclusion remarquable :

Le soleil nous semble parcourir indéfiniment, d'occident en orient, c'est-à-dire en sens contraire du mouvement diurne, le même grand cercle de la sphère céleste, incliné à l'équateur. Il parcourt ce cercle en 366^j *1/4 sidéraux environ* (V. la note) (*).

117. Remarque. Il est bon d'observer dès à présent qu'il s'agit ici, non des *positions réelles* successives du soleil par rapport à la terre, mais de leurs *projections* sur la sphère céleste, que déterminent seules l'Æ et la D du centre (n° 33). Ces coordonnées ne nous font pas connaître la distance réelle du soleil à la terre; nous verrons plus tard (n° 123) que cette distance variant d'un jour à l'autre, le lieu des positions réelles du soleil par rapport à la terre, supposée fixe, n'est pas une circonférence. Pour le moment, nous pouvons

---

(*) Ce mouvement se combine avec le mouvement diurne; le soleil nous paraît tourner autour de la terre, d'orient en occident, et en même temps se mouvoir sur l'écliptique, mais beaucoup plus lentement, et d'occident en orient.

Voici l'ingénieuse comparaison employée par M. Arago pour faire comprendre comment le soleil peut être animé à la fois de ces deux mouvements en apparence contraires. Un globe céleste (*fig.* 49) tourne uniformément, d'orient en occident, autour d'un axe PP', achevant une révolution en 24 heures sidérales; de sorte que chacun de ses cercles horaires vient coïncider toutes les 24 heures avec un demi-cercle fixe de même diamètre, représentant le méridien du lieu. Une mouche s chemine en sens contraire (d'occident en orient), sur une circonférence de grand cercle du globe, S'γS, avec une vitesse d'environ 1° par jour sidéral. La mouche, tout en cheminant ainsi, est emportée par le mouvement de rotation du globe; elle est donc animée de deux mouvements à la fois, dont l'un lui est commun avec tous les points du globe, et dont l'autre lui est propre. Si elle se trouve un jour sur le cercle horaire $Ps'P'$, en s', quand ce cercle passe au méridien, elle le quitte aussitôt pour se diriger vers le cercle $Ps''P'$ qu'elle atteint au bout de 24 heures sidérales, au moment où le cercle $Ps'P'$ passe de nouveau au méridien. Comme le globe tourne de l'est à l'ouest, la mouche viendra bientôt passer au méridien, mais n'y passera qu'avec le cercle $Ps''P'$ à peu près, c'est-à-dire environ 4 minutes plus tard que $Ps'P'$, si l'intervalle des deux cercles $Ps''P'$, $Ps'P'$ est 1°. Elle a déjà quitté le cercle $Ps''P'$, en continuant son chemin vers l'est, quand celui-ci passe au méridien, et le lendemain elle y passe avec un autre cercle horaire; etc.

dire que la projection sur la sphère céleste du centre du soleil (vu de la terre) parcourt indéfiniment le même grand cercle incliné à l'équateur. Tel est le sens précis de l'énoncé ci-dessus.

118. ÉCLIPTIQUE. On donne le nom d'*Écliptique* au grand cercle que le soleil nous semble ainsi parcourir indéfiniment sur la sphère céleste. Ce nom vient de ce que les éclipses de soleil et de lune ont lieu quand la lune est dans le plan de ce grand cercle, ou tout près de ce plan.

OBLIQUITÉ DE L'ÉCLIPTIQUE. L'écliptique est incliné sur l'équateur d'environ $23°27'\frac{1}{2}$ (cette inclinaison varie dans certaines limites ; au 1er janvier 1854 elle était $23°27'34''$; au 1er juillet, $23°27'35'',2$).

On peut déterminer cette inclinaison par une construction faite sur le globe céleste ; c'est l'angle SrE (*fig.* 49) que l'on sait mesurer. Elle peut d'ailleurs se trouver par l'observation ; sa mesure, SE, est la plus grande des inclinaisons trouvées pour le soleil durant sa révolution sur l'écliptique.

119. POINTS ÉQUINOXIAUX. On appelle *équinoxes* ou *points équinoxiaux* les deux points, ♈ et ♎, de rencontre de l'équateur et de l'écliptique. Le soleil est à l'un de ces points quand sa déclinaison est nulle ; la durée du jour est alors égale à celle de la nuit par toute la terre ; de là le nom d'équinoxes.

On distingue le *point équinoxial* du printemps ♈, qui est le point de l'équateur où passe constamment le soleil quand il quitte l'hémisphère austral pour l'hémisphère boréal. L'équinoxe du printemps a lieu du 20 au 21 mars.

L'autre point équinoxial, ♎, par où passe le soleil, quittant l'hémisphère boréal pour l'hémisphère austral, s'appelle équinoxe d'automne. Le soleil y passe le 21 septembre.

(*V.* plus loin, page 107, comment on détermine le moment précis de l'un ou l'autre équinoxe.)

120. SOLSTICES. On nomme *solstices* ou *points solstitiaux* deux points S, S', de l'écliptique, situés à 90° de chacun des équinoxes.

L'un d'eux, S, celui qui est situé sur l'hémisphère boréal, s'appelle *solstice d'été ;* l'autre, situé sur l'hémisphère austral, s'appelle *solstice d'hiver.*

Ce nom de *solstice* vient de ce que le soleil, arrivé à l'un ou à l'autre de ces points, semble stationner pendant quelque temps à la même hauteur, au-dessus ou au-dessous de l'équateur, sur le parallèle céleste qui passe par ce solstice. Pendant quelques jours sa D, alors parvenue à son maximum, est à peu près constante (*).

Les parallèles célestes ST, S'T' (*fig.* 49) qui passent par les solstices S et S' prennent le nom de *tropiques*.

Celui qui passe par le solstice d'été s'appelle *tropique du Cancer*. Celui qui passe par le solstice d'hiver se nomme *tropique du Capricorne*.

121. On appelle *colures* deux cercles horaires perpendiculaires entre eux, dont l'un passe par les équinoxes, et l'autre par les solstices (le colure des équinoxes et le colure des solstices).

122. On appelle *axe* de l'écliptique le diamètre, P_1P_1', de la sphère céleste qui lui est perpendiculaire; ses extrémités P_1, P_1', sont les *pôles* de l'écliptique. L'axe du monde et l'axe de l'écliptique forment un angle égal à l'inclinaison de l'écliptique sur l'équateur (n° 118); cet angle est mesuré par l'arc P_1P qui sépare les pôles voisins de l'écliptique et de l'équateur.

123. La position apparente du soleil, dans sa révolution sur l'écliptique, passe au travers ou auprès d'un certain nombre de constellations plus ou moins remarquables que l'on a appelées zodiacales. Ces constellations se trouvent sur une zone de la sphère céleste nommée *zodiaque*.

Le zodiaque est une zone de la sphère céleste comprise entre deux plans parallèles à l'écliptique, situés de part et d'autre de celui-ci, à une même distance de 9° environ de ce plan; ce qui fait 18° environ pour la largeur totale de la zone.

On a divisé le zodiaque en douze parties égales qu'on a nommées *signes*.

Pour cela on a partagé l'écliptique en douze arcs égaux à partir de l'équinoxe du printemps ♈. Par chaque point de division, on

---

(*) V. les tables de l'Annuaire du bureau des longitudes, ou bien simplement les Tables des heures du lever et du coucher du soleil aux environs du 21 juin ou du 21 décembre.

conçoit un arc de grand cercle perpendiculaire à l'écliptique, et limité aux deux petits cercles qui terminent le zodiaque; de là douze quadrilatères dont chacun est un signe.

Le soleil parcourt à peu près un signe par mois. A l'équinoxe du printemps il entre dans le premier signe.

Chaque signe porte le nom d'une constellation qui s'y trouvait lors de l'invention du zodiaque, il y a 2160 ans environ.

Voici les douze noms dans l'ordre des signes dont le premier, comme nous l'avons dit, commence au point équinoxial du printemps ♈, les autres venant après dans le sens du mouvement du soleil :

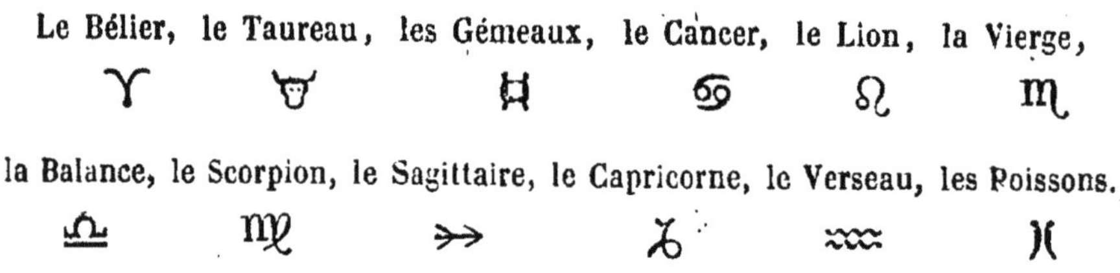

Les noms latins de ces constellations, mentionnées dans le même ordre que ci-dessus, sont tous compris dans les deux vers latins suivants attribués au poëte Ausone :

Sunt Aries, Taurus, Gemini, Cancer, Leo, Virgo,
Libraque, Scorpius, Arcitenens, Caper, Amphora, Pisces.

Ces deux vers sont très-propres à graver dans la mémoire, et dans leur ordre naturel, les noms des signes ou constellations du zodiaque.

Par suite d'un mouvement apparent de la sphère céleste considérée dans son ensemble, et dont nous parlerons à propos de la précession des équinoxes, chacune des constellations portant les noms ci-dessus ne se trouve plus dans le signe de même nom qu'elle. Chacune d'elles a avancé à peu près d'un signe dans le sens direct. Ainsi la constellation nommée le Bélier, qui occupait primitivement le premier signe, se trouve aujourd'hui dans le signe du Taureau; la constellation nommée le Taureau se trouve dans le signe des Gémeaux ; et ainsi de suite, en faisant le tour, jusqu'à la constellation des Poissons, qui, au lieu du dernier signe, occupe aujourd'hui le premier, celui qu'on nomme toujours le Bélier (*).

124. Diamètre apparent du soleil. On nomme *diamètre apparent* d'un astre quelconque l'angle *atb* sous lequel le diamètre, *ab*, de cet astre, est vu du centre de la terre (*fig.* 51).

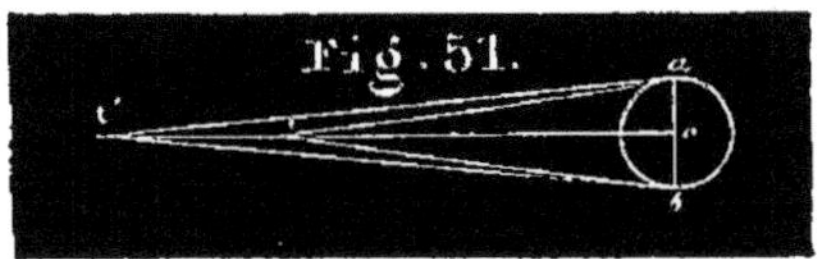
Fig. 51.

La figure montre que si la distance *to* d'un astre au centre de la terre varie, son diamètre apparent varie en sens contraire de cette distance; il diminue ou augmente suivant que cette distance augmente ou diminue.

On reconnaît facilement que le diamètre apparent d'un astre, qui n'est jamais qu'un petit angle, varie en raison inverse de la distance de cet astre à la terre (**).

125. Nous allons indiquer, pour trouver le diamètre apparent du soleil, deux méthodes qui conviennent pour la lune et pour un astre quelconque.

1re méthode. On obtient le diamètre apparent du soleil en mesurant avec le mural la distance zénithale de son bord supérieur et celle de son bord inférieur; la différence de ces deux distances est évidemment le diamètre apparent.

2e méthode. On remarque l'heure exacte à laquelle le premier bord de l'astre, le bord occidental vient passer au méridien; puis l'heure à laquelle passe plus tard le dernier point du disque, le bord oriental; on calcule la différence de ces deux nombres d'heures, puis on la convertit en degrés, minutes, secondes, suivant la règle connue. Dans le cas particulier où le soleil décrit

(*) Pour éviter la confusion produite par ce défaut de correspondance, qui s'aggrave de plus en plus, entre la position de chaque constellation zodiacale et le signe qui porte son nom, les astronomes ont pris tout simplement le parti d'abandonner cette division de l'écliptique en douze parties égales, et de le diviser comme tout autre cercle en 360 degrés, à partir de l'équinoxe du printemps.

(**) $ao = ot \operatorname{tg} \frac{1}{2} atb = ot' \operatorname{tg} \frac{1}{2} at'b$ (*fig.* 51); d'où $\operatorname{tg} \frac{1}{2} atb : \operatorname{tg} \frac{1}{2} at'b = ot' : ot$;

ou enfin parce que *atb*, *at'b* sont de petits angles, $atb : at'b = ot' : ot$. Car on peut prendre le rapport des angles au lieu du rapport des tangentes quand les angles sont petits et très-peu différents l'un de l'autre.

l'équateur au moment de l'observation, l'angle ainsi obtenu est le diamètre apparent. Pour toute autre position du soleil, on multiplie le nombre de degrés ainsi trouvé par le cosinus de la D du soleil (*).

Il résulte de là que chaque observation faite pour trouver l'Æ et la D du soleil sert à déterminer le diamètre apparent de cet astre au moment de cette observation.

Jusqu'à présent on n'a pu trouver de diamètre apparent aux étoiles; l'angle sous lequel on les aperçoit est constamment nul aux yeux de l'observateur muni des meilleurs instruments d'optique.

126. La détermination journalière du diamètre apparent du soleil donne les résultats suivants :

Ce diamètre apparent atteint maintenant son maximum vers le 1er janvier; ce maximum est de $32'36'',2 = 1956'',2$. A partir de ce jour, le diamètre diminue constamment jusqu'à ce que, le 3 juillet à peu près, il devienne égal à $31'30'',3 = 1890'',3$, qui est son minimum. Il recommence ensuite à augmenter jusqu'à ce qu'il ait de nouveau atteint son maximum; puis il diminue de nouveau, et ainsi de suite d'année en année. Le diamètre apparent a donc une valeur moyenne d'environ 32'.

(*) Si, au moment de l'observation, le soleil est sur l'équateur, comme cela arrive au moment de l'équinoxe, il est évident que la différence des heures susdites est le temps que met à passer au méridien l'arc d'équateur qui sépare les deux extrémités du diamètre du soleil situé dans ce plan, et perpendiculaire à la ligne qui joint le centre de l'astre au centre de la terre; cet arc mesure évidemment l'angle sous lequel ce diamètre est vu du centre de la terre.

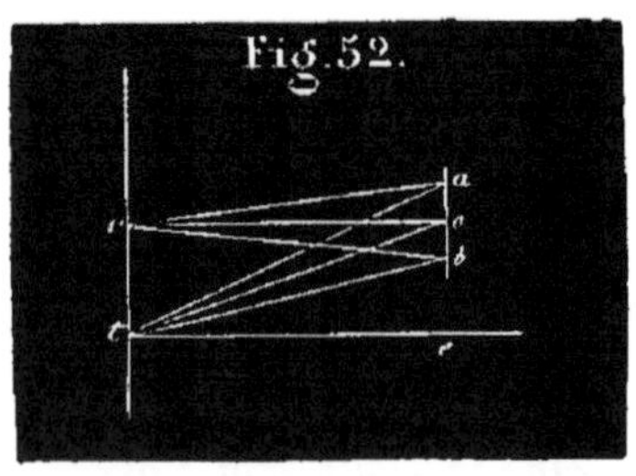
Fig. 52.

Si le soleil n'est pas sur l'équateur, le nombre de degrés trouvé mesure le diamètre apparent *acb* du soleil, vu du centre *c* du parallèle céleste sur lequel se trouve cet astre au moment de l'observation (*fig.* 52). Pour déduire l'angle *atb* de l'angle *acb*, on observe que le diamètre apparent relatif au point *t*, ou l'angle *atb*, est au diamètre apparent relatif au point *c*, angle *acb*, comme la distance *oc* est à *ot*. D'où $atb = acb \times \frac{oc}{ot}$, mais $\frac{oc}{ot} = \sin cto = \cos ote$; or *ote* est la D du centre *o* du soleil; donc $atb = acb . \cos D$.

127. Variations de la distance du soleil a la terre. Il résulte de ce qui précède que la distance du soleil à la terre varie continuellement. Vers le 1er janvier cet astre occupe sa position la plus rapprochée P (*fig.* 53 ci-après), qu'on appelle le *périgée*. A partir du 1er janvier, la distance augmente continuellement jusqu'à ce que, le 3 juillet, elle atteigne son maximum; la position A, occupée alors par le soleil s'appelle l'*apogée*. De l'apogée au périgée, les distances passent par les mêmes états de grandeur que du périgée à l'apogée; mais ces distances se reproduisent en ordre inverse (*V.* plus loin la symétrie de l'orbite solaire).

La distance réelle du soleil à la terre variant continuellement, c'est donc avec raison que nous avons dit (n° 113) que la courbe des positions réelles du soleil par rapport à la terre ne pouvait être une circonférence dont celle-ci serait le centre.

128. Soient l et l' deux distances du centre du soleil au centre de la terre, d et d' les diamètres apparents correspondants, évalués, comme les trois précédemment cités, au moyen de la même unité, en secondes par exemple,

on a $$l : l' = d' : d;\ \text{d'où}\ l : l' = \frac{1}{d} : \frac{1}{d'}. \qquad (1)$$

En désignant par L et L' la plus grande et la plus petite des distances du soleil à la terre, on aura d'après ce qui précède

$$\frac{L}{L'} = \frac{1}{1890,3} : \frac{1}{1956,2} = \frac{1956,2}{1890,3} = \frac{1,0348}{1}.$$

Si donc L' est pris pour unité, on aura $L = 1,0348$.

La série des diamètres apparents, obtenus jour par jour donne ainsi une série de nombres proportionnels aux distances réelles du soleil à la terre.

Si donc, on veut représenter proportionnellement, à l'aide d'une construction graphique, les distances réelles par des lignes l, l', l'', etc., on pourra prendre le premier jour une ligne arbitraire l pour désigner la distance réelle de ce jour-là, correspondant au diamètre apparent connu d; puis, en procédant par ordre, on construira toutes les autres lignes l', l'',..., d'après celle-là, comme l'indique l'égalité (1) ci-dessus.

Nous pouvons maintenant nous occuper du lieu des positions réelles du soleil par rapport à la terre supposée fixe.

129. Orbite solaire. On appelle *orbite* et quelquefois *trajectoire* du soleil, la courbe que paraît décrire le centre du soleil autour de la terre supposée fixe. Cette orbite ou trajectoire est une *courbe plane*, tous ses points étant sur des rayons de l'écliptique (n° 113).

Voici comment on parvient, sans connaître aucune des distances réelles de la terre au soleil, à déterminer néanmoins la nature de l'orbite solaire.

On a devant soi un globe céleste (*fig.* 49) sur lequel on a marqué les positions apparentes successives s', s'', s'''... du soleil (n° 116, *fig.* 49), à la suite d'observations journalières d'Æ et de D. Admettons qu'en faisant ces observations d'Æ et de D, on ait chaque fois déterminé le diamètre apparent du soleil au moment de l'observation. A l'aide des diamètres apparents, on peut construire des lignes l', l'', l'''..., proportionnelles aux distances réelles qui séparent le soleil de la terre, quand le premier nous paraît sur l'écliptique en s', s'', s'''... (n° 124).

Cela posé, on reproduit l'écliptique sur un plan en y traçant un cercle de rayon égal à celui du globe céleste; prenant sur ce cercle (*fig.* 53) un point quelconque s' pour représenter une première position apparente s' du soleil, on rapporte sur la circonférence en question les arcs s' s'', s'' s'''... que l'on peut mesurer avec le compas sur le globe céleste. On tire alors les rayons Ts', Ts'', Ts'''..., et sur ces rayons, on prend les longueurs TS', TS'', TS''', respectivement égales aux lignes l', l'', l'''... ci-dessus indiquées; ayant fait cela pour toutes les positions du soleil marquées sur l'écliptique, on joint par une ligne continue SS'S''..., les points ainsi marqués sur les rayons de l'écliptique. La courbe ainsi obtenue est évidemment semblable à celle que la *position réelle* du soleil semble décrire dans l'espace autour de la terre.

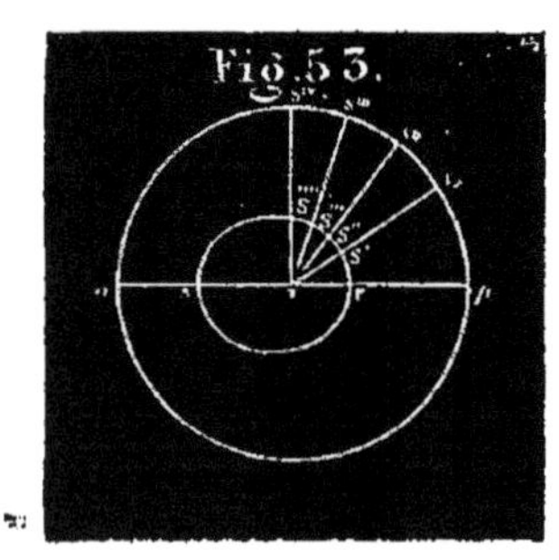
Fig. 53.

En faisant cette construction, on trouve que cette courbe est une ellipse dont la terre occupe un des foyers. Cette ellipse est très-peu excentrique, c'est-à-dire que la distance du centre au foyer est très-petite relativement au grand axe de la courbe; elle en est à peine la soixantième partie. Par conséquent, cette ellipse diffère très-peu d'un cercle (*). Aussi nous dirons :

L'orbite du soleil, c'est-à-dire *la courbe parcourue par la position réelle du soleil dans son mouvement apparent de translation autour de la terre supposée fixe est une ellipse très-peu allongée dont la terre occupe un des foyers* (**).

Le grand axe AP de cette ellipse s'appelle *ligne des apsides;* P est le *périgée;* A, l'*apogée;* les points correspondants p et a de l'écliptique prennent quelquefois les mêmes noms. Chaque ligne TS' qui va du centre de la terre à un point de l'orbite du soleil s'appelle un rayon vecteur du soleil.

130. Principe des aires. *Définition. L'aire décrite par le rayon vecteur du soleil dans un temps déterminé quelconque est le secteur elliptique,* S'TS'', *compris entre l'arc d'ellipse* S'S'', *décrit dans cet intervalle par le centre du soleil, et les deux rayons vecteurs* Ts',Ts'', *menés aux extrémités de cet arc.*

(*) Si a désigne le grand axe, c l'excentricité de l'ellipse, la distance périgée $a-c=1$; puis $a+c=1{,}0348$; d'où $2a=2{,}0348$ et $2c=0{,}0348$; on déduit de là la valeur de $2b=2\sqrt{a^2-c^2}$; on a ainsi des éléments suffisants pour construire l'ellipse. Le rapport $\frac{c}{a}=\frac{0{,}0348}{2{,}0348}$ ou à peu près $\frac{1}{60}$.

(**) Nous verrons plus tard que ce n'est pas le soleil qui tourne autour de la terre, mais la terre qui tourne autour du soleil. Nous nous conformons aux apparences *pour plus de commodité;* d'ailleurs les conséquences *pratiques* que l'on déduit du mouvement apparent du soleil, ex. : les durées des jours et des nuits, les variations de la température générale, etc., sont les mêmes que celles qu'on déduirait de l'étude du mouvement réel de la terre. Car ces faits résultent des positions relatives successives du soleil et de la terre, indépendamment de la manière dont ces corps arrivent à ces positions relatives. Or l'étude du mouvement propre apparent du soleil, considéré par rapport à la terre supposée fixe, nous fait connaître exactement ces positions relatives, une à une, et par ordre.

Plus précisément, les Æ, les D, et les diamètres apparents observés jour par jour, composent un tableau qui indique par des nombres les positions relatives successives du soleil par rapport à la terre; la construction de l'écliptique et de l'orbite solaire a pour objet la représentation *graphique* de chacune de ces positions relatives, considérées les unes après les autres, indépendamment du mouvement des deux corps; c'est la traduction du tableau en figure.

Si on évalue jour par jour, ou à des intervalles de temps égaux quelconques, les aires correspondantes décrites par le rayon vecteur du soleil, on trouve que ces aires sont égales.

Admettant que cet intervalle constant soit l'unité de temps, on conclut de là très-facilement le principe suivant :

Les aires décrites par le rayon vecteur du soleil dans son mouvement de translation autour de la terre supposée fixe sont proportionnelles aux temps employés à les parcourir (*).

C'est là ce qu'on entend par la proportionnalité des aires au temps ; *c'est le principe des aires.*

131. VITESSE ANGULAIRE DU SOLEIL. On nomme *vitesse angulaire* du soleil, l'angle S'TS'', des rayons vecteurs TS', TS'', qui correspondent au commencement et à la fin d'une unité de temps. Ou, ce qui revient au même, la vitesse angulaire du soleil est l'arc d'écliptique, *s's''*, décrit par la position apparente du soleil dans l'unité de temps. L'arc *s's''* mesure l'angle S'TS''.

Par conséquent la comparaison des vitesses angulaires, aux différentes époques du mouvement du soleil, revient à la comparaison des vitesses de sa position apparente, *s*, sur l'écliptique. En comparant d'une part les vitesses angulaires, et de l'autre les distances réelles, KÉPLER est arrivé, par l'observation, à ce résultat général :

La vitesse angulaire du soleil varie en raison inverse du carré de sa distance réelle à la terre.

Ce principe est une conséquence de celui des aires ou *vice versâ* (**).

(*) En effet soient a l'aire décrite dans l'unité de temps, A l'aire décrite dans t unités de temps, A' l'aire décrite dans t' unités ; on a $A = a \times t$; $A' = a \times t'$; donc $A : A' = t : t'$.

(**) Pour déduire ce second principe du premier, il suffit de regarder chaque aire STS', décrite dans l'unité de temps, qui est aussi petite que l'on veut, comme un secteur circulaire ayant pour rayon la distance réelle TS au commencement de ce temps. Égalant deux aires ainsi décrites à deux époques différentes, et traduisant l'égalité en celle de deux rapports, on a le principe relatif aux vitesses angulaires, qui sont représentées par les petits arcs, α, des secteurs circulaires en question.

$$\frac{1}{2}\alpha \times \overline{TS}^2 = \frac{1}{2}\alpha_k \times \overline{TS_k}^2 ; \qquad \text{d'où} \qquad \alpha : \alpha_k = \frac{\overline{TS_k}^2}{\overline{TS}^2}.$$

132. La vitesse angulaire du soleil est donc à son maximum quand cet astre est au périgée P (*fig.* 53) vers le 1er janvier; à partir de là, elle décroît continuellement jusqu'à un minimum qu'elle atteint quand l'astre arrive à l'apogée A, vers le 3 juillet. Puis cette vitesse repassant exactement par les mêmes états de grandeur, mais dans l'ordre inverse, augmente progressivement pour revenir à son maximum vers le 1er janvier. Et ainsi de suite indéfiniment.

133. Résumé. On peut résumer ainsi ce que nous avons dit jusqu'à présent sur le mouvement annuel apparent du soleil.

Ce mouvement s'accomplit dans une orbite plane dont le plan, qui passe par le centre de la terre, se nomme le plan de l'écliptique; cette orbite se projette sur la sphère céleste suivant le grand cercle de ce nom; néanmoins cette orbite elle-même n'est pas circulaire, mais elliptique; la terre en occupe le foyer et non le centre. L'excentricité de cette ellipse est à peu près $\frac{1}{60}$, en prenant pour unité la moitié du grand axe de l'ellipse. Le mouvement du soleil sur cette ellipse est réglé de telle sorte que son rayon vecteur décrit des aires égales en temps égaux.

134. Origine des ascensions droites. Ainsi que nous l'avons dit n° 33, le point choisi pour origine des ascensions droites de tous les astres est le point équinoxial du printemps, le point ♈ (*fig.* 49) (*).

Origine du jour sidéral. C'est le moment où le point équinoxial passe au méridien du lieu (V. le n° 78). Si l'horloge sidérale d'un lieu est réglée de manière à marquer $0^h0^m0^s$ à l'instant où le point équinoxial passe au méridien d'un lieu, on peut y déterminer les Æ des astres de la manière indiquée n° 34. Mais le point équinoxial

(*) Voici le motif de ce choix. Il y a deux systèmes de coordonnées célestes principalement usités en astronomie : 1° l'*ascension droite* et la *déclinaison* qui se rapportent à l'équateur céleste et à son axe (n° 36); 2° la *longitude* et la *latitude célestes* qui se rapportent exactement de même à l'écliptique et à son axe. Les premières obtenues par l'observation servent à calculer les secondes; or ce calcul *fréquent* est beaucoup simplifié par le choix d'une origine commune aux ascensions droites et aux longitudes célestes; c'est pourquoi on a pris pour origine l'un des points communs à l'équateur et à l'écliptique.

n'est pas visible sur la sphère céleste; aucune étoile remarquable ne se trouve sur le cercle horaire de ce point; cependant il est facile de régler une horloge exacte de manière qu'elle remplisse la condition précédente.

135. Déterminer le moment précis d'un équinoxe. Régler une horloge sidérale sur le passage au méridien du point équinoxial. On observe les passages successifs du soleil au méridien du lieu quand la déclinaison décroissante est très-faible et voisine de 0°. On s'aperçoit que le soleil a traversé l'équateur quand, d'un jour à l'autre, la déclinaison, d'australe qu'elle était, est devenue boréale, et *vice versâ*. Par exemple, le 20 mars d'une certaine année, à $0^h\,53^m\,24^s$ de l'horloge sidérale, cette déclinaison *sd* (*fig.* 50), observée au *mural*, est 9′28″ *australe*. Le lendemain, à $0^h\,57^m\,22^s$, cette déclinaison *s′d′* est 14′18″ *boréale*. Le soleil a donc, dans l'intervalle, traversé l'équateur au point équinoxial A.

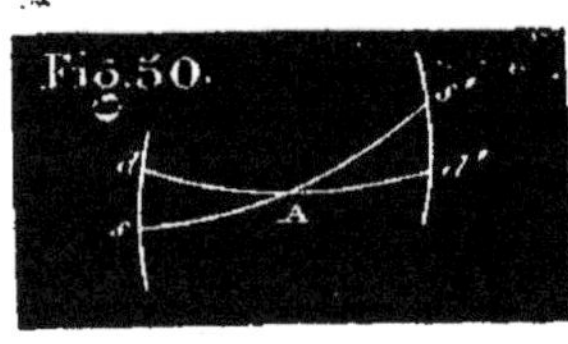

Fig. 50.

Il s'agit de savoir 1° *à quelle heure de l'horloge le soleil a passé en* A; 2° *à quelle heure le point équinoxial* A *passe journellement au méridien du lieu.*

1re *Question.* L'heure cherchée est celle à laquelle la déclinaison décroissante s'est trouvée réduite de 9′28″ à 0°. En un jour solaire égal, d'après les heures ci-dessus indiquées, à $24^h\,3^m\,58^s$, temps sidéral, la déclinaison du soleil a varié de 9′28″ + 14′28″, c'est-à-dire de 23′46″; dans quel temps a-t-elle varié de 9′28″? On peut supposer, sans erreur sensible, que pendant un jour la déclinaison varie proportionnellement au temps.

Cela posé, on a évidemment :

$$\frac{x}{24^h\,3^m\,58^s} = \frac{9'28''}{23'46''} = \frac{568''}{1426''} = \frac{568}{1426}.$$

Tout calcul fait, on trouve $x = 9^h\,35^m\,9^s$. Le soleil a passé au point A, $9^h\,35^m\,9^s$ après l'observation faite le 20 mars, c'est-à-dire à $10^h\,28^m\,33^s$ de l'horloge sidérale.

2e *Question.* Le soleil, avec le point *d* de l'équateur, a traversé le méridien le 20 mars à $0^h\,53^m\,24^s$ de l'horloge; le lendemain, avec *d′*, il a passé à $0^h\,57^m\,22^s$. La différence, $3^m\,58^s$, de ces deux heures est due à la différence *dd′* des ascensions droites des points

d et d' : pour le point A, il faut avoir égard à la différence dA. Soit y la différence entre les heures de passage de d et de A, on a évidemment

$$\frac{y}{3^{m}\,58^{s}}=\frac{dA}{dd'}=\frac{dA}{dA+Ad'}=\frac{sd}{sd+s'd'},$$

ou

$$\frac{y}{3^{m}\,58^{s}}=\frac{9'28''}{23'46''}=\frac{568''}{1426''}=\frac{568}{1426}.$$

Tout calcul fait, $y=1^{m}\,34^{s}$. On conclut de là que le point A passe au méridien à $0^{h}53^{m}24^{s}+1^{m}34^{s}$, c'est-à-dire à $0^{h}54^{m}58^{s}$ de l'horloge sidérale. Celle-ci réglée sur ce passage devrait marquer $0^{h}0^{m}0^{s}$ à cet instant; elle est donc en avance de $0^{h}54^{m}58^{s}$. Pour la régler, on doit la retarder de ces $54^{m}58^{s}$.

Dans l'hypothèse où nous nous sommes placé, les ascensions droites déterminées à l'aide de l'horloge sont donc trop fortes de ce qu'on obtient en convertissant $54^{m}28^{s}$ en degrés, à raison de 15° par heure. En effet, ces ascensions droites sont comptées à partir d'un point de l'équateur distant, vers l'ouest, du point équinoxial A, de ce nombre de degrés.

136. L'horloge étant réglée sur le passage du point équinoxial γ, on peut déterminer l'heure du passage d'une étoile remarquable, voisine du cercle horaire de ce point γ, α d'Andromède par exemple, et en déduire l'Æ de cette étoile. Cette heure ou cette Æ sert à vérifier plus tard l'exactitude de l'horloge, ou bien à déterminer les Æ en général, α d'Andromède servant d'origine auxiliaire.

137. VARIATIONS DE L'ASCENSION DROITE DU SOLEIL. L'origine des Æ est la même pour le soleil que pour les étoiles. *Ainsi l'ascension droite du soleil, à un moment donné quelconque, est l'arc d'équateur céleste compris entre le point équinoxial γ et le cercle horaire qui passe par le centre de l'astre, cet arc étant compté d'Occident en Orient, à partir de γ.* Nous avons dit (n° 113) comment on détermine cette coordonnée.

138. Par suite du mouvement propre du soleil, son ascension droite varie continuellement, mais elle ne varie pas proportionnellement au temps, autrement dit, *elle n'augmente pas de quantités égales en temps égaux.*

C'est un fait constaté par les observations indiquées n° 115. Connaissant les heures sidérales d'une série de passages consécutifs du soleil au méridien, et les Æ correspondantes, il est facile de comparer, d'une part, les accroissements d'Æ survenus jour par jour, et de l'autre, les temps durant lesquels ces accroissements se sont produits ; on trouve des rapports inégaux.

Ce fait peut s'expliquer comme il suit :

L'accroissement $a'a''$ d'Æ du soleil (*fig.* 49), durant un temps quelconque, correspond au chemin $s's''$ que la position apparente du soleil fait sur l'écliptique pendant le même temps; $a'a''$ est la projection de $s's''$ sur l'équateur. *La grandeur de* $a'a''$ *dépend à la fois de la grandeur de* $s's'$ *et de sa position sur l'écliptique.*

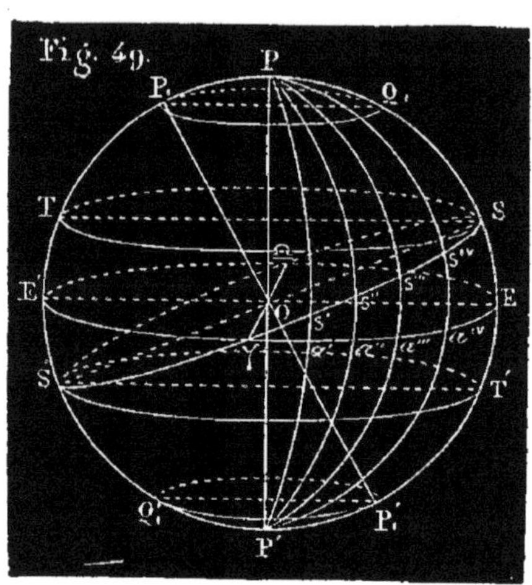

Or, 1° nous avons vu que les chemins parcourus sur l'écliptique par le soleil en temps égaux ne sont pas égaux, mais varient en raison inverse des carrés des distances du soleil à la terre (*V.* le n° 127).

2° *A cause de l'inclinaison de l'écliptique sur l'équateur,* quand même les arcs $s's''$ seraient égaux, leurs projections $a'a''$ ne le seraient pas nécessairement. Il suffit, en effet, de jeter les yeux sur la figure 49 pour voir que la projection d'un arc situé tout près de l'équateur est moindre que l'arc projeté, tandis que le contraire a lieu près des solstices ; la grandeur de la projection dépend de l'inclinaison sur l'équateur des arcs projetés, $s's''$, $s''s'''$, $s'''s^{\text{IV}}$, etc., et surtout de ce que les arcs Pa', Pa'',... qui les projettent, s'écartent de plus en plus à mesure qu'on descend des pôles vers l'équateur.

Les deux causes d'inégalité que nous venons d'indiquer, tantôt s'accordent pour augmenter ou pour diminuer l'accroissement d'Æ durant l'unité de temps, tantôt se contrarient; mais nous n'étudierons pas leurs effets en détail (*).

(*) La série d'observations indiquée n° 115 fait connaître, jour par jour, l'arc

MESURE DU TEMPS.

139. Le double mouvement relatif du soleil a la plus grande influence sur les travaux de l'homme. En effet, le mouvement diurne produit les alternatives des journées et des nuits; le mouvement annuel de translation sur l'écliptique influe périodiquement, ainsi que nous l'expliquerons plus tard, sur la durée des journées et des nuits, et sur la température générale de chaque lieu de la terre; par suite, sur les productions du sol et les travaux des champs. L'homme a donc été conduit naturellement à régler ses occupations sur la durée et les circonstances de ces deux mouvements. De là deux unités principales pour la mesure du temps, *le jour et l'année*, dont nous allons nous occuper successivement.

140. Jour solaire. On appelle *jour solaire* la durée d'une révolution diurne du soleil, autrement dit, le temps qui s'écoule entre deux passages consécutifs du soleil au même méridien.

L'année tropique est le temps qui s'écoule entre deux retours consécutifs du soleil au même point équinoxial.

Une année tropique = 365,2422 jours solaires = 366,2422 jours sidéraux (V. n° 155).

141. *Le jour solaire est plus grand que le jour sidéral.* Cela résulte du mouvement propre du soleil. Admettons en effet que cet astre passe un jour au méridien en même temps qu'une certaine étoile de Ps'P' (fig. 49). Après un jour sidéral écoulé, quand l'étoile *e* passe de nouveau au méridien avec son cercle horaire Ps'P', le soleil, par l'effet de son mouvement propre, se trouve sur un cercle horaire plus *oriental* Ps''P'; il ne passe donc au méridien qu'un certain temps après l'étoile (4 minutes environ); ce temps est précisément l'excès du jour solaire sur le jour sidéral.

142. *Les jours solaires consécutifs sont inégaux.* C'est ce que nous apprennent les observations de passages indiquées n° 115. On con-

---

s's'', sa projection et la durée du jour solaire; cela suffit grandement pour qu'on puisse apprécier les effets des causes susdites durant le mouvement annuel du soleil.

naît les heures sidérales d'un grand nombre de passages consécutifs du soleil au méridien; en retranchant chaque heure de la suivante, on obtient l'excès de chaque jour solaire sur le jour sidéral; or les restes ainsi obtenus ne sont pas égaux.

143. *Les jours solaires sont inégaux parce que l'Æ ne varie pas de quantités égales en temps égaux.*

L'accroissement d'Æ est $a'a''$ (*fig.* 49). Si cet accroissement était proportionnel au temps, l'arc $a'a''$ aurait toujours la même grandeur après un jour sidéral écoulé quelconque; le retard du soleil sur l'étoile e étant toujours le même, le jour solaire égal à un jour sidéral plus une quantité constante serait toujours le même.

Les 365,2422 jours solaires de l'année tropique forment une période complète qui recommence indéfiniment à chaque nouvel équinoxe du printemps (*). En prenant la moyenne valeur d'un de ces 365,2422 jours solaires, on a donc la moyenne valeur du jour solaire considéré en général.

Puisque 365,2422 jours solaires valent 366,2422 jours sidéraux, *le jour solaire moyen vaut* $\frac{366,2422^{\text{j. sid.}}}{365,2422} = 1^{\text{j. sid.}},002729 = 1^{\text{j. sid.}},3^{\text{m}}56^{\text{s}},5.$

144. Temps moyen. L'inégalité des jours solaires a été longtemps un grand inconvénient pour la mesure du temps civil par la durée de certains mouvements mécaniques uniformes, comme ceux des horloges et des montres, qui ne peuvent mesurer que des jours consécutifs égaux.

Il y a bien le jour sidéral; mais comme c'est sur la marche du soleil, sur la durée du jour et des nuits, que l'homme règle ses occupations les plus ordinaires, *il faut évidemment que la durée, l'origine, et par suite les diverses périodes du jour, indiquées par les horloges et les montres, s'écartent le moins possible,* en tout temps, *de la durée, de l'origine et des périodes correspondantes du jour solaire vrai.*

(*) L'année tropique n'est pas rigoureusement constante; mais ses variations sont si petites que nous nous abstenons d'en tenir compte, n'ayant aucun intérêt, même éloigné, à nous en occuper.

Or le *jour sidéral,* trop différent du jour solaire, a l'inconvénient grave de commencer successivement, quoi qu'on fasse, à tous les moments, soit de la journée, soit de la nuit (*).

Voici comment on est parvenu à remplir d'une manière satisfaisante les conditions qui précèdent.

On a imaginé un premier soleil fictif (un point mobile), S', se trouvant au périgée en même temps que le soleil vrai S, et décrivant l'écliptique dans le même sens et dans le même temps que celui-ci, mais d'un mouvement uniforme avec une vitesse constante précisément égale à la vitesse angulaire moyenne de S, qui est très-approximativement $\frac{360°}{365,2422} = 59' 8'',3$ par jour solaire moyen (*). Le mouvement en Æ de ce soleil fictif S' est affranchi de la première des causes d'irrégularité qui affectent celui du soleil vrai (n° 138, 1°); cependant ce mouvement n'est pas encore uniforme à cause de l'obliquité de l'écliptique (n° 138, 2°).

(*) Voici quelques considérations élémentaires à propos du choix de l'unité de temps et de la manière de régler les horloges.

En considérant les durées de tous les jours solaires de l'année tropique, on trouve que la différence entre le jour le plus long et le jour le plus court est d'environ 50 secondes; l'unité du temps civil doit évidemment être prise entre ces deux limites. Cette condition exclut immédiatement *le jour sidéral.*

Il est naturel de choisir la moyenne de ces durées extrêmes qui est la durée dont s'écartent le moins les jours solaires *considérés en général.* De plus, les jours solaires forment une période complète qui se répète indéfiniment.

C'est en effet cette moyenne valeur qui, sous le nom de *jour solaire moyen,* a été adoptée comme unité de temps. Les horloges et les montres sont aujourd'hui construites et réglées d'après la durée du jour solaire moyen; le temps qu'elles mesurent s'appelle *le temps moyen.*

Ces horloges construites, il faut les mettre à l'heure de manière à remplir les autres conditions ci-dessus indiquées. Pour cela, il est naturel d'établir une première coïncidence entre le temps moyen (l'heure de l'horloge) et le temps solaire vrai; de plus, on doit choisir l'époque de cette coïncidence de manière que l'écart qu'on ne peut empêcher de se produire entre ces deux temps soit restreint dans ses moindres limites. Pour peu qu'on réfléchisse aux propriétés de la moyenne valeur, on voit que ce qui convient le mieux est d'établir cette coïncidence à l'époque où le jour solaire vrai est à son maximum. Cette condition est, en effet, réalisée dans la combinaison adoptée pour rattacher le temps moyen au temps solaire vrai, que nous exposons dans le texte.

On a donc imaginé un second soleil fictif S'', se trouvant au point équinoxial γ en même temps que le premier S', et parcourant l'équateur, aussi d'occident en orient, d'un mouvement propre uniforme, avec la même vitesse constante ci-dessus indiquée de $\frac{360^\circ}{365,2422}$ par jour solaire moyen; c'est là un mouvement régulier en Æ (*). L'accroissement de l'Æ de ce soleil fictif S'' étant constant, et précisément égal à la moyenne des accroissements journaliers de l'Æ du soleil vrai, le jour solaire de ce soleil fictif S'', que l'on suppose participer au mouvement diurne comme S et S', est constant (143), et précisément égal à la moyenne valeur des jours solaires, c'est-à-dire, au *jour solaire moyen.*

C'est sur la marche de ce soleil fictif S'', qu'on appelle *soleil moyen,* que se règlent aujourd'hui les horloges et les montres.

145. L'unité de temps civil est le *jour solaire moyen.* Le jour se compose de 24 heures, l'heure de 60 minutes, et la minute de 60 secondes.

Il est midi moyen, ou simplement midi en un lieu, quand le *soleil moyen* passe au méridien de ce lieu; il est minuit moyen quand il passe au méridien opposé.

Le jour civil commence à minuit moyen; on compte de 0 à 12 h., de minuit à midi; puis on recommence de midi à minuit.

Les astronomes font commencer le jour moyen à midi moyen, et comptent de 0 à 24 heures d'un midi à l'autre (**).

Le temps ainsi mesuré (sur la marche du soleil moyen) s'appelle *temps moyen.*

On appelle *temps solaire vrai,* le temps mesuré sur la marche du soleil vrai (S).

Il est *midi vrai* quand le soleil vrai passe au méridien du lieu; il est minuit vrai quand il passe au méridien opposé. Les astro-

---

(*) Il s'en faut de 50'',1 que la position apparente du soleil vrai parcoure les 360° de l'écliptique en une année tropique (V. la précession des équinoxes). Nous faisons ici et ailleurs abstraction de ces 50'' qui influent très-peu sur la valeur moyenne susdite. En la considérant, nous compliquerions peu utilement ce que nous avons à dire sur le jour et le temps moyens.

(**) La convention relative à l'origine de chaque jour civil *d'une date donnée,* aux lieux de diverses longitudes, est la même que celle qui a été indiquée n° 78, à propos du jour sidéral (le soleil moyen remplaçant l'étoile).

nomes font commencer chaque jour vrai à midi vrai; nous avons dit que les jours vrais sont inégaux.

146. Les horloges et les montres marquent aujourd'hui le temps moyen; l'aiguille des heures fait le tour du cadran en un demi-jour moyen; celle des minutes en une heure moyenne; celle des secondes en une minute moyenne (*).

Chacun de ces instruments est mis à l'heure de manière à marquer $0^h 0^m 0^s$ à *midi moyen*. Cette condition une fois remplie, l'horloge bien construite et bien réglée marche indéfiniment d'accord avec le soleil moyen, et doit marquer $0^h 0^m 0^s$ à chacun des midis moyens suivants.

Les astronomes connaissent les lois du mouvement du soleil vrai; ils peuvent calculer à l'avance en temps moyen, et à partir d'une époque donnée quelconque, l'instant précis du midi vrai pour un nombre illimité de jours solaires; ils connaissent l'Æ du soleil S à chacun de ces midis. D'un autre côté, en partant du moment connu d'un passage de S et de S' au périgée, ils peuvent, par de simples multiplications (à cause de l'uniformité du mouvement de S'), connaître les positions successives de S' sur l'écliptique, à une époque donnée quelconque, par ex.: à chaque midi vrai. Mais la distance de S' au point équinoxial γ, comptée sur l'écliptique d'occident en orient (sa longitude céleste), est précisément l'Æ du soleil moyen S''. On peut donc comparer l'Æ de S'' à celle de S aux mêmes époques, à chaque midi vrai par exemple (**): La différence de ces Æ est la distance angulaire qui sépare, à midi vrai, le cercle horaire de S'' du méridien du lieu, que S rencontre en ce moment; cette différence convertie en temps moyen, à raison d'une heure moyenne pour 15°, est précisément le temps dont le midi moyen suit ou précède le midi vrai (uniformité du mouvement en Æ du soleil moyen). Si le midi moyen précède un certain jour le midi vrai de $7^m 15^s$, il est déjà $7^m 15^s$, temps moyen, quand le midi vrai arrive; les horloges réglées sur le soleil moyen doivent marquer $7^m 15^s$ à midi vrai de ce jour. Si le midi moyen suit le midi vrai de $5^m 40^s$, il n'est encore que $11^h 54^m 20^s$, temps moyen, à midi vrai, et les horloges doivent marquer cette heure-là à midi vrai de ce jour.

Le calcul du temps moyen au midi vrai est fait à l'avance pour tous les jours de chaque année civile; les résultats en sont publiés à l'avance pour l'usage que nous allons indiquer.

(*) Ce n'est qu'en 1816 qu'on a commencé à les régler ainsi; auparavant on les réglait sur le midi vrai. Il y a maintenant une foule de circonstances dans la vie ordinaire qui nécessitent absolument une régularité parfaite dans la marche des horloges; nous ne citerons que le service des chemins de fer.

(**) Quand les Æ du soleil vrai et du soleil moyen S'' coïncident, le temps moyen (des horloges) et le temps solaire vrai coïncident. Une de ces coïnci-

147. Mettre une horloge ou une montre à l'heure ou vérifier son exactitude. Il y a chaque année dans le calendrier de la connaissance des temps ou de l'Annuaire du bureau des longitudes de France une colonne intitulée : *Temps moyen au midi vrai*, indiquant vis-à-vis de chaque jour de l'année le temps que doit marquer ce jour-là, à midi vrai, une horloge réglée sur le soleil moyen.

---

dences a lieu vers le 25 décembre, *à l'époque des plus longs jours solaires.* On peut suivre sur un globe les mouvements des trois soleils, et les comparer comme il suit :

Mouvements comparés de S *et* S'. Les deux astres sont ensemble au périgée P (*fig.* 54); la vitesse de S, alors à son maximum, étant plus grande que celle de S', S prend l'avance, et l'écart des deux astres augmente de plus en plus jusqu'à ce que la vitesse décroissante de S soit arrivée à la valeur moyenne, 59′ 8″, 3; à partir de ce moment, S' allant plus vite que S s'en rapproche de plus en plus, et le rejoint à l'apogée A. La vitesse de S' surpassant toujours celle de S, qui est alors à son minimum, S' prend l'avance; l'écart des deux soleils augmente jusqu'à ce que S ait atteint de nouveau la vitesse moyenne 59′ 8″ 3; alors, il se rapproche de S' qu'il rejoint au périgée P. Puis les mêmes circonstances se reproduisent indéfiniment.

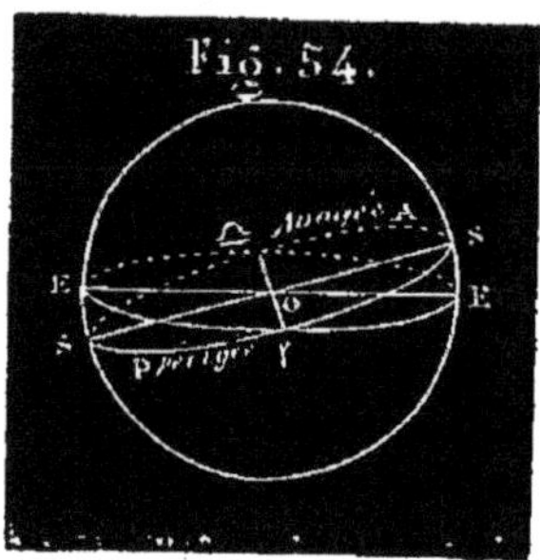

Fig. 54.

Mouvements de S' *et* S″. Ces deux astres sont ensemble au point équinoxial γ; les vitesses de leurs mouvements uniformes étant les mêmes, ils parcourent un quadrant dans le même temps, l'un sur l'écliptique, l'autre sur l'équateur; de sorte qu'ils se trouvent quatre fois dans l'année sur le même cercle horaire; sur PγP', PSP', PΩP', et PS'P'; autrement dit, quand S' passe aux deux équinoxes et aux solstices, S″ rencontre S' ou sa projection sur l'équateur.

Mouvements de S *et* S″. Ce que nous devons comparer ici, c'est le mouvement de la projection *s* de S sur l'équateur, et le mouvement de S″; quand *s* et S″ se rencontrent, les deux soleils passent ensemble au méridien; quand *s* est en avance, S se trouvant sur un cercle horaire plus oriental que S″, passe au méridien plus tard que S″; quand *s* est en arrière, c'est le contraire. Cela posé, rappelons-nous que S' et S″ étant ensemble au solstice d'hiver, S, qui ne doit rejoindre S' qu'au périgée, est en arrière de ce solstice. Mais la projection *s'* de S', allant du solstice au périgée P, prend l'avance sur S″; car près des solstices la vitesse de cette projection *s'* est à son maximum. Il résulte de là que la projection *s*, qui rejoint *s'* en même temps que S rejoint S' au périgée, rencontre auparavant S″; S et S″ se rencontrent donc ainsi sur le même cercle horaire entre le solstice d'hiver (31 décembre) et l'arrivée du soleil vrai au périgée (1er janvier); c'est ce que nous voulions montrer. On peut continuer de la même manière l'étude de ces mouvements.

On se sert de ce tableau pour mettre à l'heure et vérifier les horloges et les montres qui doivent marquer le temps moyen. Pour cela on détermine, par l'observation d'un passage du soleil vrai au méridien, l'instant précis du midi vrai; à ce moment l'horloge doit marquer exactement le temps moyen au midi vrai indiqué sur le tableau pour le jour où l'on est (*).

En parcourant ce tableau dans l'Annuaire on verra que chaque année le soleil vrai et le soleil moyen se trouvent quatre fois sur le même cercle horaire; à ces moments leurs Æ sont les mêmes, le midi moyen et le midi vrai des 4 jours où cela arrive coïncident ou à peu près. (V. sur l'Annuaire, le 15 avril, le 15 juin, le 31 août et le 25 décembre; vérifiez de même la note ci-dessous) (**).

148. Équation du temps. On appelle *équation du temps* à un moment quelconque ce qu'il faut ajouter au temps vrai, ou ce qu'il en faut retrancher pour avoir le temps moyen. Cette différence s'écrit avec le signe + ou avec le signe —, suivant celui des deux cas qui se présente.

L'équation du temps au midi vrai de chaque jour est donnée par le tableau dont nous avons parlé tout à l'heure.

C'est l'heure indiquée dans ce tableau quand le midi moyen précède le midi vrai (signe +); c'est 12 heures moins l'heure indiquée dans le cas contraire signe —) (***).

(*) On peut encore régler une horloge ou une montre suivant le temps moyen par l'observation des étoiles en se fondant sur ceci : 1j. sidéral = 1j. moyen — $3^m\ 55^s,9$. Lors du passage d'une étoile, l'horloge doit marquer $3^m\ 55^s,9$ de moins qu'au passage précédent.

(**) Le temps moyen au midi vrai a été $14^m\ 33^s$ le 23 février 1854; c'est la plus grande avance possible dans le cours de cette année des horloges sur le soleil vrai. Le 3 novembre 1854, le temps moyen au midi vrai est $11^h\ 43^m\ 42^s$; les horloges retardent ce jour-là de $16^m\ 18^s$ sur le soleil vrai; c'est le plus grand retard possible des horloges sur le soleil vrai dans le cours de cette année. Le plus grand excès du jour solaire sur le jour moyen est 30 à 31 secondes vers le 25 décembre; son plus grand écart en moins est de 17 à 18 secondes en mars.

(***) On appelle aussi *équation du temps*, et c'est même la définition astronomique, ce qu'il faut ajouter à l'Æ du soleil moyen pour avoir l'Æ du soleil vrai. Soient n la valeur moyenne de l'accroissement d'Æ dans l'unité de temps, t le nombre de ces unités écoulées depuis que le soleil moyen a passé au point équinoxial; l'Æ du soleil moyen est nt et celle du soleil vrai :

$$A = nt + e.$$

Cette quantité e, qui varie irrégulièrement, est l'équation du temps; elle peut avoir le signe + ou le signe —.

APPLICATION. *Un phénomène est arrivé le 9 mars 1854 à $8^h 43^m 17^s$ du soir, temps vrai; on demande l'heure en temps moyen.*

On trouve que le 9 mars 1854 le temps moyen au midi vrai est $0^h 10^m 48^s$, et le lendemain $0^h 10^m 32^s$; la différence en moins est donc 16^s. L'équation du temps, variant de 16^s en 24^h, varie proportionnellement en $8^h 54^m 8^s$. On réduit 24^h et $8^h 54^m 8^s$ en secondes, ce qui donne 86400^s et 32048^s; on écrit l'égalité $86400 : 32048 = 16 : x$; d'où $x = 5^s,9$. On retranche $5^s,9$ de $0^h 10^m 48^s$; le reste, $10^m 42^s,1$, ajouté à l'heure vraie, $8^h 43^m 17^s$, donne $8^h 53^m 59^s,1$ pour l'heure cherchée en temps moyen.

On conçoit l'utilité de l'équation du temps; d'abord elle sert à régler les horloges et les montres. Ensuite le temps vrai est celui qu'on détermine en mer par exemple par les observations astronomiques, et le temps moyen est celui que marquent les instruments dont on est muni.

149. REMARQUE. On considère donc en astronomie trois espèces de temps : le temps sidéral, le temps solaire vrai et le temps solaire moyen.

Quelle que soit la manière d'évaluer le temps, l'heure exprimée est particulière à chaque lieu de la terre ; elle change évidemment avec le méridien. On dit par exemple : il est telle heure en temps sidéral, en temps vrai, ou en temps moyen de Paris.

DES CADRANS SOLAIRES.

150. Un *cadran solaire* est un instrument qui, exposé au soleil, doit indiquer le *temps vrai*. Il se compose essentiellement d'une *table plane* MN (*fig.* 56), qui peut avoir diverses positions, et d'une tige ou arête rectiligne rigide, AB, nommée *style*, *toujours* parallèle à l'axe du monde, autrement dit, à l'axe de rotation de la terre.

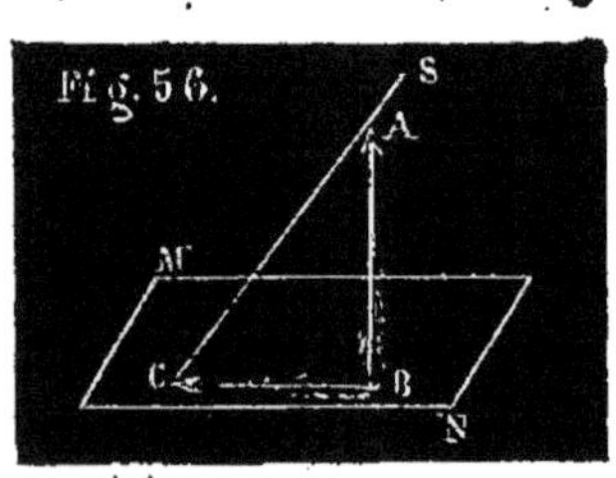

Quand le soleil donne sur un cadran, la direction BC de l'ombre portée par le style AB sur la table MN est évidemment la trace, sur cette table, du plan SAB qui passe par le style et par la position, S, que le soleil occupe en ce moment.

151. Cela posé, pour bien comprendre l'usage et la construction d'un cadran quelconque, imaginons l'espace où nous sommes circonscrit par une sphère immense, ayant son centre sur le style, qui, prolongé, la rencontre aux deux pôles P et P′ (nous n'avons figuré à dessein que la partie de la sphère qui est au-dessus du cadran). Cette sphère est la sphère céleste dont le soleil fait le tour dans les vingt-quatre heures du jour solaire. Imaginons maintenant tracés sur cette sphère (*fig.* 57) vingt-quatre cercles horaires équidistants PCB, PC_1B, PC_2B,..... dont l'un PCB et son opposé P(XII)B coïncident avec le *plan méridien* du lieu. Ces divers cercles horaires, qui passent tous par la direction BP du style et coupent le plan de la table suivant les lignes CB(XII), C_1B(I), C_2B(II),....., gravées sur cette table, correspondent aux 24 heures du jour solaire. Un certain jour, le soleil arrive au méridien en S, sur le cercle horaire PCB, du côté sud; l'ombre portée par le style AB a en ce moment la direction B(XII) (le n° XII indique XII heures). A une heure vraie après midi, le soleil arrive en S sur le cercle horaire PC_1B et l'ombre portée à la direction B(I) (I heure); à deux heures, le soleil arrive en S sur le cercle PC_2B, et l'ombre portée à la direction B(II) (II heures); et ainsi de suite, le soleil faisant le tour de la sphère céleste, rencontre d'heure en heure les autres cercles horaires dont les traces B(III), B(IV), etc.,... reçoivent successivement l'ombre du style pendant tout le temps que le soleil donne sur le cadran. Le lendemain, à midi vrai, le soleil est revenu au cercle horaire méridien PCB, plus haut ou plus bas que S, mais l'ombre portée a toujours la direction B(XII); à une heure, il se trouve encore sur le cercle PC_1B, et l'ombre portée a encore la direction B(I), et ainsi de suite *indéfiniment*.

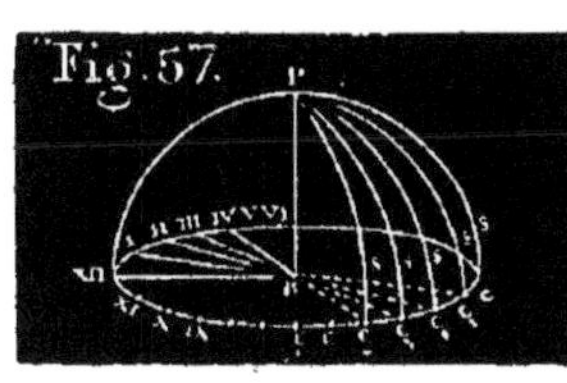
Fig. 57.

Si donc les traces B(XII), B(I), B(II), des cercles horaires indiqués sont gravées sur la table du cadran, on saura qu'il est midi quand l'ombre du style a la direction marquée (XII) à l'extrémité, qu'il est une heure quand elle a la direction marquée (I), etc.

152. Construire un cadran revient donc à graver sur une table la trace bien connue de chacun des vingt-quatre plans horaires, du côté où doit porter l'ombre, c'est-à-dire du côté opposé à la position correspondante du soleil, puis à fixer le style de manière qu'il soit parallèle à l'axe du monde.

153. On distingue plusieurs espèces de cadrans solaires, suivant la disposition de la table :

1° Le cadran *équinoxial*, dont la table est parallèle à l'équateur céleste; c'est-à-dire perpendiculaire à l'axe de rotation de la terre ;

2° Le cadran *horizontal*, dont la table est horizontale ;

3° Le cadran *vertical méridional*, dont la table est *verticale* et perpendiculaire à la *méridienne* du lieu ;

4° Le cadran *vertical déclinant*, dont la table est verticale, mais dans une situation d'ailleurs quelconque, non perpendiculaire à la méridienne.

154. Cadran équinoxial. On peut regarder le plan de la table comme celui de l'équateur céleste dont le pied du style serait le centre. Si donc on trace une circonférence ayant ce pied O pour centre et un rayon quelconque O(XII), cette circonférence sera concentrique avec celle de l'équateur céleste, et les traces des 24 plans horaires qui, à partir de l'extrémité nord de la méridienne, divisent l'équateur céleste en 24 arcs égaux, diviseront également la circonférence que l'on vient de tracer en 24 arcs égaux. De là cette construction :

Construction du cadran équinoxial (*fig.* 59). On trace une circonférence du centre O avec un rayon quelconque ; on tire un premier rayon O(XII), qui doit, le cadran une fois posé et orienté, coïncider avec la trace du méridien du lieu sur la table. A partir du point (XII), on divise la circonférence en 24 parties égales; on mène des rayons aux points de la demi-circonférence dont le point (XII) est le milieu, comme il est indiqué sur la figure, et de plus aux deux points qui suivent ceux-là, à droite et à gauche, 16 rayons en tout. Puis à partir de ce point (XII), de gauche à droite en montant, on écrit successi-

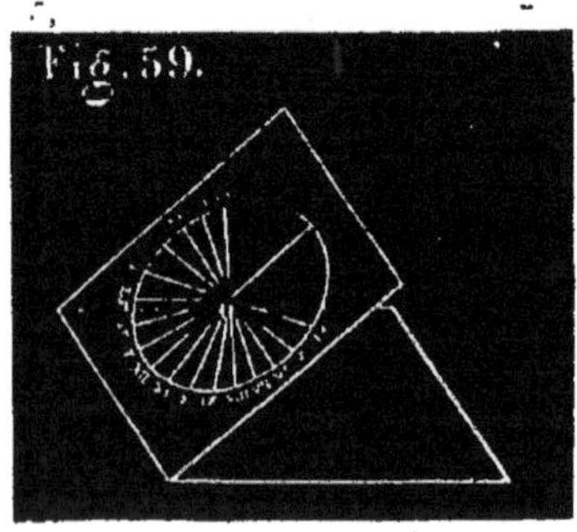
Fig. 59.

vement aux divers points de division de la circonférence, I, II, III, IV, V, VI, VII, VIII; puis, à partir de (XII), dans l'autre sens, XI, X, IX, VIII, VII, VI, V, IV.

Pour poser et orienter un pareil cadran, on construit une équerre en bois ou en fer, OMI (*fig.* 58), dont l'angle aigu OIM soit celui que l'axe du monde fait avec l'horizon du lieu, c'est-à-dire égal à la latitude (Ex. : à l'Observatoire de Paris, 48° 50′ 11″). A l'aide d'un fil à plomb, on fixe cette équerre dans une situation verticale telle que son hypoténuse coïncide avec la méridienne du lieu, sa direction IM allant du sud au nord; l'équerre est ainsi dans le plan méridien. On cloue ensuite la table du cadran sur le côté OM de l'équerre, de manière que O(XII) coïncide avec OM, et que le style soit le prolongement de IO. Le style est ainsi parallèle à l'axe du monde; la table qui lui est perpendiculaire est parallèle à l'équateur céleste, et O(XII) est la trace du plan méridien sur la table du cadran.

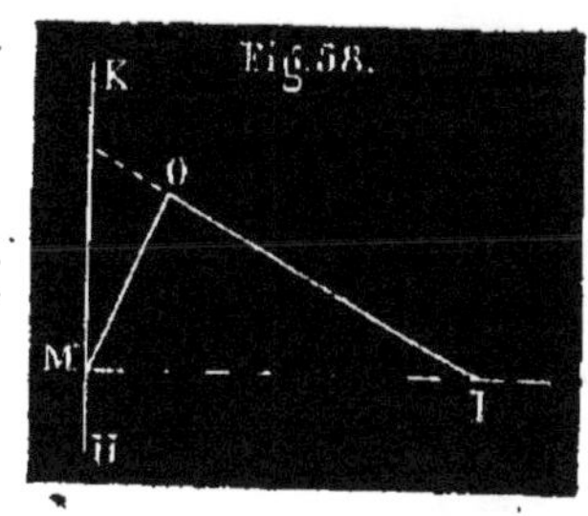

Fig. 58.

A l'équinoxe, le soleil est dans le plan de la table, et quand il change d'hémisphère, il en éclaire la seconde face; il est donc nécessaire que les deux faces de la table soient semblablement graduées ou divisées, et que le style soit prolongé des deux côtés. On entoure d'ailleurs la table d'un rebord saillant, afin de recevoir les ombres portées au moment de chaque équinoxe.

155. Cadran horizontal. Cadran vertical méridional.

Tous les deux se construisent de la même manière à l'aide d'un cadran équinoxial dessiné *auxiliairement* (*).

Imaginons les trois cadrans, que nous venons de nommer, existant simultanément, convenablement posés et orientés, ayant

(*) On peut se borner à apprendre sur ce sujet les paragraphes intitulés : *Construction d'un cadran horizontal, Construction d'un cadran vertical déclinant,* le programme ne demandant pas de démonstration; cependant, il est bon de se rendre compte de ces constructions.

leurs styles dans la même direction AOC (*fig.* 60), leurs tables se rencontrant suivant une même horizontale LT, perpendiculaire au plan AO (XII), et que nous appellerons ligne de terre.

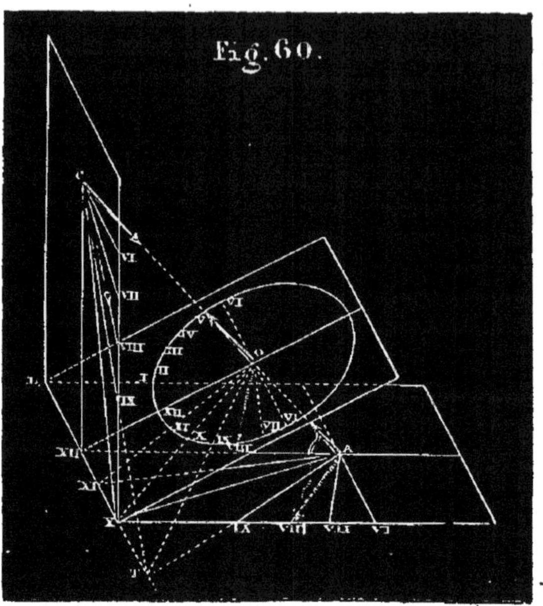

Nous ne considérerons, pour le moment, que le cadran équinoxial, O, et le cadran horizontal, A. Ainsi qu'on le voit, les lignes horaires de la même heure quelconque, par exemple O(XI), A(XI) (intersections des deux tables par le même plan horaire), rencontrent naturellement LT au même point. Imaginons que la table équinoxiale tourne autour de LT pour se rabattre sur le plan horizontal, à gauche de l'autre table; les deux lignes de XII heures viendront en prolongement l'une de l'autre (*fig.* 61); les points de rencontre des lignes horaires avec LT n'auront pas bougé, puisqu'ils sont sur la charnière (*).

Si donc on trouve ces points de rencontre pour une position de

(*) Eu égard à la figure 60, la circonférence ne devrait pas être tangente à LT sur la figure 61; mais cela ne fait rien pour l'exactitude du cadran, car le rayon de cette circonférence du cadran équinoxial est arbitraire; *la position du centre* est seulement déterminée quand on se donne à l'avance le pied du style du cadran horizontal.

la table équinoxiale *rabattue*, on les connaîtra en véritable position, et il n'y aura plus qu'à les joindre au pied A du style, sur le plan horizontal, pour avoir les lignes horaires du cadran horizontal.

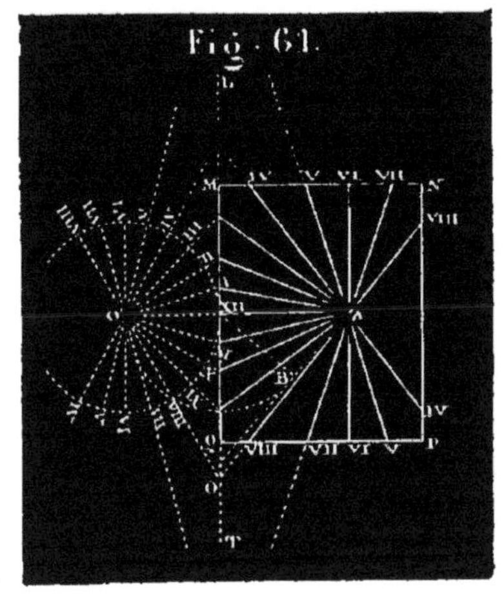
Fig. 61.

Ce qui précède suffit pour l'intelligence de l'épure (*fig.* 61), dans laquelle la partie à gauche de LT représente la table équinoxiale rabattue, construite d'après la méthode que nous avons indiquée tout à l'heure (n° 154). A droite de LT est la table du cadran horizontal, la seule que l'on construise en traits définitivement *marqués*.

Construction d'un cadran horizontal. Du point A, choisi comme pied du style sur le plan horizontal, on mène A(XII) perpendiculaire à LT. On prolonge cette ligne au delà de LT. D'un point O quelconque pris sur ce prolongement, on décrit une circonférence avec un rayon quelconque [circ. O(XII)]. Puis on dessine à gauche de LT le cadran équinoxial, tel qu'il est indiqué sur la figure 61, et d'après les principes que nous avons exposés (154). On joint le point A à tous les points d'arrivée sur LT des lignes de ce cadran; on marque la rencontre de chaque ligne de jonction avec le cadre MNPQ, du même chiffre romain que celui qui désigne la ligne correspondante du cadran équinoxial auxiliaire. Cela fait, le cadran horizontal est dessiné tel qu'il doit être sur le cadre MNPQ. Tout le reste, en dehors de ce cadre, doit être supprimé.

Pour mettre ce cadran en place, on fera coïncider A(XII) avec la direction de la méridienne du lieu, le point (XII) étant au nord de A. Quant au style, il doit partir de A, se trouver dans le *plan méridien* (le plan vertical qui passe par la méridienne), faisant avec la méridienne A(XII) un angle égal à la latitude.

Le cadran *vertical méridional* se construit exactement de même; seulement il faut, pour la pose du cadran, avoir égard à ce fait que la direction AO du style fait avec la table verticale un angle égal à 90° moins la latitude du lieu; la distance du pied du style à LT, ligne de midi, est C(XII) (*fig.* 60).

156. Cadran vertical déclinant. — Il arrive souvent qu'on doit construire un cadran sur un plan vertical (un mur), dont on n'a pas pu choisir l'exposition, et qui fait un angle aigu avec la méridienne. Un tel cadran s'appelle *cadran vertical déclinant*. Pour en construire un, on emploie un cadran horizontal dessiné auxiliairement.

Pour comprendre la construction, il faut se figurer le cadran vertical déclinant et le cadran horizontal existant simultanément (*fig.* 62, cadran O' et cadran O), perpendiculaires l'un à l'autre, ayant leurs styles dirigés suivant la même droite O'O, et leurs tables se rencontrant suivant une même horizontale L'T'. Les lignes horaires de la même heure quelconque doivent couper L'T' au même point. Ex. : O'(XII), O(XII). (Ce sont les intersections des deux tables par le même plan horaire.) Si donc on conçoit la table horizontale toute *construite*, se rabattant telle qu'elle est, au-dessous du cadran vertical sur le plan de celui-ci, en tournant autour de L'T' (*fig.* 62), les points d'arrivée susdits des lignes horaires *correspondantes*, étant sur la charnière L'T', n'auront pas bougé. (La table horizontale sera alors sur le plan de l'épure.) Si donc on construit la table horizontale, ainsi rabattue, sur le plan vertical, les points de rencontre de ses lignes horaires avec L'T' ne seront autres que les points de rencontre des lignes horaires du cadran vertical déclinant avec la même ligne, de sorte qu'en joignant ces points à O, pied du style du cadran vertical, on aura, en véritable position, les lignes horaires de ce cadran qui n'a pas bougé (*fig.* 62).

Remarquons que la ligne, O'(XII), de midi du cadran horizontal, c'est-à-dire la méridienne du lieu, n'est pas perpendiculaire à la trace L'T' du cadran vertical sur l'horizon, mais fait avec cette trace l'angle aigu du plan vertical donné avec le plan méridien du lieu; cet angle O'(XII)T' est connu; les lignes O'(XII) et L'T' doivent faire sur l'épure cet angle donné.

Cela posé, voici comment on peut construire un cadran vertical déclinant.

Construction du cadran vertical déclinant (*fig.* 62). On trace une verticale O(XII) qui doit représenter la distance du pied du style au bord horizontal de la table ; ce bord est représenté par la ligne

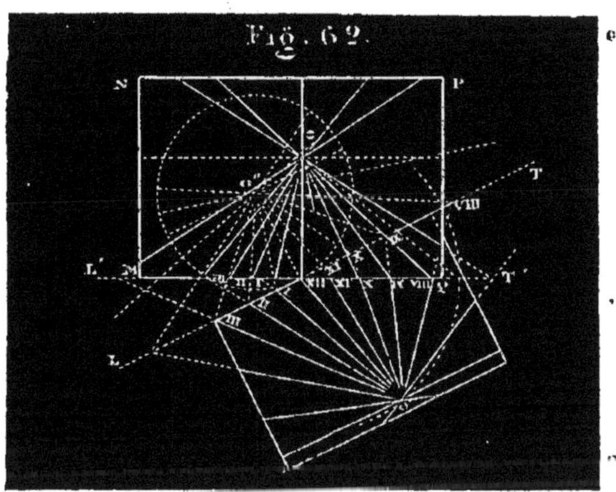
Fig. 62.

L'T' qu'on mène perpendiculaire à O(XII) ; on fait avec L'T', au point (XII), un angle T'(XII)O' égal à l'angle de la méridienne et du plan vertical sur lequel doit être placé le cadran ; on prend (XII)O' égal au second côté (XII)*o* de l'angle droit d'un triangle rectangle O(XII)*o*, dont l'angle (XII)O*o* = 90° — latitude du lieu, triangle que l'on construit auxiliairement. On mène ensuite LT perpendiculaire à O'(XII) ; cela fait, sans se préoccuper du cadran vertical déclinant, on construit, comme il a été indiqué n° 155, la table d'un cadran horizontal dont le pied du style serait en O' et le bord de la table LT (*). On prolonge, au besoin, les lignes horaires de ce cadran jusqu'à L'T', marquant les points de rencontre des mêmes chiffres romains qui distinguent ces lignes sur le cadran horizontal. On joint le point O à tous ces points de rencontre avec L'T' ; enfin l'on trace un cadre MNPQ sur lequel on indique les rencontres des lignes O(XII), O(I), par les mêmes chiffres romains (XII), I, etc... Le dessin enfermé dans ce cadre est la table du cadran vertical déclinant. La table ainsi construite se pose ou se des-

(*) Pour construire ce cadran horizontal O', il faut, d'après ce qui a été expliqué n° 155, construire un cadran équinoxial O'', puis joindre le point O' à tous les points de rencontre des lignes horaires de ce cadran O'' avec LT. On fera bien de faire cette construction au crayon.

sine sur le mur vertical choisi, de manière que la ligne O(XII) soit verticale. On fixe ensuite le style en O de manière à ce qu'il soit dans un plan passant par la méridienne et O(XII), et fasse avec cette dernière un angle égal à 90° — la latitude du lieu.

L'ANNÉE.

157. Année tropique. *L'année tropique* est le temps qui s'écoule entre deux retours consécutifs du soleil au même équinoxe (140).

Une année tropique $= 366^{\text{j. sid.}},2422 = 365^{\text{j. sol. moyens}},2422 =$

$$365^{\text{j. sol. moyens}}\ 5^{\text{h}}\ 48^{\text{m}}\ 46^{\text{s}}\ (*).$$

158. L'année est une période de temps usuelle, fort importante à considérer. Il est un fait sur lequel nous reviendrons plus tard : la température, en un lieu donné, varie d'un bout de l'année à l'autre; les températures annuelles s'y partagent en deux périodes, l'une croissante, l'autre décroissante, qui se reproduisent les mêmes d'année en année; la même chose arrive pour les durées des journées et des nuits. Ainsi, à chaque jour occupant dans l'année un rang déterminé, correspond tous les ans, abstraction faite des circonstances atmosphériques accidentelles, la même température, la même durée du jour et de la nuit. Cela tient à ce qu'en moyenne le soleil revient ce jour-là à la même position par rapport à l'horizon du lieu en question; car, c'est cette position du soleil qui règle les températures terrestres et les durées des journées et des nuits. Chacun sait quelle influence la température et la

---

(*) *Pour connaître la longueur d'une année tropique*, il suffirait de déterminer l'instant précis de l'équinoxe du printemps pour deux années consécutives; le temps sidéral écoulé entre ces deux observations serait la longueur cherchée. Pour plus de précision, on s'est servi des observations d'équinoxes faites par Lacaille et Bradley il y a un siècle; en les combinant avec des observations récentes, on a connu le temps compris entre deux équinoxes séparés par cent années tropiques; en divisant cette durée par 100, on a eu la longueur cherchée, à moins d'une seconde d'approximation. L'erreur, ne provenant que des observations extrêmes, est ainsi pour cent ans la même qu'elle serait pour un an, si on se servait de deux observations consécutives; l'erreur rendue ainsi cent fois plus petite est devenue négligeable.

durée du jour et de la nuit ont sur la plupart de nos travaux et de nos actions. De là, l'utilité des calendriers.

159. Calendrier. On appelle *Calendrier* un tableau détaillé des jours de l'année, relatant les circonstances astronomiques ou autres remarquables, qui se rapportent à chacun d'eux.

160. La fraction de jour qui complète l'année tropique est fort difficile à retenir; il serait fort incommode d'avoir à préciser l'instant d'un jour intermédiaire où une année finirait et une autre commencerait. C'est pourquoi on a senti, de tout temps, la nécessité d'adopter pour l'usage ordinaire une année *civile* composée d'un nombre entier de jours.

Mais eu égard aux considérations précédentes (158), il était indispensable que la durée et les subdivisions de l'année civile concordassent le plus possible avec celles de l'année tropique, période naturelle et régulatrice. Ce but n'a pas été atteint tout de suite; mais il l'est à très-peu près et d'une manière suffisante par la combinaison adoptée aujourd'hui.

161. Ères diverses. Les années successives se distinguent par un numéro d'ordre, qui dépend du nombre d'années écoulées depuis un certain événement remarquable. L'événement à partir duquel on commence à compter les années n'est pas le même pour tous les peuples. Les anciens Romains les comptaient à partir de la fondation de Rome, laquelle eut lieu 753 ans avant Jésus-Christ; les Chrétiens les comptent à partir de la naissance de Jésus-Christ; les Mahométans à partir du moment où Mahomet s'enfuit de la Mecque. *Chaque manière de compter les années se nomme une* ère. Il y avait l'ère romaine; il y a l'ère chrétienne et l'ère mahométane; celle-ci commence à l'an 622 de l'ère chrétienne (*).

162. Cela posé, occupons-nous de la convention qui règle aujourd'hui la durée de l'année civile.

Année civile. On a adopté deux espèces d'années civiles, les unes de 365 jours solaires, les autres de 366 jours, tellement com-

(*) Il y avait aussi l'ère grecque, datant par olympiades, périodes de quatre années, dont la première commence à l'an 776 avant J.-C., et l'ère égyptienne de Nabonassar, qui commençait à l'an 747 avant J.-C.

binées que la moyenne d'un nombre quelconque, même relativement considérable, d'années civiles diffère extrêmement peu de la valeur exacte de l'année tropique. Voici cette combinaison :

Sur quatre années civiles consécutives, il y en a généralement trois de 365 jours et une de 366 jours dite année bissextile. Une année est en général bissextile, quand le nombre qui la désigne dans l'ère chrétienne est divisible par 4; ex: 1848, 1852. Toute autre année n'a que 365 jours et garde le nom d'année commune; ex. : 1850, 1853. Il n'y a que trois exceptions à la règle générale précédente dans chaque période de 400 ans; quand une année est séculaire, c'est-à-dire exprimée par un nombre terminé par deux zéros, elle devrait être bissextile si on suivait la règle précédente; par exception, une année ainsi dénommée n'est pas bissextile, si le nombre qu'on obtient en supprimant les deux zéros n'est pas divisible par 4. Ex. : sur les quatre années séculaires consécutives 2000, 2100, 2200, 2300, une seule sera bissextile, c'est la première; les trois autres ne le seront pas; 1700, 1800 n'ont pas été bissextiles, 1900 ne le sera pas non plus.

163. Une période de cent années civiles s'appelle un *siècle.*

On donne quelquefois le nom de *lustre* à une période de cinq années.

164. Parlons maintenant des subdivisions de l'année. L'année se subdivise en douze mois, généralement de 30 ou 31 jours, excepté un seul de 28 ou de 29 jours. Les voici *par ordre :*

Janvier.	*Février.*	*Mars.*	*Avril.*	*Mai.*	*Juin.*	*Juillet.*	*Août.*	*Septembre.*
31j.	28 ou 29j.	31j.	30j.	31j.	30j.	31j.	31j.	30j.
Octobre.	*Novembre.*	*Décembre.*						
31j.	30j.	31j.						

Quand une année se compose de 365 jours, février n'en a que 28; quand l'année est bissextile, février a 29 jours.

L'année civile commence le 1er janvier; c'est en hiver, car l'équinoxe du printemps a lieu vers le 21 mars.

Chaque période de sept jours consécutifs s'appelle une *semaine.*

Les sept jours de chaque semaine prennent des noms particuliers dans l'ordre suivant : *lundi, mardi, mercredi, jeudi, vendredi, samedi, dimanche* (*).

Les semaines se suivent sans qu'on les distingue en général par des numéros d'ordre, sans qu'on les classe même dans les mois ou dans les années. C'est une période qui n'a aucun rapport avec les circonstances du mouvement du soleil (**).

Nous allons maintenant parler de l'invention et du perfectionnement des combinaisons relatives au nombre des jours de l'année civile, de la réforme julienne et de la réforme grégorienne.

165. De tout temps, comme nous l'avons dit, les hommes sentirent la nécessité de composer l'année civile d'un nombre entier de jours ; mais ce n'est qu'après un temps très-long qu'on est arrivé à rendre la longueur moyenne de l'année civile à très-peu près égale à celle de l'année tropique.

On pense que les Égyptiens firent primitivement usage d'une année de 360 jours, partagée en 12 mois de 30 jours chacun. De là, suivant quelques érudits, la division du cercle en 360 degrés.

Cette année différait trop de l'année astronomique, et ses inconvénients, immédiatement évidents, donnèrent lieu à une première correction ou réforme ; l'année commune fut portée à 365 jours.

Cette nouvelle année avait, quoique à un degré moindre, l'inconvénient capital de l'année de 360 jours, celui de différer trop du temps que le soleil met à faire sa révolution complète, c'est-à-dire de l'année tropique.

(*) Ces noms sont tirés de ceux des planètes connues des anciens, parmi lesquels ils faisaient figurer le soleil et la lune. Ainsi *lundi* vient de *Lune* (*di leune, dies lunæ*) ; *mardi*, de *Mars* (*di mars, dies martis*) ; *mercredi*, de *Mercure* ; *jeudi*, de *Jupiter* (*dies jovis*) ; *vendredi*, de *Vénus* ; *samedi*, de *Saturne* (*Saturday* en anglais) ; *dimanche* est le jour du Seigneur ou du *Soleil* (*dies dominica* ; en anglais *Sunday*).

(**) L'année civile commune de 365 jours comprend 52 semaines et un jour. Le dernier jour d'une année commune, commençant une 53ᵉ semaine, porte le même nom de semaine que le premier jour de cette même année.

Le premier jour de l'année qui suit une année commune doit donc porter le nom de semaine, qui vient immédiatement après le nom du premier jour de cette année commune précédente. Ex. : le 1er janvier 1854 a été un dimanche ; le 1er janvier 1855 sera un lundi. Après une année bissextile, il faut avancer de deux jours dans la semaine. Par ex. : le 1er janvier 1860 ayant été un dimanche, le 1er janvier 1861 sera un mardi.

Cette année de 365 jours a pris le nom d'année *vague* ou de Nabonassar.

166. Inconvénients de l'année vague. Ayant égard aux considérations développées, n°s 158 et 160, voyons ce qui arriverait si toutes les années civiles n'étaient que de 365 jours comme l'année égyptienne, tandis que l'année astronomique est d'environ 365 jours 1/4.

Choisissons un jour d'une dénomination déterminée, le 21 mars, par exemple, jour actuel de l'équinoxe. Dans ce jour on éprouve une certaine température liée à cette circonstance que ce jour-là le soleil décrit à peu près l'équateur.

L'année suivante, quand commencera le 21 mars, comme il y aura seulement 365 jours écoulés depuis l'équinoxe précédent, le soleil ne sera pas encore arrivé sur l'équateur; il lui faudra un quart de jour pour l'atteindre. Quand arrivera le 21 mars d'une troisième année, il sera encore plus éloigné de l'équateur; il lui faudra une demi-journée pour l'atteindre.

Enfin, après quatre années, le 21 mars précédera d'un jour l'arrivée du soleil à l'équateur; cette arrivée n'aura lieu que le 22 mars de la cinquième année. Cette année ce sera le 22 mars qui jouira de la température qui avait lieu d'abord le 21 mars; le 21 mars jouira de la température primitive du 20, et ainsi de suite, chaque jour rétrogradant quant à la température.

Après quatre nouvelles révolutions, le soleil n'atteindra l'équateur que le 23 mars, qui aura alors la température qu'avait primitivement le 21; et ainsi de suite, après chaque période de 4 années, la date de l'arrivée du soleil à l'équinoxe étant reculée d'un jour, tous les jours de l'année viendront successivement, quant à la température, prendre la place du 21 mars, puis continuant à rétrograder, se plongeront de plus en plus dans l'hiver.

Après 30 périodes de quatre ans, ou 120 ans, la date de l'équinoxe se trouvera reculée d'un mois, et ainsi de suite; de sorte que la température originelle du 21 mars aura lieu successivement en avril, puis en mai, en juin, etc...

Au bout d'environ trois fois cent vingt ans, ou 360 ans, par exemple, le jour de l'équinoxe, qui est le premier jour du printemps, se trouvant transporté au 21 juin, il en résultera que le printemps prendra, dans la nomenclature des mois et de leurs jours, la place de l'été, qui prendra la place de l'automne; celui-ci prend la place de l'hiver qui vient remplacer le printemps, et cette perturbation aurait lieu sans cesse (*).

Dans l'état actuel des choses, on jouit dans nos climats d'une température modérée en avril et mai; les mois de juillet et d'août sont chauds, décembre et janvier sont froids.

Dans le système que nous examinons, le même mois serait successivement tempéré, chaud et froid. Les travaux de l'agriculture se rapportent aux divers mois, non à cause de leurs noms, mais à cause de leurs températures.

Dans le système de l'année vague, on ne pourrait pas dire comme aujourd'hui : la moisson se fait dans tel mois, la vendange dans tel autre, puisque la température favorable à l'un ou à l'autre de ces travaux n'arriverait plus d'une manière fixe à un mois plutôt qu'à un autre. Chacun, pour diriger les travaux qui dépendent de la température, serait à peu près livré à ses propres appréciations, à moins que le calendrier ne fût continuellement remanié.

167. Réforme julienne. Voilà les inconvénients qui, avec bien d'autres, résultaient, avant Jules César, de ce que la durée fixe de l'année civile différait trop de l'année tropique.

Jules César, conseillé par Sosygène, astronome égyptien, résolut de porter remède à ce désordre par une intercalation régulière, exempte d'arbitraire, et uniquement fondée sur la différence d'un quart de jour qu'il croyait exister exactement entre l'année de 365 jours et l'année astronomique de 365 jours 1/4.

Il décida que, sur quatre années consécutives, trois seraient composées de 365 jours, et la quatrième de 366 jours.

C'est dans cette unique prescription que consiste la réforme dite réforme *julienne*, du nom de son auteur officiel.

Il arriva ainsi que la moyenne des années civiles fut de 365 jours 1/4 ou $365^j,25$, peu différente de l'année tropique, composée de $365^j,2422$.

(*) Nous parlons des saisons, bien qu'elles ne soient définies et expliquées que plus tard (nº 171). Leurs noms et les caractères qui les distinguent, quant à la température, sont si vulgairement connus qu'il n'y a pas d'inconvénient dans la transposition faite par le programme.

Le jour complémentaire ajouté à chaque quatrième année fut placé à la fin du mois de février, qui, au lieu d'avoir 28 jours comme dans l'année de 365 jours, en a 29 dans chaque année bissextile.

De cette manière, en admettant que l'équinoxe du printemps arrive le 21 mars de la première année d'une période composée de trois années communes et d'une année bissextile, il arrivera pour la cinquième fois le 21 mars de la cinquième année civile, à peu près à la même heure que le 21 mars de la première.

En effet, entre ces deux 21 mars il se sera écoulé $365^j \times 3 + 366^j = 1461$ jours $= (365^j + 1/4) \times 4$, ou quatre années tropiques, à très-peu près.

De sorte que, dans la seconde période de quatre ans, tout se passera à très-peu près comme dans la première, et ainsi de suite, de période en période.

Ainsi furent corrigés en très-grande partie les inconvénients de l'année vague.

Nous disons *en très-grande partie*, car, dans ce qui précède, nous faisons abstraction de la différence entre $365^j\,1/4$ ou $365^j,25$, valeur supposée par Jules César à l'année tropique, et la valeur exacte de cette année qui est 365,2422 (à moins de 0,0001).

$$365^j,25 - 365^j,2422 = 0^j,0078.$$

Les inconvénients de cette différence ne pouvaient devenir sensibles qu'après un assez grand nombre de siècles.

En effet, à raison de $0^j,0078$ de différence pour une année, c'est $0^j,78$ pour 100 ans et $3^j,12$, ou environ 3 jours pour 400 ans ; plus exactement encore, 1 jour pour 130 ans. Cette différence se produit en sens contraire de l'ancienne; c'est l'année civile moyenne qui est plus grande que l'année tropique, au lieu d'être moindre; de sorte que la date de l'équinoxe, si nous la considérons de nouveau, a dû reculer après la réforme julienne au lieu d'avancer comme auparavant.

168. A l'époque du concile de Nicée, l'an 325 après J.-C., l'équinoxe du printemps arrivait le 21 mars. Les Pères de l'Église, qui voulaient que la célébration de la fête de Pâques eût lieu au commencement du printemps, réglèrent l'époque de sa célébration au premier dimanche après la pleine lune qui vient immédiatement après l'équinoxe du printemps, celle qui suit le 21 mars, dans la persuasion qu'après la réforme julienne l'équinoxe du printemps arriverait toujours le 21 mars. Mais ils avaient compté sans la différence susdite de 0j,0078, entre l'année civile moyenne et l'année tropique.

130 années civiles valant 130 années tropiques plus un jour, il en résulta que, 130 ans après le concile de Nicée, le 21 mars dépassait d'un jour l'arrivée du soleil à l'équinoxe, celle-ci ayant lieu alors le 20 mars. Au bout de 130 nouvelles années, nouvelle rétrogradation de la date de l'équinoxe qui arrivait le 19 mars, et ainsi de suite; de sorte que, en 1582, sous le pontificat de Grégoire XIII, la date de l'équinoxe avait rétrogradé de 10 jours; il avait lieu réellement le 11 mars. Cette rétrogradation, non remarquée, aurait, avec le temps, fait célébrer en été une fête que les traditions rattachent au printemps, et aurait fini par reproduire en sens contraire, beaucoup plus à la longue, il est vrai, les inconvénients que nous avons reprochés à l'année vague.

169. *Réforme grégorienne.* Le pape Grégoire XIII eut la gloire de compléter, en octobre 1582, la réforme julienne.

L'équinoxe du printemps avait eu lieu cette année le 11 mars. Afin qu'il eût lieu à l'avenir le 21 mars, comme à l'époque du conseil de Nicée, il commença par faire en sorte que le 11 mars devint le 21 mars : il n'y avait pour cela qu'à augmenter toutes les dates subséquentes de 10 jours. *Il décida, en conséquence, que le* 5 *octobre* 1582, *époque de la publication de la bulle pontificale, s'appellerait le* 15 *octobre, et que l'on compterait ainsi jusqu'à la fin de* 1582, cette année devant avoir ainsi dix jours de moins que les autres.

De plus, pour corriger l'erreur de l'intercalation julienne et rapprocher, en la diminuant, la moyenne des années communes de la valeur de l'année tropique, Grégoire XIII *remplaça* 3 *années bissextiles, sur* 100, *par* 3 *années communes*. C'est lui qui créa cette exception que nous avons indiquée, à savoir : *qu'une année, dont le nom en chiffre est terminé par deux zéros, n'est pas bissextile quand le nombre obtenu par la suppression de ces deux zéros n'est pas divisible par* 4.

Ainsi, en résumé, la réforme grégorienne consista dans le changement de date du 5 octobre 1582 en 15 octobre 1582, et dans la prescription que nous venons de rappeler.

Moyennant cette réforme complémentaire, il faudra plus de 3000 ans, à partir de 1582, pour que l'équinoxe s'écarte d'un jour du 21 mars. C'est ce qu'on vérifie aisément.

170. A Rome, la réforme grégorienne eut son effet le 5 octobre 1582 qui devint le 15 octobre 1582. En France, elle fut adoptée le 10 décembre de la même année qui devint le 20 décembre. En Allemagne, dans les pays catholiques, en 1584 ; dans les pays protestants, le 19 février de l'an 1600.

Le 1er mars 1600, le Danemark, la Suède, la Suisse, suivirent l'exemple de l'Allemagne.

En Pologne, la réforme eut lieu en 1586. Enfin l'Angleterre se décida à l'adopter en 1752, le 3/14 septembre. Il lui fallut avancer la date de 11 jours, l'année 1700, bissextile suivant la méthode julienne, et non bissextile après la réforme grégorienne, s'étant écoulée depuis cette dernière.

Les Russes et les autres peuples de l'Église grecque en sont restés à la méthode julienne; ils ont, sans interruption, une année bissextile sur 4. Or, depuis le concile de Nicée, en 325, point commun de départ, il y a eu douze années séculaires qui, pour les motifs de la réforme grégorienne, ne devaient pas être bissextiles; il en résulte que les Russes, et autres peuples susdits, ont compris dans les années antérieures à l'année présente douze jours de plus que nous; cette année présente a donc commencé pour eux douze jours plus tard que pour nous; pour chaque jour de l'année leur date est donc en arrière de douze jours sur la nôtre; quand nous sommes au 22 mars, ils ne sont encore qu'au 10. Une date russe s'indique ainsi, $\frac{4 \text{ mai}}{16 \text{ mai}}$; ce qui signifie que le jour en question est le 4 mai pour les Russes, et pour nous le 16 mai.

DES SAISONS.

171. Les deux équinoxes et les solstices partagent l'année en *quatre* parties inégales nommées *saisons*, remarquables au point de vue de la durée des jours et des nuits, et des variations de la température.

Une *saison* est le temps employé par le soleil pour aller d'un équinoxe à un solstice, et *vice versâ.*

Le *printemps* est le temps qui s'écoule depuis l'équinoxe du printemps jusqu'au solstice d'été. L'été dure du solstice d'été à l'équinoxe d'automne; l'*automne*, de l'équinoxe d'automne au solstice d'hiver; enfin l'*hiver* dure depuis le solstice d'hiver jusqu'à l'équinoxe du printemps.

Les saisons ne sont pas égales. Voici leurs durées actuelles (*) :

Le printemps dure.	$92^j\,20^h\,59^m$	$186^j\,11^h\,12^m$
L'été.	93 14 13	
L'automne	$89^j\,17^h\,35^m$	$178^j\,18^h\,37^m$.
L'hiver.	89 1 2	

Comme on le voit, l'automne et l'hiver durent ensemble huit jours de moins environ que le printemps et l'été.

172. Causes de l'inégalité des saisons. Cette inégalité est due à la forme elliptique de l'orbite décrit par le soleil autour de la terre (129), et à la position que le grand axe de cette ellipse (*fig.* 65) occupe par rapport à la ligne des équinoxes et des solstices. On connaît la loi des aires (n° 130) : *les aires décrites par le rayon vecteur du soleil sont proportionnelles aux temps employés à les parcourir.*

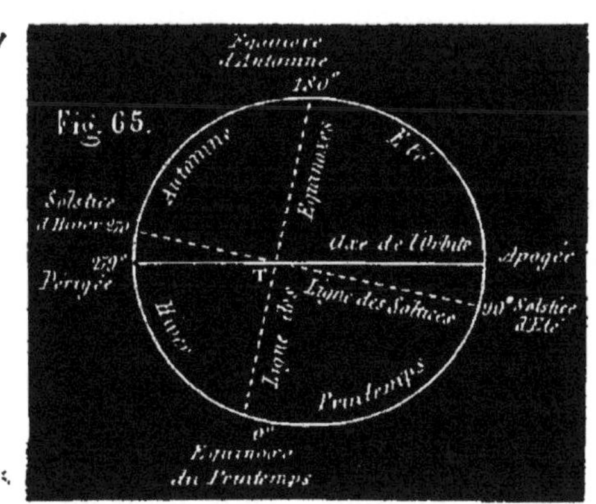

(*) Nous disons actuelles, parce que ces durées varient *lentement*, comme nous le verrons plus tard (précession des équinoxes).

Cette loi connue, il suffit de jeter les yeux sur la *fig.* 65, la différence des aires parcourues dans les diverses saisons rend parfaitement compte des différences qui existent entre leurs durées.

INÉGALITÉS DES JOURS ET DES NUITS.

Du jour et de la nuit aux différentes époques de l'année, et en différents lieux.

173. Le mot *jour*, quand on l'oppose au mot *nuit*, n'a pas la signification que nous lui avons donnée jusqu'à présent. Le *jour* est le temps que le soleil passe au-dessus de l'horizon entre un lever et le coucher suivant; la *nuit* est le temps qu'il passe sous l'horizon, entre un coucher et le lever suivant. Dans nos climats, chaque jour solaire (nº 140) se compose d'un jour et d'une nuit.

174. On sait que le jour est tantôt plus long, tantôt plus court que la nuit, et que la durée du jour et celle de la nuit varient continuellement d'un bout de l'année à l'autre. Nous sommes maintenant en mesure de nous rendre compte de ces variations; nous n'avons, pour cela qu'à étudier, sur un globe céleste, à partir d'une certaine époque et par rapport à un horizon déterminé, le mouvement du soleil tournant chaque jour autour de l'axe du monde, tout en cheminant sur la sphère céleste le long de l'écliptique (*).

175. Puisque la déclinaison du soleil varie continuellement d'un jour à l'autre, cet astre ne décrit pas précisément, chaque jour solaire, un parallèle céleste. Si un jour il rencontre le méridien en un certain point, D (*fig.* 63), le lendemain, ayant fait une révolution autour de l'axe PP', il revient au méridien, non plus au point D, mais en un point situé un peu plus haut ou un peu plus bas; il a décrit, dans l'intervalle, une espèce de spirale (que l'on peut imaginer et même construire sur un globe céleste), faisant le tour de ce globe, entre les deux parallèles célestes qui correspondent aux deux points en question du méridien. Ces deux parallèles célestes étant très-rapprochés, on peut, sans qu'il en

(*) C'est ici le cas de se rappeler l'ingénieuse comparaison de M. Arago, page 99, en note.

résulte évidemment aucun inconvénient dans l'étude que nous entreprenons, supposer que le soleil décrit, chaque jour solaire, un parallèle céleste, celui, par exemple, qui occupe la position moyenne entre les parallèles que l'astre rencontre ce jour-là ; puis, que ce jour écoulé, il passe brusquement au parallèle moyen qui correspond au jour solaire suivant, et ainsi de suite. Par exemple, nous admettrons qu'à l'équinoxe du printemps, le soleil décrit l'équateur céleste, le lendemain, un parallèle un peu plus élevé, le surlendemain, un nouveau parallèle supérieur. et ainsi de suite, jusqu'à ce que, arrivé au solstice d'été, il décrive le tropique du Cancer, TGSF ; puis redescendant vers l'équateur, il décrit à peu près les mêmes cercles diurnes, mais en ordre inverse, du solstice d'été à l'équinoxe d'automne. Ensuite, passant sur l'hémisphère austral, il y décrit, dans la seconde partie de l'année, une pareille série de cercles diurnes (nº 176).

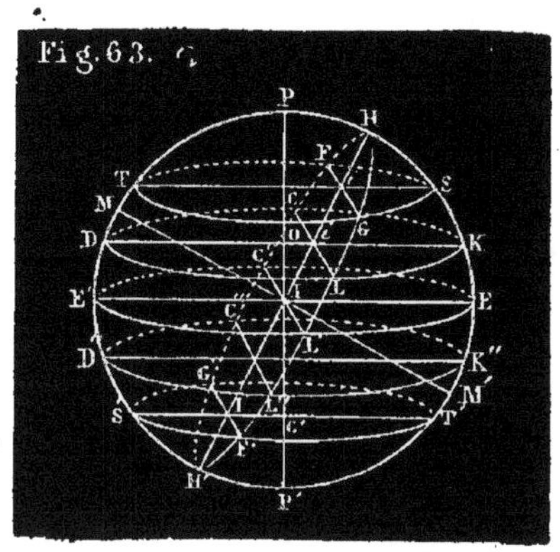

Chacun de ces cercles diurnes est divisé, dans nos climats, par l'horizon du lieu en deux arcs généralement inégaux ; ex. : LDC, CKL. L'un de ces arcs, LDC, situé du même côté de l'horizon que le lieu M (au-dessus de l'horizon), est parcouru par le soleil durant le jour, c'est *l'arc de jour ;* l'autre, CKL (au-dessous de l'horizon), est parcouru par cet astre durant la nuit, c'est *l'arc de nuit.* Le mouvement diurne du soleil peut être considéré comme uniforme durant les 24 heures d'un jour solaire ; comparer les durées relatives du jour et de la nuit, à une époque quelconque, revient donc à comparer l'arc de jour et l'arc de nuit ; c'est ce que nous allons faire pour tous les jours de l'année (*).

(*) *Si le soleil décrivait indéfiniment l'équateur, la durée du jour, égale à celle de la nuit, serait la même pour tous les lieux de la terre et à toutes les époques.*

Cette proposition est évidente à l'inspection de la figure 63. En effet, l'horizon rationnel, HGH'F, d'un lieu quelconque, et l'équateur (grands cercles de

VARIATIONS DE LA DURÉE DU JOUR ET DE LA NUIT EN UN MÊME LIEU DONNÉ AUX DIFFÉRENTES ÉPOQUES DE L'ANNÉE.

176. Supposons, pour fixer les idées, que le lieu considéré M, *fig.* 63, soit l'Observatoire de Paris, dont la latitude est 48° 50′ 11″; l'horizon rationnel de ce lieu est HGH'F (n° 8). Afin de laisser voir bien nettement la division de chaque cercle diurne par l'horizon, nous n'avons pas dessiné l'écliptique sur la *fig.* 63 qui représente un globe céleste; mais il faut l'y rétablir par la pensée, faisant le tour du globe dans la position indiquée par la *fig.* 66 *bis*. Cette dernière nous montre le mouvement annuel du soleil sur l'écliptique divisé en quatre périodes principales, correspondant aux quatre saisons : 1° de l'équinoxe, ♈, au solstice d'été S; 2° de ce solstice à l'équinoxe d'automne ♎; 3° de cet équinoxe au solstice d'hiver S'; 4° enfin, de ce solstice à un nouvel équinoxe du printemps ♈.

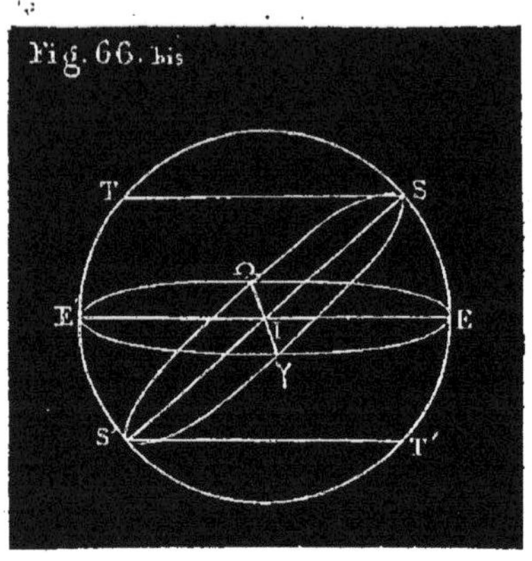

Suivons maintenant sur la *fig.* 63.

A l'équinoxe du printemps, 21 mars, le soleil décrit l'équateur, le jour est égal à la nuit (l'arc de jour est L'E'C'; l'arc de nuit

---

la sphère), se divisent mutuellement en deux parties égales. Le soleil décrirait chaque jour une demi-circonférence L'E'C' (du côté du lieu M), et chaque nuit la demi-circonférence C'EL'.

Si le soleil, à défaut de l'équateur, décrivait indéfiniment le même cercle parallèle à l'équateur (KLDC, *par exemple*), *c'est-à-dire si* SA DÉCLINAISON NE VARIAIT PAS, *la durée d'un jour en un lieu donné,* M, *serait la même à toutes les époques; la durée de la nuit, différente, en général, de celle du jour* (n° 176), *serait également constante au même lieu.*

Cette proposition est évidente à l'aspect de la figure 63. En effet, le soleil décrirait chaque jour indéfiniment l'arc LDC (au-dessus de l'horizon de lieu), et chaque nuit l'arc CKL. L'arc LDC et l'arc CKL sont inégaux.

La variation continuelle du jour et de la nuit, en chaque lieu de la terre, tient donc à la variation de la déclinaison du soleil, ou, si l'on veut, à l'inclinaison de l'écliptique sur l'équateur céleste (n° 118).

C'EL'). De l'équinoxe du printemps, γ, au solstice d'été S, du 21 mars au 22 juin, le soleil s'élevant progressivement au-dessus de l'équateur sur l'hémisphère austral (le long de γS, *fig.* 66 *bis*), le jour augmente continuellement et la nuit diminue, à partir de 12 heures. (Comparez (*fig.* 63) les arcs de jour L'E'C'..., LDC,..., GTF entre eux, et aux arcs de nuit C'EL'..., CKL...., FSG.) Le jour, constamment plus grand que la nuit, atteint son maximum quand le soleil arrive en S au solstice d'été (22 juin); la nuit est alors à son minimum. (A Paris ce plus long jour est de 15^h 58^m; la nuit correspondante est de 8^h 2^m.)

Du solstice d'été, S, à l'équinoxe d'automne, ♎ (du 22 juin au 21 septembre), le soleil redescendant vers l'équateur (le long de l'arc S♎, *fig.* 66 *bis*), décrit sensiblement les mêmes cercles diurnes que dans la période précédente, mais en ordre inverse. (V. ces cercles en descendant, *fig.* 63.) Le jour diminue et la nuit augmente; la nuit regagne tout ce que perd le jour. Le jour et la nuit redeviennent ainsi égaux à l'équinoxe d'automne (21 septembre), le soleil décrivant de nouveau l'équateur.

De l'équinoxe d'automne, ♎, au solstice d'hiver, du 21 septembre au 21 décembre, le soleil descendant dans l'hémisphère austral (le long de ♎S', *fig.* 66 *bis*), le jour diminue et la nuit augmente, à partir de 12 heures. (Comparez les arcs de jours L'E'C',..., L''D''C'',..., F'S'G', et les arcs de nuit C'EL',..., C''K''L'',..., G'T'F'). Le jour, constamment moindre que la nuit, atteint son minimum quand le soleil arrive en S', au solstice d'hiver, 21 décembre; la nuit est alors à son maximum. (Ce jour le plus court est à Paris de 8^h 2^m; la nuit la plus longue, de 15^h 58^m.)

Enfin du solstice d'hiver S à un nouvel équinoxe du printemps γ, du 21 décembre au 21 mars, le soleil remonte vers l'équateur (le long de l'arc S'γ, *fig.* 66 *bis*); il décrit sensiblement les mêmes cercles diurnes que dans la période précédente, mais dans l'ordre inverse (suivez fig. 63, en remontant); le jour augmente, la nuit diminue; le premier regagne tout ce qu'il avait perdu depuis le 21 septembre, la nuit perd ce qu'elle avait gagné; le jour redevient ainsi égal à la nuit à un nouvel équinoxe du printemps, c'est-à-dire le 21 mars. A partir de là, les mêmes périodes d'accroissement ou de diminution du jour et de la nuit recommencent indéfiniment d'année en année.

177. Remarque. La *déclinaison* du soleil varie très-irrégulièrement. A l'équinoxe du printemps, le soleil monte rapidement; les jours croissent d'une manière très-sensible. Au solstice d'été, quand le soleil cesse de monter, pour descendre ensuite, il reste stationnaire pendant quelques jours. La durée du jour et celle de la nuit n'éprouvent à cette époque que des variations très-petites. (V. dans l'Almanach de l'Annuaire du bureau des longitudes de France, du 10 au 25 juin, les colonnes intitulées lever du soleil, coucher *id.*, déclinaison *id.*) A l'équinoxe d'automne, la durée des jours diminue rapidement. Au solstice d'hiver, quand le soleil cesse de descendre, pour monter ensuite, le soleil paraît encore quelque temps stationnaire; il en résulte les mêmes conséquences qu'au solstice d'été (V. l'Annuaire aux environs du 31 décembre).

178. Voilà ce qu'on peut dire de plus général sur les variations périodiques du jour et de la nuit en chaque lieu de l'hémisphère boréal, sauf une particularité générale dont nous allons parler.

179. Les lieux de l'hémisphère austral peuvent se partager en deux catégories : 1° ceux dont l'horizon rencontre, comme HGH'F, tous les cercles diurnes que le soleil décrit pendant l'année (*fig.* 63 *bis*); 2° tous ceux dont l'horizon ayant la situation indiquée *fig.* 64 ci-après, ne rencontrent pas tous ces cercles diurnes.

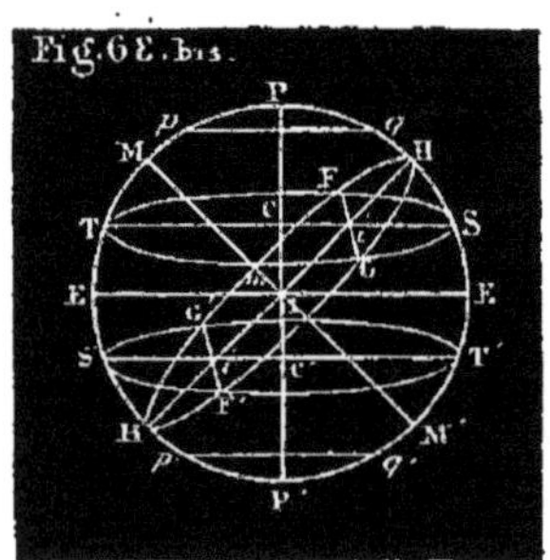

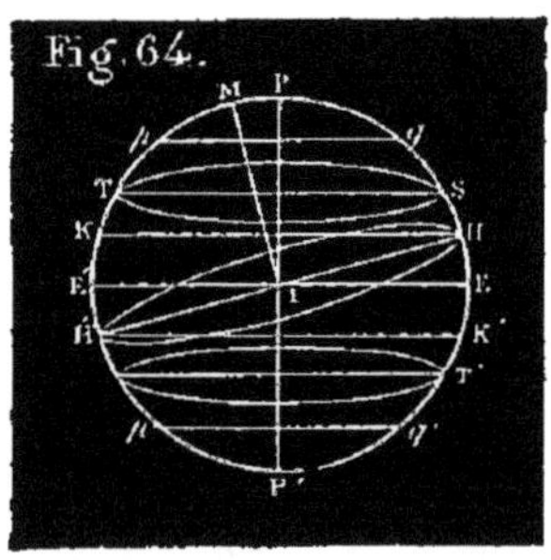

Dans chaque lieu de la première catégorie, tout se passe comme à Paris; chaque jour solaire de l'année s'y compose d'un jour et d'une nuit dont les durées subissent les variations périodiques que nous avons décrites.

Il n'en est pas tout à fait de même pour les lieux de la seconde catégorie; considérons l'un de ces lieux, M, *fig.* 64. Depuis l'équinoxe de printemps jusqu'à ce que le soleil arrive au parallèle céleste dont la trace est HK, tout s'y passe comme à Paris; chaque jour solaire se compose d'un jour et d'une nuit.

Mais le jour augmente de 12 heures à 24 heures, et la nuit diminue de 12 heures à 0. Puis il y a un jour persistant pendant tout le temps que le soleil met à aller du parallèle HK au tropique du cancer ST, et à revenir de ce tropique au cercle HK ; en effet, le soleil reste tout ce temps au-dessus de l'horiron HH' du lieu M. Ce jour peut durer un certain nombre de jours solaires et même des mois (V. n° 184). Ensuite, pendant que le soleil descend du parallèle HK au parallèle H'K', en passant par l'équinoxe d'automne, ♎, il y a jour et nuit à chaque jour solaire; le jour diminue de 24 à 12 heures, puis de 12 heures à 0; la nuit augmente de 0 à 12 heures, puis de 12 heures à 24. Puis il y a nuit persistante tout le temps que le soleil met à descendre du parallèle H'K' au tropique du capricorne T'S', et à revenir de ce tropique au cercle H'K'; car le soleil reste tout ce temps au-dessous de l'horizon HH' de M. Cette longue nuit a la même durée que le long jour ci-dessus indiqué. Enfin le soleil remontant du parallèle H'K' à l'équinoxe γ, il y a jour et nuit à chaque révolution diurne du soleil; le jour croît de 0 à 12 heures et la nuit diminue de 24 à 12 heures.

Il est facile de distinguer les lieux des deux catégories que nous venons d'indiquer. Pour un lieu de la première, l'arc EH (*fig.* 63 *bis*), est plus grand que ES = 23° 28' (*); mais EH = 90° — PH = 90° — E'M = 90° — latitude du lieu; 90° — latitude > 23° 28' revient à latitude < 90° — 23° 28' = 66° 32'.

Les lieux de la première catégorie sont ceux dont la latitude est inférieure à 66° 32'.

Pour un lieu de la deuxième catégorie (*fig.* 64), on a EH > ES = 23° 28', ou 90° — latitude < 23° 28'; ce qui revient à latitude > 66° 32'.

De là cette distinction remarquable :

180. *Chaque jour solaire de l'année se compose d'un jour et d'une nuit en tout lieu dont la latitude est inférieure à* 66° 32'. (Toute la France est dans ce cas.)

Tout lieu dont la latitude atteint ou dépasse 66° 32' *a, chaque année, un jour de* 24 *heures ou de plus de* 24 *heures, et une nuit de même durée, ce jour et cette nuit n'étant pas consécutifs,* mais séparés par tous les jours solaires de l'année durant chacun desquels il y a en ce lieu alternative de jour et de nuit.

Les deux parallèles terrestres qui sur les deux hémisphères ont la latitude de 66° 32' s'appellent *cercles polaires :* l'un est le cercle polaire *boréal* ou *arctique*, l'autre est le cercle polaire *austral* ou *antarctique*. Comme on le voit, ces deux cercles sont des lignes de démarcation entre les lieux des deux catégories que nous venons

---

(*) Nous prenons pour plus de simplicité la plus grande déclinaison du soleil (inclinaison de l'écliptique, n° 128), égale à 23° 28' ; on sait qu'elle est variable et présentement égale à 23° 27' 34" (juin 1854).

d'établir. Nous avons indiqué leurs traces *pq*, *p'q'* sur le méridien du lieu, *fig*. 63 *bis* et 64.

181. LIEUX DE L'HÉMISPHÈRE AUSTRAL. Si de l'hémisphère boréal nous passons à l'hémisphère austral, nous voyons les mêmes variations du jour et de la nuit se produire en ordre inverse. En effet, chaque lieu M de l'hémisphère boréal a son *antipode* M' sur l'hémisphère austral. (On appelle *antipodes* deux lieux diamétralement opposés; ils ont des longitudes et des latitudes égales, mais de noms différents). Pendant qu'il fait jour en M, il fait nuit en M', et *vice versâ* (*fig*. 63). Si donc on veut savoir ce qui se passe en un lieu de l'hémisphère austral, aux antipodes de Paris par exemple, il n'y a qu'à relire tout ce qui précède, en remplaçant partout le mot jour par le mot nuit, et *vice versâ*. Nous laissons le lecteur faire ce changement.

182. LIEUX SITUÉS SUR L'ÉQUATEUR. *Sur l'équateur la durée du jour est constamment égale à celle de la nuit.* En effet, l'horizon de chaque lieu de l'équateur (par ex.: celui de E', à cause de sa verticale IE'), est perpendiculaire à l'équateur; cet horizon contient donc l'axe du monde PP'. Cette ligne PP', qui remplace HH', contenant les centres de tous les cercles diurnes décrits par le soleil, chacun de ceux-ci est rencontré par l'horizon de E' suivant un diamètre, et divisé en deux arcs égaux, l'un de jour, l'autre de nuit.

183. DURÉE DU JOUR ET DE LA NUIT A LA MÊME ÉPOQUE, *c'est-à-dire à chaque jour solaire de même date*, EN DES LIEUX DIFFÉRENTS.

Voici d'abord à ce sujet deux propositions générales :

1° *La durée du jour comme celle de la nuit est la même à la même époque quelconque pour tous les lieux de même latitude.*

2° *Chaque jour du printemps ou de l'été est d'autant plus long, et la nuit d'autant plus courte pour un lieu de l'hémisphère boréal que sa latitude est plus élevée; le contraire a lieu pour les jours et les nuits de l'automne et de l'hiver.*

La première proposition est une conséquence de la symétrie de la sphère (les lieux de même latitude étant sur le même parallèle terrestre) (*).

(*) On peut rendre ce fait évident en imaginant qu'on construise sur deux

La seconde est mise en évidence par la *fig.* 67 qui représente la projection du globe de la figure 63 sur le méridien du lieu considéré. On y voit les traces ou projections de quelques cercles diurnes et celles des horizons de lieux M et M_1 de latitudes différentes E'M, E'M_1. On n'a qu'à suivre le soleil comme nous l'avons fait n° 176; on voit que dans la première période ci-dessus indiquée, de l'équinoxe du printemps au solstice d'été, et de ce solstice à l'équinoxe d'automne, chaque jour est plus long en effet pour M_1 que pour M, et chaque nuit plus courte, tandis que c'est le contraire dans la seconde période quand le soleil se trouve au-dessous de l'équateur.

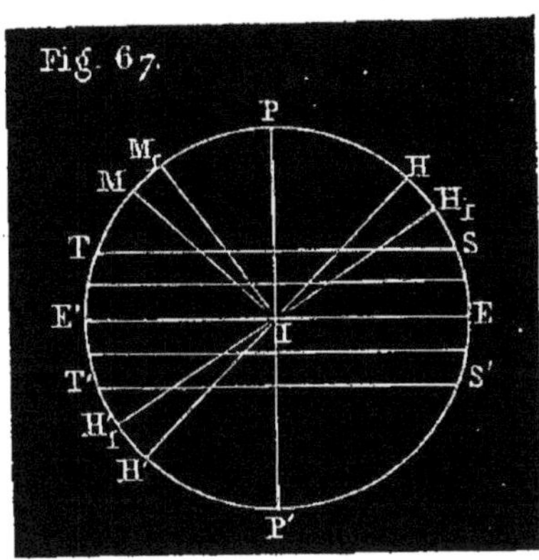

184. Ce qui rend plus remarquable en un lieu donné le phénomène qui nous occupe, c'est évidemment la différence entre le jour le plus long de l'année et le jour le plus court. Plus cette différence est grande, plus grandes aussi et plus sensibles doivent être les variations quotidiennes que nous avons indiquées. Un caractère très-propre à distinguer les uns des autres les divers lieux d'un même hémisphère, est donc la durée du plus long jour ou de la plus longue nuit (qui est absolument la même).

185. Cette durée dépend exclusivement de la latitude (*); nous allons l'indiquer pour diverses latitudes boréales, à partir de l'équateur, sur lequel, ainsi que nous l'avons dit n° 182, il y a constamment un jour de 12 heures et une nuit d'égale durée.

---

globes distincts la *fig.* 63 relativement à deux lieux M et N de même latitude. Les deux figures ainsi construites seraient identiquement les mêmes, puisque sur toutes les deux, les cercles diurnes une fois dessinés, on prendrait sur le méridien le même arc PH = E'M = latitude, pour fixer la position de l'horizon; de l'identité des deux figures on conclut que le cercle diurne, correspondant à chaque jour solaire, est divisé de la même manière par les horizons des deux lieux.

(*) *Calcul de la durée du jour en un lieu donné, à une époque donnée.* Soient O le centre d'un cercle diurne LDCK, *fig.* 63; D la déclinaison correspondante E'D du soleil, L la latitude E'M d'un certain lieu de la terre;

LATITUDE	DURÉE du plus long jour.	DURÉE du jour le plus court.	LATITUDE	DURÉE du plus long jour.	DURÉE du jour le plus court.
0°	12h 0m	12h 0m	40°	14h 51m	9h 9m
5	12 17	11 43	45	15 26	8 34
10	12 35	11 25	50	16 9	7 51
15	12 53	11 7	55	17 7	6 53
20	13 13	10 47	60	18 30	5 30
25	13 34	10 26	65	21 9	2 51
30	13 56	10 4	66°32′	24 0	0 0
35	14 22	9 38			

Dans chaque lieu dont la latitude est supérieure à 66°32′, la durée du jour varie de 0 à 24 heures, comme nous l'avons dit n° 179, dans la partie de l'année où le soleil rencontre l'horizon. Mais le nombre des jours pendant lesquels cet astre reste au-dessus de

---

x la moitié LK de l'arc de nuit pour ce lieu. Le rayon de la sphère étant pris pour unité, nous avons OI = sin D, OK = cos D; le triangle rectangle IOi donne Oi = IO tan OIi = IO tang PH = IO tang E'M = sin D tang L. D'un autre côté le triangle rectangle iOL donne Oi = OL cos iOL = OK cos x = cos D cos x; en égalant les deux valeurs de Oi, on a cos D cos x = sin D tang L, d'où

$$\cos x = \text{tang } D.\text{tang. } L. \qquad (1)$$

Ayant le tableau des déclinaisons moyennes du soleil pour les différents jours de l'année, on pourra, à l'aide de cette formule, déterminer le nombre de degrés de l'arc x; $2x$ est l'arc de nuit à l'époque considérée; $360° - 2x$ est l'arc de jour; en partageant 24 heures en parties proportionnelles à $2x$ et à $360° - 2x$, on a les durées respectives de la nuit et du jour, à l'époque où le soleil a la déclinaison D, au lieu M dont la latitude est L. Tant que tang D $\times$ tang L ne surpasse pas 1, on trouve une valeur de x; quand tang D tang L = 1, cos x = 1, x = 0; la nuit est nulle, le jour a 24 heures au moins. Alors D = 90° — L; si cette valeur de D est le maximum 23°28′, le plus long jour dure précisément 24 heures au lieu considéré. Si la valeur D = 90° — L est inférieure à 23°28′, le plus long jour du lieu dure depuis le moment où D a cette valeur 90° — L, jusqu'à ce que le soleil, ayant passé par le solstice d'été, soit revenu à cette déclinaison D = 90° — L. Cette formule discutée répond donc aux questions que l'on peut se proposer sur la durée du jour; on peut faire varier L pour comparer entre eux les divers lieux de la terre.

l'horizon sans se coucher (la durée du plus long jour), et le nombre de jours pendant lesquels il reste au-dessous de ce plan sans se lever (la durée de la plus longue nuit), varient avec la latitude; le tableau suivant fait connaître ces durées pour diverses latitudes boréales depuis 66° 32′ jusqu'à 90°.

LATITUDES boréales.	LE SOLEIL ne se couche pas pendant environ	LE SOLEIL ne se lève pas pendant environ
66° 32′	1 j.	1 j.
70	65	60
75	103	97
80	134	127
85	161	153
90	186	179

Pour les latitudes australes de même valeur les durées ne sont pas absolument les mêmes. Ainsi, pour la latitude australe de 75°, le soleil doit rester constamment au-dessus de l'horizon pendant qu'il ne se lève pas à la latitude boréale de 75°, et *vice versâ*. Le soleil reste donc environ 97 jours sans se coucher et 103 jours sans se lever à la latitude australe de 75° (V. n° 181).

Les longs jours des contrées voisines des pôles sont notablement augmentés par deux causes que nous allons indiquer. En définitive, la nuit ne dure que 70 *jours environ au pôle boréal.*

Les mêmes causes, la réfraction et le crépuscule, affectent d'ailleurs, mais à un degré moindre, la durée de chaque jour en un lieu quelconque.

186. Influence de l'atmosphère sur la durée du jour; 1° réfraction. Nous avons vu, n°s 108 et 109, que l'atmosphère réfractant les rayons lumineux qui nous viennent du soleil, nous fait voir cet astre plus haut qu'il ne l'est en réalité, que, notamment tout près de l'horizon, elle le relève d'un angle de plus de 33′. Il résulte de là que nous voyons le soleil se lever avant qu'il ne soit réellement au-dessus de l'horizon, et que nous le voyons encore quelque temps après qu'il s'est abaissé au-dessous de ce plan. La durée du jour se trouve donc augmentée par là, et celle de la nuit diminuée en conséquence. C'est ainsi qu'à Paris le plus long jour de l'année est de $16^h 7^m$, et le plus court de $8^h 11^m$, au lieu de $15^h 18^m$ et $8^h 2^m$, comme nous l'avons indiqué en ne tenant pas compte de la réfraction. Au pôle boréal le soleil paraît au-dessus de l'horizon (l'équateur) tant qu'il n'est pas descendu à la latitude australe de 33'.

187. CRÉPUSCULE. L'atmosphère agit encore d'une autre manière pour augmenter la durée du jour. On sait que les molécules d'air réfléchissent en tous sens, non-seulement la lumière qui tombe directement sur leur surface, mais encore celle qui a déjà été réfléchie vers elles par d'autres molécules. Le résultat de ces réflexions multipliées est la lumière diffuse qui nous éclaire alors même que le soleil est à une certaine distance au-dessus de l'horizon.

On appelle *crépuscule* la lumière qui, de cette manière, nous arrive indirectement du soleil, avant son lever et après son coucher. Le crépuscule du matin est aussi connu sous le nom d'*aurore*.

Quand le soleil venant de se coucher pour un lieu *m* de la terre (*fig.* 68) descend progressivement au-dessous de son horizon *m*D,

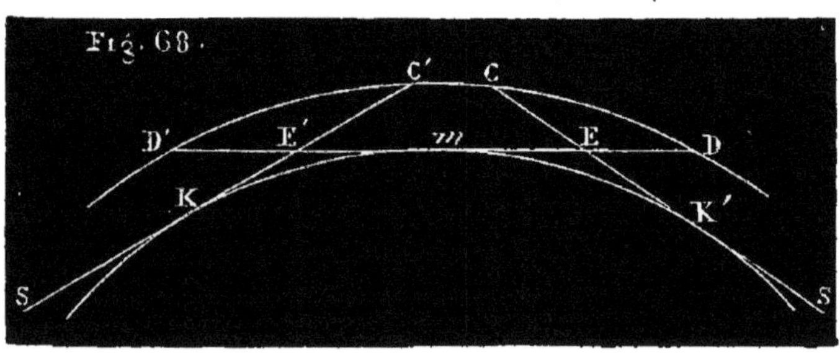

il continue pendant un certain temps à projeter directement de la lumière sur une partie de la masse d'air atmosphérique DCD' située au-dessus de cet horizon. Ainsi, de la position S, indiquée sur notre figure, le soleil envoie directement de la lumière à toute la partie CED de la masse atmosphérique D'CD; cette lumière est réfléchie partiellement vers le lieu *m* par les molécules de cette masse d'air; d'où la clarté crépusculaire. L'étendue de la masse CED, ainsi frappée directement par les rayons du soleil, diminue à mesure que cet astre s'abaisse davantage sous l'horizon; la clarté crépusculaire diminue naturellement avec elle, et doit s'éteindre alors que l'extrémité C du *rayon solaire tangent* SKC, mobile avec le soleil, vient coïncider avec le point D. Cette dégradation progressive de la clarté crépusculaire, à partir de la clarté du jour, ménage la transition du jour à la nuit. Quand le soleil, continuant son mouvement diurne, se rapproche de nouveau de l'horizon *m*D', un rayon solaire commence par arriver en D'; puis l'extrémité du rayon tangent à la terre remontant sur D'CD, la masse d'air D'C'E', frappée directement par les rayons solaires avant le lever de l'astre, augmente progressivement; de sorte que la clarté crépusculaire, d'abord très-faible, augmente progressivement jusqu'à ce qu'arrive la clarté du jour proprement dit; ainsi se trouve ménagée la transition de la nuit au jour.

188. On estime par expérience, en calculant le temps qui s'écoule depuis le coucher du soleil jusqu'à l'instant où l'on peut voir à la vue simple les plus petites étoiles (celles de 5e et de 6e grandeur), que le crépuscule cesse, pour un lieu donné, quand le soleil arrive à 18° au-dessous de l'horizon de ce lieu, et qu'il recommence quand le soleil, se rapprochant de cet horizon, n'en est plus qu'à cette distance de 18° (*).

188 *bis*. Tous les points de la sphère céleste situés à 18° au-dessous de l'horizon d'un lieu se trouvent sur la circonférence d'un certain cercle de cette sphère parallèle à l'horizon, derrière celui-ci par rapport au zénith M du lieu, et à une distance sphérique de 18°. C'est le cercle *h*L'*h*'C' de la *fig.* 69. PEP'E' est le méridien du lieu *m* dont le zénith est M; HLH'C son horizon, rencontrant le méridien suivant HH'; FLF'C représente un des parallèles diurnes décrits par le soleil dans le sens FLF'C.

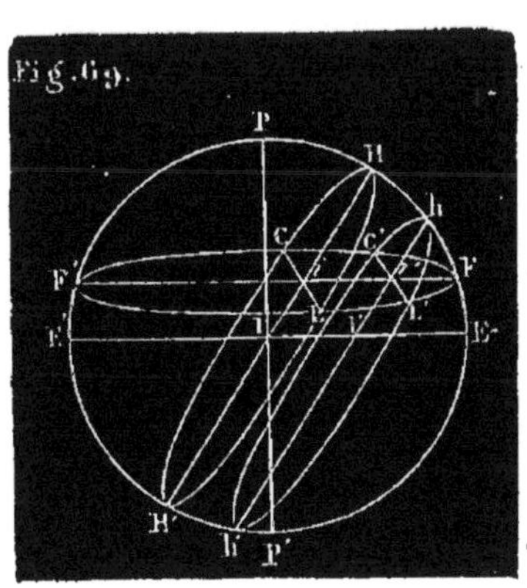

(*) L'état de l'atmosphère, la transparence plus ou moins grande de l'air, doivent avoir une grande influence sur l'intensité de la lueur crépusculaire.

Le soleil ayant décrit l'arc LF'C au-dessus de l'horizon, se couche en C ; le crépuscule du soir commence alors et dure pendant que le soleil, continuant son mouvement diurne, parcourt l'arc CC' ; il fait absolument nuit pendant que cet astre décrit l'arc C'FL'. Quand il arrive en L', l'aurore ou crépuscule du matin commence, et dure jusqu'à ce que le soleil se lève en L.

L'un et l'autre crépuscule allongeant le jour à ses deux bouts, qu'on nous permette cette expression, diminuent la nuit proprement dite de ce qu'ils ajoutent au jour. Il arrive même, à l'époque des longs jours, pour les lieux dont la latitude dépasse 48° 32', que l'adjonction des deux crépuscules au jour supprime absolument la nuit. (V. la note ci-dessous.)

A Paris notamment, dont la latitude est de 48° 50' 11", il n'y a pas de nuit absolue aux environs du solstice d'été du 15 au 25 juin. Le crépuscule du soir n'est pas fini que celui du matin commence (*).

189. *Durée du crépuscule.* Le mouvement du soleil sur chaque cercle diurne étant sensiblement uniforme, les durées des crépus-

---

Aussi ne doit-il pas toujours arriver que la fin du crépuscule, ou le commencement de l'aurore, corresponde au même abaissement du soleil au-dessous de l'horizon. La limite que nous indiquons n'est donc qu'approximative.

(*) Si l'on veut considérer ces jours allongés durant lesquels le soleil parcourt des arcs tels que L'F'C', et ces nuits restreintes durant lesquelles il parcourt des arcs tels que C'FL' pour les comparer les uns aux autres, comme nous avons fait pour les jours et les nuits proprement dits, on n'a qu'à reprendre la *fig.* 63 en y remplaçant l'horizon HGH'F par le cercle parallèle $hL'h'C'$, placé au-dessous de celui-ci, par rapport au lieu M, à la distance sphérique $hH = 18°$ (*fig.* 69). L'observation du mouvement annuel, ainsi faite, conduit aux mêmes conséquences et dans le même ordre, sauf ce qui concerne le plus long jour et la plus longue nuit, qui se trouve ainsi modifié. La zone terrestre comprenant les lieux qui ont le plus long jour de 24 heures au moins est augmentée d'une zone inférieure large de 18°, ce qui fait descendre sa base inférieure à la latitude de 48° 32' ; de sorte que Paris, dont la latitude est de 48° 50' 11", se trouve sur cette zone ; de là ce que nous avons dit dans le texte.

La zone comprenant les lieux qui ont leur plus longue nuit de 24 heures au moins, se trouve au contraire diminuée d'une zone de 18° de largeur ; de sorte qu'elle ne comprend plus que les lieux dont la latitude est au moins de $66° 32' + 18° = 84° 32'$.

Tout cela se voit sur la *fig.* 69. En effet, pour que le plus long des jours que nous considérons actuellement soit de 24 heures au moins pour un certain

cules du soir et du matin ont pour mesure les nombres de degrés des arcs crépusculaires CC′, L′L ; ces deux arcs étant égaux, nous pouvons dire d'abord : *l'aurore et le crépuscule du soir d'un même jour solaire durent autant l'un que l'autre.*

Si on ne quitte pas un même lieu de la terre, on voit que pour tous les parallèles diurnes rencontrés à la fois par les cercles HH′, *hh′*, les projections des arcs crépusculaires sur le méridien sont égales toute l'année. Ayant égard aux positions respectives de ces arcs crépusculaires sur leurs cercles, par rapport au plan de projection, puis à la grandeur de ces cercles diurnes suivant leur rapprochement de l'équateur, on suit facilement les variations de la durée du crépuscule en ce lieu pour les diverses époques de l'année (*fig.* 70). Nous contentant d'indiquer la marche à suivre, nous laissons au lecteur à préciser le sens de ces variations.

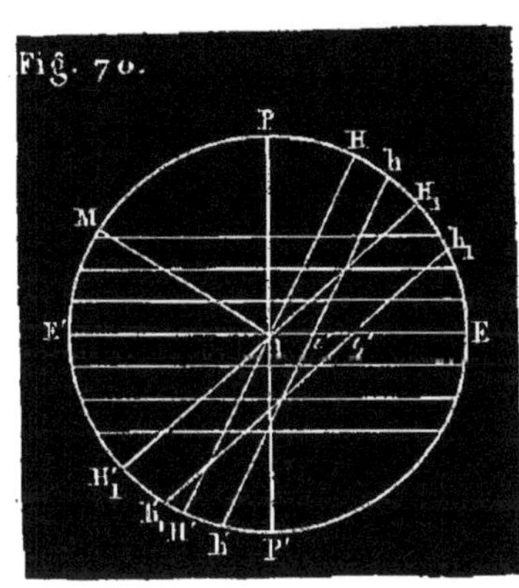

Ce qui importe davantage, c'est de comparer les durées correspondantes des crépuscules pour des lieux différents.

La durée du crépuscule à une même époque quelconque de l'année est d'autant plus grande pour un lieu que sa latitude est plus élevée.

On voit la raison de ce fait sur la *fig.* 70, où nous n'indiquons que les projections des cercles diurnes et les traces des horizons de deux lieux M et M_1. Comparez les projections sur un même parallèle; comme la différence est constante, voyez sur l'équateur Ii′, Ii'_1.

Plus l'horizon d'un lieu est incliné sur l'équateur, et par suite sur les paral-

---

lieu, il suffit que l'on ait pour ce lieu $hE < 23°28'$ ou $HE - 18° < 23°28'$; d'où $HE < 23°28' + 18° = 41°28'$. Mais $HE = 90° -$ latitude; donc $90° -$ latitude $< 41°28'$; d'où latitude $> 48°32'$.

lèles diurnes, plus est étendu l'arc du parallèle diurne compris entre l'horizon HH' et le cercle hh', entre lesquels existe toujours l'écartement fixe de 18°; cela se voit par les projections. Les arcs crépusculaires finissent par devenir très-grands, et le crépuscule finit par augmenter le plus long jour de plusieurs jours solaires, et même d'un ou deux mois pour les lieux voisins du pôle. Quand on arrive au pôle, HH' devenant l'équateur, hh' étant au-dessous à 18° de distance, il ne reste plus au-dessous de hh' qu'une zone de 5°28' de large, sur laquelle le soleil ne reste que 70 jours environ, de sorte que le crépuscule diminue la nuit de plus de 3 mois.

CAUSES PRINCIPALES DES VARIATIONS DE LA TEMPÉRATURE EN UN LIEU DÉTERMINÉ DE LA TERRE.

190. La quantité de chaleur que reçoit chaque jour un lieu déterminé est très-variable : *elle dépend de la durée du jour en ce lieu et de la hauteur méridienne du soleil au-dessus de son horizon.* Plus le jour est long et plus le soleil s'élève, plus l'échauffement est grand (*). Du solstice d'hiver au solstice d'été, la hauteur méridienne du soleil augmente dans nos climats en même tempsq ue la durée du jour; la quantité de chaleur reçue quotidiennement dans ce lieu augmente donc continuellement durant cette période de l'année. Du solstice d'été au solstice d'hiver, au

(*) La hauteur du soleil au-dessus de l'horizon n'est autre chose que l'angle sous lequel les rayons solaires viennent frapper le sol au moment considéré; or, si une surface se présente successivement aux rayons solaires sous un angle variable, il est évident que le nombre des rayons reçus sur une étendue donnée est le plus grand possible quand la surface leur est perpendiculaire, et que ce nombre va en diminuant avec l'angle que les rayons forment avec la surface, jusqu'à devenir nul avec cet angle. Tout cela se constate en physique par l'expérience.

Prenons donc le soleil un certain jour à son lever; la quantité de chaleur qu'il fournira dans l'unité de temps par exemple au lieu considéré, ira évidemment en augmentant depuis zéro jusqu'à un maximum qui aura lieu à midi vrai, puis diminuera depuis ce maximum jusqu'à zéro.

Comparons maintenant ce qui arrive à Paris, à deux époques où la durée du jour est différente. Plus le jour est long, plus la hauteur méridienne du soleil est grande.

Donc plus le jour est long, plus grande est la quantité de chaleur reçue par la terre, parce qu'elle est frappée *plus longtemps et avec une plus grande intensité moyenne* par les rayons solaires.

contraire, la hauteur méridienne du soleil diminue avec la durée du jour; la quantité de chaleur reçue journellement diminue donc dans cet intervalle.

191. Dans nos climats, et en général pour tout lieu situé entre le pôle et le tropique, *la hauteur méridienne du soleil au-dessus de l'horizon* varie *avec la déilcnaison du soleil* dans le même sens que la durée du jour. C'est ce que l'on voit clairement sur la *fig.* 63. Supposons que PEP'E' soit le méridien du lieu M; la hauteur méridienne du soleil est l'angle que fait, avec la trace IH' de l'horizon, *le rayon* qui va chaque jour du centre I de la terre au point de l'arc TS' où passe le soleil à midi. Ex. : le jour où le soleil décrit le cercle diurne LDCK, sa hauteur méridienne est l'angle DIH', mesuré par l'arc DH'. Cette hauteur méridienne, qui est à son minimum, S'IH', au solstice d'hiver, en même temps que la durée du jour, augmente continuellement avec celle-ci à mesure que le soleil remonte sur l'écliptique, se rendant du solstice d'hiver au solstice d'été, puis diminue avec la durée du jour dans l'intervalle du solstice d'été au solstice d'hiver. Aux environs de chaque solstice, la hauteur méridienne, avant de varier dans un autre sens, reste quelque temps stationnaire avec la déclinaison du soleil et la durée du jour.

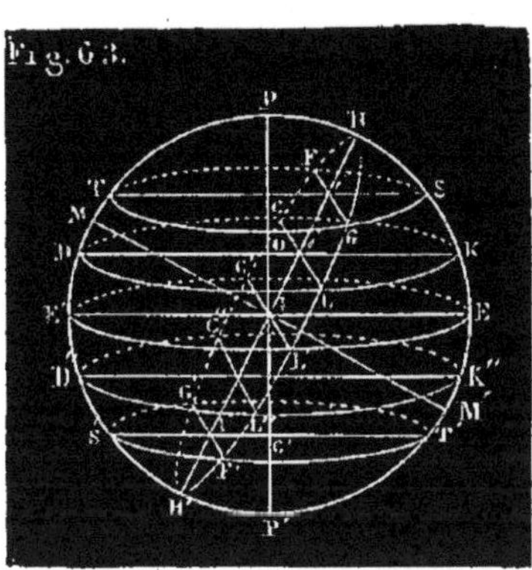
Fig. 63.

A Paris, le minimum de la hauteur méridienne du soleil est 17° 42′ au solstice d'hiver; le maximum 64° 38′, au solstice d'été; la moyenne est 41° 10′, à l'un ou à l'autre équinoxe.

192. Mais la température d'un lieu, à chaque instant, ne dépend pas seulement de la quantité de chaleur qu'il reçoit à cet instant; cette chaleur, qu'il tend à perdre par le rayonnement, lui est plus ou moins conservée par l'atmosphère. Il résulte de là que le maximum de la température *du jour* n'a pas lieu à midi, moment où la terre reçoit la plus grande quantité de chaleur, mais à deux heures environ; un peu plus tôt en hiver, un peu plus tard en été.

En voici la raison : A midi, par exemple, le sol reçoit plus de chaleur qu'il n'en perd par le rayonnement, et la température s'élève. Il en est de même jusqu'à deux heures environ; alors l'intensité du rayonnement ayant augmenté progressivement avec la température, tandis que la quantité de chaleur reçue à chaque instant a diminué avec la hauteur du soleil, la perte surpasse le gain, et la température s'abaisse jusqu'à l'heure du lendemain où le sol recommence à gagner plus qu'il ne perd.

L'heure du maximum n'est pas la même partout ; sur les montagnes elle se rapproche de midi, parce que l'atmosphère moins dense s'oppose moins au rayonnement.

Un effet semblable se produit quant à la plus haute température *de l'année*. S'il n'y avait pas accumulation de la chaleur conservée par l'atmosphère, le jour le plus chaud de l'année serait le 21 juin, jour du solstice d'été; le jour le plus froid serait le 21 décembre, vers le solstice d'hiver. Mais, à cause de l'accumulation susdite, la plus haute température de l'année a lieu un mois plus tard, à la fin de juillet ; le minimum trois semaines plus tard, vers le milieu de janvier.

Au solstice d'été, par exemple, la somme des quantités de chaleur reçues par le sol dans un jour solaire surpasse la somme de celles qu'il perd dans le même temps par le rayonnement de jour et de nuit ; par suite, la température moyenne s'élève d'un jour à l'autre ; cela continue ainsi pendant le mois qui suit. Après ce mois, le rayonnement ayant augmenté avec la température, et la quantité de chaleur reçue ayant diminué avec la hauteur méridienne et la durée du jour, la perte de chaleur pour chaque jour solaire finit par surpasser le gain, et la température moyenne s'abaisse. Cela dure ainsi jusqu'à l'époque de l'année où le gain redevient de nouveau supérieur à la perte. Nous n'avons pas besoin de faire remarquer l'influence des longues nuits.

193. Les variations de la température n'ont pas, en réalité, la régularité qui vient d'être indiquée ; d'autres causes accidentelles influent considérablement sur ces variations. *Les vents* qui soufflent irrégulièrement, tantôt d'un côté, tantôt d'un autre, apportant dans un lieu des masses d'air considérables ayant pris la température différente qui règne dans d'autres régions de la terre, modifient la température du lieu tantôt dans un sens, tantôt dans un autre. La température générale d'un lieu peut encore être influencée *par le voisinage des mers, d'une chaîne de montagnes, la hauteur du lieu au-dessus du niveau de la mer*. (V. la note ci-dessous) (*), et en général *par la distribution des terres et des eaux dans la région du*

(*) L'atmosphère s'oppose au rayonnement de la chaleur terrestre, et par suite au refroidissement qui en résulte. Mais à mesure qu'on s'élève au-dessus du niveau des mers, l'air moins dense s'oppose moins au rayonnement ; de là un froid plus grand. On a remarqué que la température, à latitude égale, s'abaisse d'environ 1° pour 185 mètres d'élévation.

globe où il se trouve. Mais ces causes sont en général du domaine de la météorologie, et nous n'avons pas à nous en occuper ici.

194. Principales zones terrestres. Sous le rapport des températures, et quelquefois de la durée du plus long jour et de la plus longue nuit, on divise la terre en un certain nombre de zones dont nous indiquerons seulement les principales.

On appelle *tropiques terrestres* deux parallèles tracés sur le globe terrestre à 23° 28′ de part et d'autre de l'équateur; les tropiques terrestres correspondent aux tropiques célestes (n° 120) (V. *fig.* 63, les cercles ST, S′T′).

On appelle *cercles polaires* deux parallèles situés à 23° 28′ des pôles (66° 32′ de l'équateur). Le cercle polaire boréal (cercle *pq*, fig. 63) passe en Islande, au nord de la Suède, dans la Sibérie, le pays des Esquimaux, et le Groënland. Le cercle polaire austral (cercle *p′q′*, fig. 63) est défendu par des glaces perpétuelles.

La surface de la terre est partagée par ces quatre cercles en cinq zones principales : 1° *La zone torride,* comprise entre les deux tropiques, qui a 46° 50′ de largeur; 2° deux zones tempérées dont chacune est comprise entre l'un des tropiques et un cercle polaire; 3° deux zones glaciales comprises entre les cercles polaires et les pôles.

La zone torride occupe à peu près 0,40 de la surface totale de notre globe; les zones tempérées 0,52, et les zones glaciales 0,08.

195. *Température des différentes zones.* Dans la zone torride, entre les tropiques, le soleil s'écartant peu du zénith à midi, les rayons tombent chaque jour verticalement sur la terre et y pénètrent en très-grande quantité. Aussi la température moyenne de cette zone est-elle très-élevée; à l'équateur elle est de 28° centigrades.

Dans les zones tempérées, à mesure que la latitude augmente, les rayons du soleil, tombent plus obliquement sur la terre, y pénètrent en moins grande quantité; la température moyenne diminue rapidement. A la latitude de Paris elle n'est plus que de 10 à 11°. Au cap nord, à la latitude de 70°, elle est descendue à 0°.

Dans les zones glaciales, à l'obliquité du soleil se joint la longueur des nuits. Le froid y est toujours très-intense, c'est la région des glaces perpétuelles.

Remarques. A latitude égale, la température est plus élevée en Europe qu'en Amérique et en Asie. Par exemple : la température moyenne est la même à Londres, dont la latitude est 51°31, qu'à New-York dont la latitude est 41°55'.

L'hémisphère austral est plus froid que l'hémisphère boréal. La ceinture de glaces perpétuelles qui entoure le pôle boréal ne s'étend pas à plus de 9°, tandis que celle qui entoure le pôle austral s'étend à plus de 18°.

DISTANCE DU SOLEIL A LA TERRE. — SES DIMENSIONS.

196. Après nous être occupé du mouvement du soleil et de ses principaux effets, nous allons montrer comment on a pu trouver la distance qui nous sépare de cet astre et ses vraies dimensions.

A propos de l'orbite solaire, nous avons dit que les diverses valeurs que prend successivement le diamètre apparent du soleil, fournissent autant de nombres proportionnels aux valeurs correspondantes de la distance du soleil à la terre. On connaît ainsi la loi suivant laquelle varie cette distance; mais cela n'apprend rien sur sa grandeur absolue. Il faut donc recourir à d'autres moyens pour déterminer cette grandeur.

Ainsi que nous l'avons déjà dit à propos des étoiles, n° 51, la distance d'un astre à la terre s'obtient de la même manière que sur la terre la distance d'un lieu où on est à un point inaccessible mais visible. On fait choix d'une base, et on cherche à déterminer les angles adjacents et l'angle sous lequel cette base serait vue du lieu inaccessible. La seule difficulté de l'opération, quand il s'agit d'un astre, consiste dans la grandeur de la distance à mesurer relativement à la base dont on peut disposer; cette grandeur, en rendant l'angle très-petit, donne une grande influence sur le résultat aux erreurs d'observations. La base dont on se sert pour le soleil, la lune, et les planètes, est le rayon de la terre; l'angle opposé est la *parallaxe* de l'astre.

197. Parallaxe du soleil. La *parallaxe* d'un astre S (*fig.* 71 ci-après), relativement à un lieu A de la terre, est l'angle ASO, sous lequel serait vu, du centre même de l'astre, le rayon AO de la terre qui aboutit au lieu A. Quand l'astre est à l'horizon, en S', sa parallaxe est dite *horizontale;* quand il est déjà à une certaine hauteur au-dessus de l'horizon, cet angle ASO est dit une parallaxe de *hauteur*.

198. On sait déjà que, à cause de l'immense éloignement des étoiles, leurs parallaxes ainsi définies sont trop faibles pour que nous puissions les déterminer (n° 51). Nous n'avons donc à nous occuper sous ce rapport que du soleil, de la lune et des planètes; les parallaxes de ces astres sont encore des angles très-petits.

199. *La parallaxe horizontale du soleil, à sa distance moyenne de la terre, est* 8″,57, à moins de 0″,04 d'approximation en plus ou en moins.

200. *La distance moyenne du soleil à la terre est d'environ* 38000000 *lieues de 4 kilomètres* (24000 fois le rayon de la terre).

Supposons qu'on observe le soleil à l'horizon; le centre O de la terre, le centre S du soleil, et le lieu d'observation A sont reliés par un triangle ASO (*fig.* 71), dans lequel l'angle A = 90°; l'angle ASO = 8″,57 (parallaxe horizontale), l'angle O = 8° — 8″,57 (*); un pareil triangle peut sans erreur sensible être considéré comme isocèle, comme si l'angle O était égal à l'angle A. Cela admis, le rayon, AO = r, de la terre est la corde d'un petit arc de cercle de 8″,57, décrit du sommet S, avec un rayon SO précisément égal à la distance cherchée du soleil à la terre, que nous désignerons par D. On peut, sans erreur relative sensible, considérer ce petit arc de 8″,57 comme égal à sa corde AO = r, avec laquelle il se confond. En comparant cette longueur à celle de la circonférence tout entière, $2\pi D$, on a

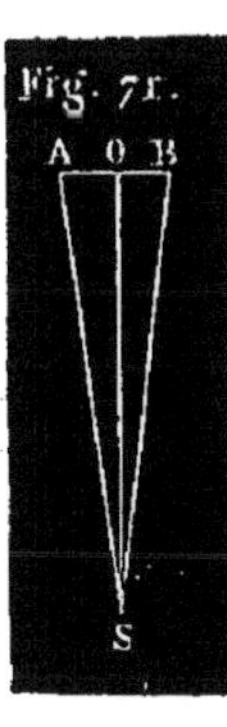

$$\frac{2\pi D}{r} = \frac{360^\circ}{8'',57} = \frac{1296000''}{8'',57} = \frac{1296000}{8{,}57}$$

d'où on déduit aisément $D = \dfrac{1296000}{2\pi \times 8{,}57} r.$

(*) La résolution de triangle ASO par la trigonométrie donne $r = D \sin P$; d'où $D = \dfrac{r}{\sin P}$; à cause de la petitesse de P (8″,57), on peut remplacer sin P par P, qui est la longueur d'un arc de 8″,57 dans la circonférence dont le rayon est 1.

En faisant le calcul on trouve $D = 24068r$ (nous avons mis 24000 en nombre rond). Le rayon considéré dans le calcul de la parallaxe est le rayon de l'équateur égal à 6377398 mètres.

La parallaxe n'étant connue que par approximation, avec une erreur possible de 0″,04, en plus ou en moins, on ne peut répondre de la distance du soleil à la terre qu'à quelques centaines de mille kilomètres près. Avec cette approximation, on estime que la distance moyenne est d'environ

38000000 lieues de 4 kilomètres (*).

201. Diamètre du soleil; son volume, sa masse, sa densité, *comparés aux mêmes quantités relatives à la terre.*

1° *Le diamètre réel du soleil égale* 112 *fois celui de la terre* (ce qui fait environ 357000 lieues de 4 kilomètres).

2° *Le volume du soleil égale* 1405000 *fois celui de la terre.*

3° *La masse du soleil égale* 355000 *fois celle de la terre.*

4° *La densité du soleil est à très-peu près le* 1/4 *de la densité de la terre.*

202. Diamètre réel du soleil. Reprenons le triangle ASO (*fig.* 71), et prolongeons la longueur AO, considérée comme un petit arc de cercle très-aplati, d'une longueur égale OB, (*fig.* 71); AOB sera le diamètre réel de la terre; l'angle ASB, double de la parallaxe horizontale ASO, est le diamètre apparent de la terre vue du soleil (n° 124). Imaginons ensuite qu'on joigne de même le centre O de la terre aux deux extrémités A′ et B′ d'un diamètre A′SB′ du soleil; on obtient ainsi un triangle A′OB′, tout à fait analogue au triangle ASB (faites la figure), dont l'angle au sommet, A′OB′, est précisément le diamètre apparent du soleil au même instant (n° 124). Les diamètres réels AOB, A′SB′, peuvent être regardés, d'après les considérations qui précèdent, comme se confondant avec les petits arcs de cercle AB, A′B′, de même rayon (OS=SO); qu'ils sous-tendent; mais des arcs de cercle de même rayon sont entre eux comme les angles au centre ASB, A′OB′, qui leur correspondent (2e livre de géom.).

(*) Cette distance moyenne est le demi-grand axe de l'orbite solaire (n° 129). La distance apogée est 24728, et la distance périgée 23648.

On a donc

$$\frac{A'B'}{AB} \text{ ou } \frac{2R}{2r} = \frac{A'OB'}{ASB}.$$

Mais, à la distance moyenne, le diamètre apparent du soleil $A'OB' = 32'3''3$; et ASB double de la parallaxe horizontale $= 8'',57 \times 2 = 17'',14$; on a donc

$$\frac{2R}{2r} = \frac{32'3'',3}{17'',14} = \frac{1923'',3}{17'',14} = \frac{1923,30}{17,14}.$$

D'où on déduit $R = 112r$.

$2R = 357000$ lieues de 4 kilomètres.

2° Les surfaces des deux globes sont entre elles comme les carrés des rayons, ou comme $112^2:1$; leurs volumes sont comme les cubes des mêmes rayons, comme $112^3:1$.

On a $S = 1254s$; $V = 1404928v$.

Nous avons pris en nombre rond $V = 1405000v$.

On se fera une idée du volume énorme du soleil en imaginant que le centre de cet astre vienne un instant coïncider avec celui de la terre; le globe solaire ainsi placé irait non-seulement jusqu'à la lune, mais encore une fois au delà.

3° La masse d'un corps se définit vulgairement la quantité des molécules matérielles qui composent ce corps. Mais comment s'imaginer les dernières molécules matérielles d'un corps et en évaluer le nombre?

On prend la masse d'un certain corps pour unité, et on évalue le rapport des autres masses à celle-là d'après les principes suivants :

La masse d'un globe sphérique, comme la terre ou le soleil, se mesure par le chemin que ce globe, en vertu de son attraction propre, fait parcourir dans la première unité de temps à un corps placé à une distance convenue.

Ou bien si l'on veut :

Les masses de deux globes sphériques sont entre elles comme les vitesses avec lesquelles ces deux globes attirent respectivement un corps quelconque placé à égale distance de l'un et de l'autre. (V. le principe de gravitation.)

On a trouvé, d'après cela, pour le soleil et pour la terre :

$$M = 354936m$$

Nous avons mis en nombre rond $M = 355000m$.

4° La densité d'un corps homogène est le nombre qui mesure la masse de l'unité de volume du corps. Si le corps n'est pas homogène, la densité est la masse moyenne de l'unité de volume.

Il résulte de là que si M est la masse d'un corps, V son volume, D sa densité, $M = V \times D$. Écrivons ces égalités pour le soleil et la terre :

$$M = V \times D; \quad m = v \times d;$$

on déduit de là

$$\frac{M}{m} = \frac{V}{v} \times \frac{D}{d}; \text{ d'où } \frac{D}{d} = \frac{M}{m} : \frac{V}{v}.$$

Mais $\frac{M}{m} = 355000$, et $\frac{V}{v} = 1405000$; d'où $\frac{D}{d} = \frac{355000}{1405000}$. On trouve $\frac{D}{d} = 0{,}252$, ou $\frac{1}{4}$ à peu près.

203. Taches du soleil. Sa rotation. A l'œil nu le soleil nous apparaît comme un disque brillant d'un éclat uniforme; mais quand on l'examine avec une lunette, munie de verres colorés pour affaiblir l'éclat du disque, on aperçoit à sa surface des taches noires de formes irrégulières dont la *fig.* 74 peut donner une idée.

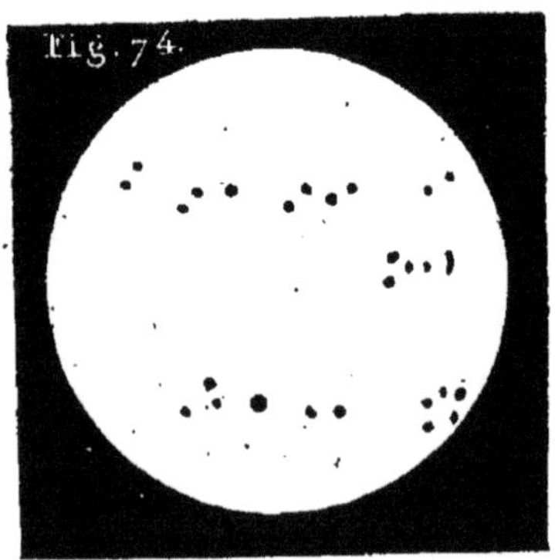
Fig. 74.

Si on observe ces taches sur le bord oriental du soleil, on les voit se déplacer chaque jour sur le disque, allant de l'Est à l'Ouest avec une vitesse qui croît jusqu'au milieu du disque, puis décroît ensuite. Après avoir décrit des droites parallèles ou des demi-ellipses très-aplaties, ayant toutes leur convexité tournée vers la même région, ces taches disparaissent lorsqu'elles ont atteint le bord occidental. Plusieurs d'entre elles s'évanouissent pendant leur mouvement visible; d'autres, ayant achevé leur course visible et disparu au bord occidental, ne reparaissent plus; elles ont dû se dissiper sur la face du soleil en ce moment invisible pour nous. D'autres taches enfin, après avoir disparu au bord occidental, reparaissent au bord opposé, et font ainsi une ou plusieurs révolutions complètes avant de se dissoudre. En déterminant (à l'aide des Æ et des D) les positions successives de chaque tache relativement au centre du soleil, on peut construire la courbe que cette tache paraît décrire sur le disque. On a constaté ainsi que toutes ces taches décrivent des courbes semblables et parallèles; on reconnaît en même temps que celles qui achèvent leur révolution reviennent toutes à la même position au bout du même temps, qui est de $27^j,3$.

204. Rotation du soleil. La nature de ces mouvements, leur régularité, leur ensemble, l'égalité des temps pendant lesquels une tache est successivement visible et invisible, ne peuvent s'expliquer que par un mouvement de rotation du soleil sur lui-même, analogue à celui que nous avons reconnu à la terre. Cette rotation admise, ayant déduit d'un nombre suffisant d'observations particulières la position de l'axe de rotation et celle de l'équateur céleste, on a pu constater ensuite l'accord du mouvement de rotation avec les apparences du mouvement général des taches; cet accord met hors de doute le mouvement de rotation.

Il résulte donc de l'observation des taches du soleil que cet astre tourne sur lui-même, d'Occident en Orient, autour d'un axe central. Il fait une révolution en $25_j,34$ (*).

L'axe du soleil fait avec celui de l'écliptique un angle de 7°9'; l'équateur solaire fait donc avec le même plan un angle de 82°51'; il le coupe d'ailleurs suivant une droite faisant avec la ligne des équinoxes un angle de 80°. On remarque que jamais les taches ne

(*) Durée de la rotation. Les taches qui font une révolution entière, mettant toutes $27_j,3$ à l'accomplir, il semblerait au premier abord que $27_j,3$ doit être la durée d'une révolution du soleil; mais pour déterminer cette durée il faut avoir égard non-seulement au mouvement des taches, mais encore au changement de place du soleil par rapport à la terre, qui change la position du point de vue; il faut combiner ces deux mouvements. C'est d'après des observations ainsi faites sur des taches nombreuses que M. Laugier a trouvé la durée ci-dessus indiquée ($25_j,34$).

se rencontrent dans le voisinage des pôles du soleil; elles sont comprises dans une région qui s'étend à 30° environ de son équateur.

205. *Détails particuliers sur les taches du soleil.* Voici des détails sur les taches du soleil qui motivent l'hypothèse que l'on fait sur la constitution physique de cet astre. Ces taches ont été observées pour la première fois par Fabricius en 1611, et par Galilée en 1612. Elles ont une forme irrégulière et variable, mais sont nettement définies sur leur contour; elles sont généralement entourées d'une sorte de bordure moins sombre, appelée *pénombre*. La *figure* 75 peut donner une idée de ces taches. Voici ce qu'en dit sir John Herschell dans son *Traité d'astronomie* (*).

« Les taches ne sont pas permanentes; d'un jour à l'autre, ou même d'heure en heure, elles semblent s'élargir ou se resserrer, changer de forme, puis disparaître tout à fait, ou reparaître dans d'autres parties du disque où il n'y en avait pas auparavant. En cas de disparition, l'obscurité centrale se resserre de plus en plus et s'évanouit avant les bords. Il arrive encore qu'elles se séparent en deux ou plusieurs taches. Toutes ces circonstances annoncent une mobilité extrême qui ne peut convenir à un fluide, et accuse un état violent d'agitation qui ne semble compatible qu'avec l'état atmosphérique et gazeux de la matière. L'échelle sur laquelle s'accomplissent ces mouvements est immense. Une seconde angulaire, pour l'observateur terrestre, correspond sur le disque solaire à 170 lieues, et un cercle de ce diamètre (comprenant plus de 22000 lieues carrées) est le moindre espace que nous puissions voir distinctivement à la surface du disque solaire. Or on a observé des taches dont le diamètre surpassait 16000 lieues, à peu près cinq fois le diamètre de la terre. Pour qu'une pareille tache disparaisse en six semaines (les taches durent rarement plus longtemps), il faut que les bords, en se rapprochant, décrivent plus de 360 lieues par jour.

» Dans le voisinage des grandes taches, ou des groupes de taches, on observe souvent de larges espaces couverts de raies bien mar-

(*) Traduction de M. Cournot.

quées, courbes ou à embranchements, qui sont plus lumineuses que le reste du disque, et qu'on nomme *facules*. On voit fréquemment des taches se former auprès des facules lorsqu'il n'y en avait pas auparavant. On peut les regarder très-probablement comme les faîtes de vagues immenses produites dans les régions supérieures de l'atmosphère solaire, à la suite de violentes agitations. »

206. Constitution physique du soleil. La science ne nous apprend rien de positif sur la constitution physique du soleil. Nous sommes réduits, sous ce rapport, à des conjectures plus ou moins probables. Les observations faites sur les taches ont conduit à l'hypothèse suivante, imaginée par William Herschell, et généralement admise aujourd'hui. On suppose que le soleil est un *globe obscur* entouré de *deux atmosphères* concentriques : une première atmosphère dans laquelle flotte une couche de nuages opaques et réfléchissants ; une seconde, lumineuse à sa surface extérieure. Cette dernière enveloppe, qui nous envoie la lumière et la chaleur, et détermine le contour visible de l'astre, a reçu le nom de *photosphère*, c'est-à-dire de sphère lumineuse. Quand une ouverture se produit dans cette photosphère, nous voyons la couche nuageuse; de là une tache grise ou pénombre. Quand une ouverture correspondante se produit dans la couche nuageuse, nous voyons à travers les deux ouvertures le globe obscur central; de là une tache noire ordinairement entourée d'une pénombre (*) (V. la *fig.* 75). Il est probable que ces déchirements temporaires des deux couches sont dus à des masses de gaz qui, partant du globe intérieur, lancées peut-être par des volcans puissants, traversent violemment les deux atmosphères en les déchirant.

207. Lumière zodiacale. On appelle ainsi une lueur très-faible

(*) Quand une tache est vue de face, la pénombre entoure la tache comme une auréole circulaire; quand la tache, se déplaçant, approche du bord, la largeur de la pénombre diminue du côté le plus voisin du centre, en persistant telle qu'elle est de l'autre côté. Cette pénombre fait l'effet d'un talus descendant dans l'intérieur du globe, et dont on verrait toute la surface dans la première position de la tache (près du centre), puis seulement d'un seul côté quand la tache est vue plus obliquement. De là l'idée de l'atmosphère opaque à travers laquelle descendrait ce talus jusqu'au noyau obscur.

qui, à certaines époques de l'année, apparaît à l'ouest après le crépuscule du soir, ou à l'est avant l'aurore. Elle dessine sur la voûte céleste une sorte de triangle scalène incliné, sans contours bien nets, dont la base de 20° à 30° repose sur l'horizon, et dont le sommet s'élève quelquefois à 50° de hauteur (*V. fig.* 76 la partie de la figure située au-dessus de HH'). Un arc de cercle mené du sommet au milieu de la base coïncide à peu près avec l'écliptique; en sorte que cette lueur paraît, pour ainsi dire, couchée sur le zodiaque, dans le sens de sa plus grande dimension; de là vient son nom.

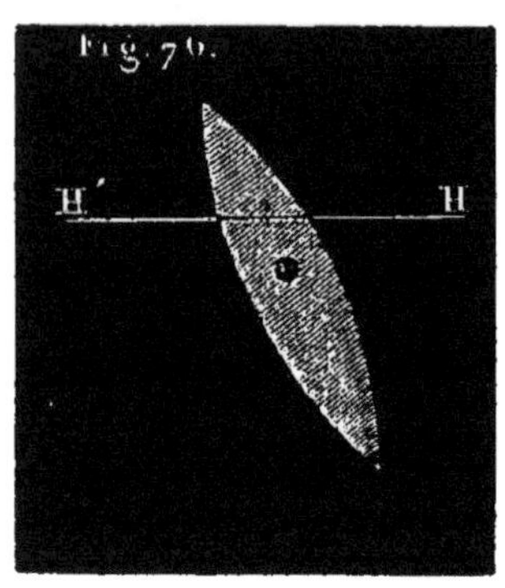

Dans nos climats, la lumière zodiacale se voit en général le soir à la fin du crépuscule, pendant les mois de mars et d'avril, et le matin avant l'aurore, en septembre et octobre; dans les régions équatoriales on la voit toute l'année.

Deux circonstances paraissent en effet décider de sa visibilité : 1° la brièveté du crépuscule, 2° la position plus ou moins inclinée de l'arc de l'écliptique sur laquelle cette lueur se projette. On peut d'après cela se convaincre, à l'aide d'un globe terrestre, que les époques les plus favorables pour la voir sont celles que nous avons citées.

La lumière zodiacale participe d'ailleurs au mouvement diurne; elle accompagne le soleil; son extrémité supérieure s'abaisse de plus en plus, et au bout de quelque temps elle disparaît entièrement. On se fait une idée nette des circonstances de ce phénomène, en imaginant que le soleil soit environné d'une immense atmosphère, de forme lenticulaire, *fig.* 76 (très-peu dense, car on voit les étoiles à travers), dont l'astre occuperait le centre, et dont la plus grande dimension serait dirigée dans le sens de l'écliptique. Nous n'en voyons que la partie située au-dessus de l'horizon H'H.

208. Irrégularités du mouvement apparent du soleil.

Pour terminer en ce qui concerne le mouvement apparent du soleil par rapport à la terre, il nous reste à faire connaître succinctement quelques irrégularités dont ce mouvement est affecté, et dont nous avons fait abstraction à dessein. Nous nous occuperons principalement du phénomène connu sous le nom de *précession des équinoxes*. Pour bien comprendre ce que nous avons à dire à ce sujet, il nous faut définir ici quelques termes très-usités d'ailleurs en astronomie.

209. LONGITUDES ET LATITUDES CÉLESTES. En outre de l'ascension droite (Æ) et de la déclinaison (D), les astronomes font souvent usage, pour définir d'une manière précise la position d'un astre sur la sphère céleste, de deux quantités analogues à l'Æ et à la D, mais qui en diffèrent en ce qu'elles se rapportent à l'écliptique, au lieu de se rapporter à l'équateur : ce sont *la longitude* et la *latitude célestes*.

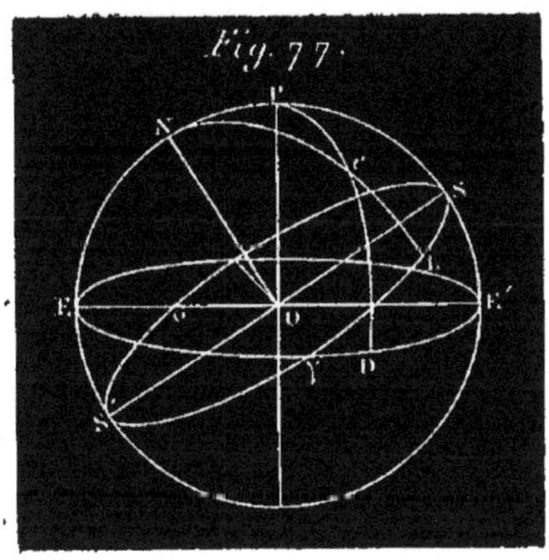

Soient la sphère céleste, O (*fig.* 77), EγE′ l'équateur, S′γS l'écliptique, OP l'axe du monde, ON l'axe de l'écliptique, *e* un astre quelconque, P*e*D un arc de grand cercle perpendiculaire à l'équateur, N*e*L un autre arc perpendiculaire à l'écliptique. On sait que l'ascension droite de l'astre *e* est l'arc γD, que sa déclinaison est *e*D. Sa longitude est γL, et sa latitude *e*L.

210. La LATITUDE d'un astre *e*, est sa distance *e*L à l'écliptique, comptée sur le demi-cercle qui passe par cet astre et les pôles de l'écliptique. La latitude est *boréale* ou *australe* suivant que le pôle de l'écliptique le plus voisin de l'astre est boréal ou austral ; elle est positive dans le premier cas, négative dans le second, et varie de 0 à 90°. Le demi-cercle N*e*L se nomme *cercle de latitude*.

211. On appelle LONGITUDE d'un astre, *e*, l'arc γL compris entre un point déterminé de l'écliptique et le cercle de latitude de cet astre. L'origine des longitudes est le point équinoxial du printemps, γ ; elles se comptent de l'ouest à l'est, à partir de ce point, et varient en général de 0° à 360°.

212. Le mouvement diurne apparent de la sphère céleste,

autour d'un axe perpendiculaire à l'équateur, permet de déterminer facilement l'ascension droite et la déclinaison d'un astre à l'aide des instruments méridiens, comme nous l'avons expliqué, nos 34 à 39. Mais cet axe de rotation étant oblique à l'écliptique, on ne peut arriver par le même moyen à la connaissance des longitudes et des latitudes.

La longitude et la latitude d'un astre se déduisent par un calcul de trigonométrie sphérique, de son ascension droite et de sa déclinaison observées (*).

C'est pour rendre plus facile cette conversion très-fréquente des ascensions droites et des déclinaisons en longitudes et en latitudes, qu'on a choisi pour origine commune des ascensions droites et des longitudes *le point équinoxial* γ, commun aux deux cercles sur lesquels se comptent ces coordonnées.

213. Mouvements directs, rétrogrades. On sait que le soleil se meut sur l'écliptique, *de l'ouest à l'est;* sa latitude est constamment *nulle;* ses diverses positions se distinguent par leurs longitudes.

Comme on a souvent à considérer, en astronomie, des mouvements qui ont lieu sur la sphère céleste, soit le long de l'écliptique, soit suivant des lignes qui ne s'en écartent pas beaucoup, on a adopté des dénominations spéciales pour désigner le sens de ces mouvements. Tout mouvement qui s'effectue dans le même sens que celui du soleil, de l'ouest à l'est (dans le sens des longitudes croissantes), est dit un *mouvement direct;* dans le sens contraire, le mouvement est dit *rétrograde.*

214. On dit que deux astres sont *en conjonction* quand leurs longitudes sont égales; *en opposition*, quand leurs longitudes diffèrent de 180°; *en quadrature*, quand elles diffèrent de 90°.

(*) Ce calcul consiste dans la résolution du triangle sphérique NPe (*fig.* 77), dont nous allons indiquer les éléments. On y connaît : 1° le côté Pe = 90° — Déclinaison; 2° le côté NP qui mesure l'angle PON, inclinaison de l'écliptique sur l'équateur; 3° l'angle NPe qui a pour mesure l'arc ED = 90° + γD = 90° + Æ. Connaissant deux côtés d'un triangle et l'angle compris, on peut résoudre ce triangle et calculer : 1° le troisième côté Ne = 90° — Latitude; 2° l'angle PNe, qui a pour mesure l'arc d'écliptique LS = 90° — Longitude; d'où la longitude et la latitude célestes.

PRÉCESSION DE ÉQUINOXES.

215. Supposons qu'à une certaine époque on ait formé un catalogue des ascensions droites et des déclinaisons d'un certain nombre d'étoiles, rapportées au point équinoxial γ, puis qu'à d'autres époques, séparées les unes des autres par des intervalles de plusieurs années, on ait recommencé plusieurs fois la même opération, en ayant soin de déterminer chaque fois la position précise du point équinoxial γ, comme nous l'avons indiqué n° 135. On reconnaît ainsi que les ascensions droites des étoiles augmentent avec le temps ; les déclinaisons varient aussi. La loi de ces variations est assez complexe et difficile à établir ; mais si on convertit les ascensions droites et les déclinaisons en longitudes et en latitudes, une loi très-simple se manifeste aussitôt :

Les longitudes célestes de toutes les étoiles augmentent proportionnellement au temps, à raison de 50″,2 environ par an, tandis que leurs latitudes ne varient pas sensiblement.

Exemple : *Épi de la Vierge.*

Longitude ;	d'après	Hipparque, 128 ans avant J.-C.	174° 7′ 30″
—	—	Bradley, en 1760.	200° 29′ 40″
—	—	Maskeline, en 1802.	201° 4′ 41″

216. Cette égale variation des longitudes de toutes les étoiles peut s'expliquer de deux manières :

1° Ou bien, le point équinoxial γ, origine des longitudes, restant fixe, chaque étoile *e* (*fig.* 78) se déplace, en tournant autour de l'axe ON, de manière que son cercle de latitude s'éloigne de γ d'un mouvement continu, occupant des positions successives telles que NeL, Ne_1L_1, Ne_2L_2, ... ; après un an, la longitude de l'étoile est devenue $\gamma L_1 = \gamma L + LL_1 = \gamma L + 50'',2$; après une nouvelle année, $\gamma L_2 = \gamma L_1 + L_1L_2 = \gamma L_1 + 50'',2$ etc.

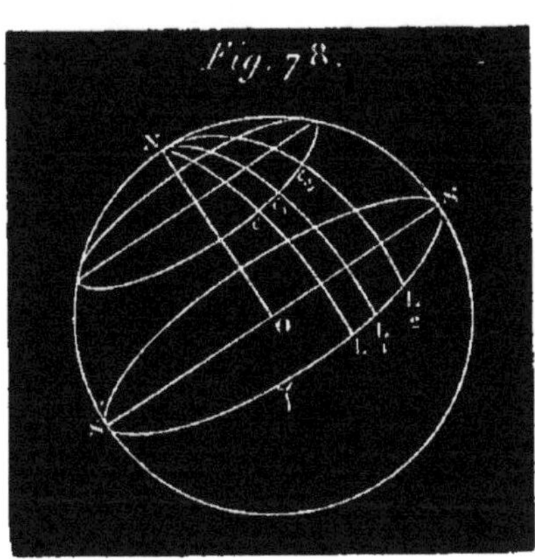
Fig. 78.

2° Ou bien chaque étoile e et son cercle de latitude NeL restant fixes (*fig.* 79), le point équinoxial γ s'en éloigne vers l'ouest, d'un mouvement continu, uniforme, tel que, après un an, la longitude de l'étoile est devenue $\gamma_1 L = \gamma L + \gamma\gamma_1 = \gamma L + 50'',2$; après deux ans, $\gamma_2 L = \gamma_1 L + \gamma_1\gamma_2 = \gamma_1 L + 50'',2$, etc.

Si on adoptait la première hypothèse, comme d'ailleurs il résulte de l'observation que les latitudes des étoiles ne varient pas sensiblement ($Le = L_1 e_1 = L_2 e_2, \ldots$), il faudrait admettre comme fait général *que toutes les étoiles décrivent de l'est à l'ouest des cercles parallèles à l'écliptique, exemple : $ee_1 e_2 \ldots$, d'un mouvement direct et uniforme, avec la même vitesse constante de* 50″,2 *par an*. Mais un pareil mouvement général des étoiles n'est pas plus vraisemblable que le mouvement diurne attribué aux mêmes astres; il donne lieu aux mêmes objections, et on pourrait répéter ici tout ce qui a été dit page 22; cette première explication doit donc être rejetée. En effet, c'est la seconde qui est aujourd'hui exclusivement adoptée. L'égale variation des longitudes de toutes les étoiles est attribuée au phénomène suivant que l'on désigne sous le nom de *précession des équinoxes*.

217. Précession des équinoxes. *Le point équinoxial γ et son opposé, ♎ tournent indéfiniment sur l'écliptique d'un mouvement uniforme et rétrograde, de l'est à l'ouest, avec une vitesse constante d'environ* 50″,2 *par an* (fig. 79).

Comme nous l'avons déjà fait observer, il résulte de ce mouvement rétrograde du point équinoxial que la longitude d'une étoile quelconque, e (*fig.* 79), si elle est γL, à une certaine époque, devient après un an, $\gamma_1 L = \gamma L + \gamma\gamma_1 = \gamma L + 50'',2$; après deux ans, $\gamma_2 L = \gamma_1 LL + \gamma_1\gamma_2 = \gamma_1 L + 50'',2$, etc. Ce mouvement rétrograde des points équinoxiaux est désigné sous le nom de *précession des équinoxes*, parce qu'il en résulte cette conséquence très-remarquable :

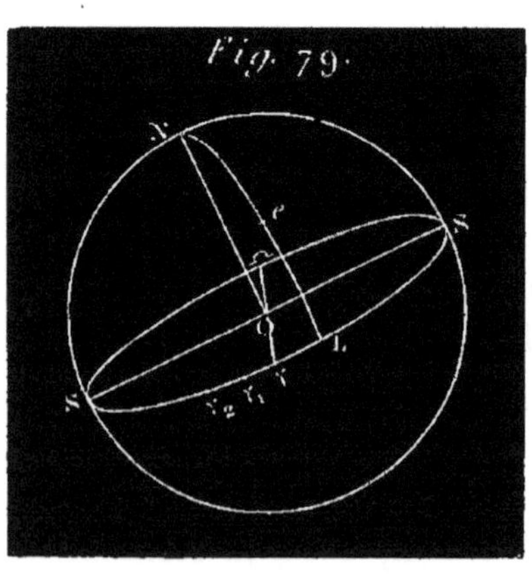

L'époque à laquelle arrive un équinoxe du printemps précède chaque année d'environ 20^m25^s celle à laquelle il arriverait, si le mouvement rétrograde des points équinoxiaux n'avait pas lieu.

Ceci s'explique aisément (*fig.* 79).

En effet, un équinoxe du printemps a lieu quand le soleil et le point équinoxial se rencontrent en un certain point γ de l'écliptique. A partir de ce moment, tandis que le soleil continue à tourner sur l'écliptique dans le sens $\gamma S\Omega S'$, le point équinoxial tourne sur l'écliptique dans le sens contraire $\gamma S'\Omega S$. Ces deux points mobiles, aussitôt séparés, marchent donc à la rencontre l'un de l'autre, mais avec des vitesses très-différentes. Le point équinoxial arrivé en γ_1 est de nouveau rencontré par le soleil; alors a lieu un nouvel équinoxe du printemps. Si le mouvement rétrograde des points équinoxiaux n'existait pas, ce nouvel équinoxe n'aurait lieu qu'au retour du soleil en γ; comme par le fait il s'en faut alors de l'arc $\gamma_1\gamma = 50'',2$ que le soleil soit de retour en γ, l'époque du nouvel équinoxe est avancée du temps qu'il faut au soleil pour parcourir cet arc de $50'',2$, c'est-à-dire d'environ 20^m25^s.

CONSÉQUENCES DE LA PRÉCESSION DES ÉQUINOXES.

218. Une des premières conséquences de la précession des équinoxes est la différence entre l'année sidérale et l'année tropique.

Année sidérale. On appelle *année sidérale* le temps qui s'écoule entre deux retours consécutifs du soleil au même point γ de l'écliptique.

On peut concevoir que le cercle de latitude $N\gamma$ soit celui d'une étoile fixe *e*; on peut donc dire que l'année *sidérale* est le temps qui s'écoule entre deux retours consécutifs du soleil au cercle de latitude d'une étoile déterminée quelconque; de là le nom d'*année sidérale*.

219. *Différence entre l'année sidérale et l'année tropique.* Supposons qu'une année tropique et une année sidérale commencent toutes deux au même équinoxe du printemps, le soleil étant en γ sur l'écliptique; l'année tropique finit quand le soleil arrivé en γ_1 a encore un arc $\gamma_1\gamma = 50'',2$ à parcourir pour être de retour en γ.

Le soleil parcourt donc 360° de l'écliptique en une année sidérale, et 360° — 50″,2 en une année tropique. La vitesse moyenne étant supposée la même durant ces deux années, celles-ci sont entre elles comme ces deux nombres 360° et 360° — 50″,2. Donc une année sidérale $= 365^{\text{j. sol. moy.}},2422 \times \dfrac{360°}{360° - 50'',2}$. On trouve ainsi $1^{\text{an. sid.}} = 365^{\text{j. sol. moy.}},25638$.

La différence est $0^{\text{j}},01418 = 20^{\text{min.}},25^{\text{s}}$ (*).

220. Désaccord entre les signes et les constellations du zodiaque. La rétrogradation des points équinoxiaux a encore sur le zodiaque un effet remarquable que nous avons déjà signalé n° 123. Dès avant Hipparque, on avait pris le point équinoxial du printemps pour origine des divisions du zodiaque partagé en douze parties égales nommées signes, et on avait donné à chacun de ces douze espaces égaux le nom de la constellation qui l'occupait à cette époque (n° 123). Ainsi le soleil entrant dans le premier signe à l'époque de l'équinoxe du printemps, y trouvait la constellation du *Bélier;* de là le nom de *signe du Bélier;* un mois après, entrant dans le second signe, il y rencontrait la constellation du Taureau, etc., jusqu'au douzième signe où se trouvait la constellation des Poissons. Aujourd'hui il n'en est plus de même; comme il s'est écoulé 2000 ans environ depuis l'invention du zodiaque, le point équinoxial γ a rétrogradé vers l'ouest de 50″,2 × 2000 ou de 27° 53′ à peu près; chaque signe ayant une étendue de 30° dans le sens de l'écliptique, le point γ est venu se placer à peu près à l'endroit où commençait le douzième signe des anciens, celui des Poissons.

Il résulte de là que le soleil, entrant à l'équinoxe dans le premier signe, toujours nommé le *Bélier*, y rencontre la constellation des *Poissons;* un mois après, entrant dans le signe du *Taureau*, il y trouve la constellation du *Bélier*, etc., etc. Tous les signes ont rétrogradé d'une place à peu près. Ce désaccord ne peut qu'augmenter avec le temps, jusqu'à ce que le point équinoxial ayant fait le tour de l'écliptique soit revenu à la position qu'il occupait il y a 2000 ans (**).

(*) Nous avons déjà indiqué cette différence entre l'année tropique et l'année sidérale, n° 217.

(**) V. dans les notes, à la fin du chapitre, un Appendice sur ce qui vient d'être dit sur la précession des équinoxes et ses conséquences.

MOUVEMENT RÉEL DE LA TERRE.

221. Quand nous étudions avec précision les diverses positions successivement occupées par le soleil par rapport à un lieu déterminé de la terre, cet astre nous paraît animé à la fois de deux mouvements : 1° du mouvement diurne qui lui est commun avec les étoiles ; 2° d'un mouvement de translation qui lui est propre, le long d'un orbite elliptique dont la terre occupe un foyer. Ainsi que nous l'avons expliqué n° 26, le premier mouvement n'est qu'une apparence due à la rotation de la terre. Sachant que le mouvement diurne du soleil n'a rien de réel, on peut se demander également s'il n'en est pas de même de son mouvement de translation autour de la terre. Ne pourrait-il pas se faire que celui-ci ne fût aussi qu'une simple apparence due à un second mouvement dont la terre serait animée en même temps qu'elle tourne autour de son axe. Il y a bien des exemples de mouvements composés analogues à celui que l'on est ainsi conduit à attribuer à la terre ; une pierre lancée dans une direction quelconque tourne sur elle-même plus ou moins rapidement en même temps qu'elle parcourt sa trajectoire parabolique. La terre étant un corps isolé de toutes parts (n° 59), et pouvant par conséquent se comparer à la pierre, on conçoit qu'elle puisse se mouvoir comme celle-ci autour de son centre de gravité, tandis que ce point, mobile lui-même, décrit une certaine courbe dans l'espace. Voyons donc si un pareil mouvement de la terre n'expliquerait pas le second mouvement apparent du soleil.

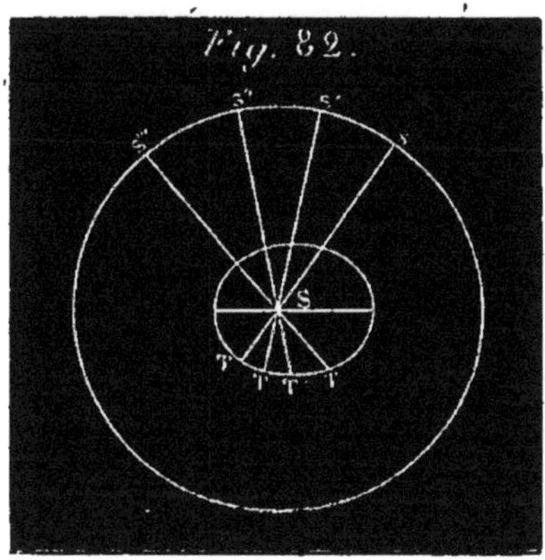
Fig. 82.

222. Pour simplifier, nous ferons abstraction du premier mouvement, c'est-à-dire du mouvement de rotation de la terre que nous supposerons réduite à son centre : cela ne change rien évidemment à la question à résoudre, qui est celle-ci :

Le centre T *de la terre se meut sur une ellipse* TT'T''... *autour du soleil immobile au foyer* S ; *un observateur* (fig. 82) *placé sur la ligne mobile* TS, *à peu près au point* T, *et se croyant immobile dans l'espace, cherche à se rendre compte des positions différentes que le soleil lui paraît successivement occuper; à quel résultat doit-il arriver?*

Cet observateur voit d'abord le soleil se projeter successivement en des points différents *s*, *s'*, *s''*,... de la sphère céleste; d'où il conclut que cet astre en mouvement tourne autour de lui dans le sens *ss's''*.

Les rayons visuels TS*s*, T'S*s'*, T''S*s''*,... étant par le fait dans le même plan (celui de l'ellipse TT'T''), les positions apparentes *s*, *s'*, *s''*,... que l'observateur détermine d'abord, sont à l'intersection de ce plan et de la sphère céleste; *c'est pourquoi en étudiant sur un globe céleste la forme de la courbe ss'ss''..., on a trouvé une circonférence* (L'ÉCLIPTIQUE). (N° 116).

Par suite du mouvement elliptique de la terre, T, sa distance au soleil S varie continuellement (*fig.* 82); le diamètre apparent du soleil vu de la terre doit donc varier en conséquence. C'est en effet ce que remarque l'observateur; mais croyant le soleil en mouvement sur l'écliptique (à cause du déplacement de sa position apparente *s*), il attribue à ce mouvement la variation continuelle de la distance des deux globes. En conséquence, pour construire une courbe semblable à celle que la position réelle du soleil doit suivant lui décrire autour de la terre, il opère comme nous l'avons indiqué n° 129; il obtient ainsi la *fig.* 53 que nous reproduisons ici. Mais voyons maintenant ce qui arrivera si, dans l'hypothèse du mouvement de la terre, on veut connaître la forme de sa trajectoire TT'T''T'''... (*fig.* 82). On devra, comme au n° 129, reproduire l'écliptique sur le papier, et y remarquer de même les positions apparentes *s*, *s'*, *s''*... relevées sur le globe; puis joindre les points *s*, *s'*, *s''*,... au centre, considéré comme point d'intersection des rayons visuels issus de la terre; mais cette fois, comme on sait que ce point d'intersection est le centre du soleil, on l'appellera S. Jusqu'à présent la nouvelle figure (*fig.* 82) ne diffère pas de la précédente. Mais, pour continuer, on devra porter les longueurs proportionnelles aux distances du

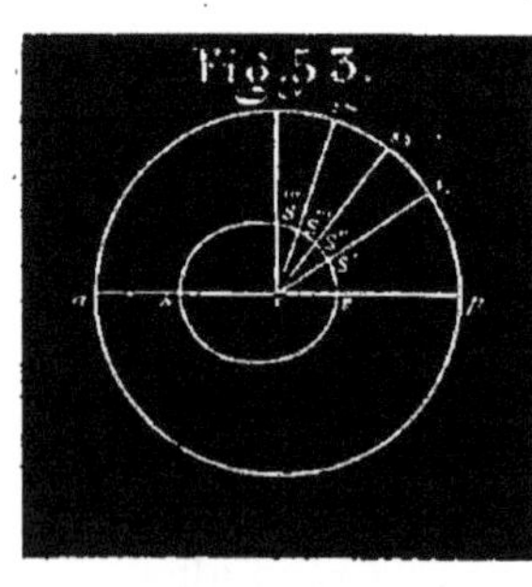

soleil à la terre, non plus sur les rayons Ss, Ss', Ss'',..... mais sur leurs prolongements ST, ST', etc. On obtient aussi une courbe TT'T''T'''... semblable à celle que la terre décrit autour du soleil. Or cette courbe est évidemment identique à la courbe intérieure SS'S''S'''... du n° 129 (*fig.* 53); en effet, TS = ST; TS' = ST'; TS'' = ST'', etc.; l'angle STS' = TST'; S'TS'' = T'ST'', etc. Cela posé, si on transporte l'une des courbes sur l'autre, par exemple SS'S''..... sur TT'T''....., en retournant la première de manière que T coïncide avec S, TS avec ST, et TS' avec ST', tous les autres rayons vecteurs coïncidant, les deux courbes coïncident dans toute leur étendue.

La courbe que le soleil nous paraît décrire autour de la terre supposée immobile est donc précisément égale à celle que, dans l'hypothèse du mouvement de la terre, celle-ci décrit autour du soleil.

Ainsi donc il suffit que la terre décrive une ellipse dont le soleil occupe un des foyers, pour que cet astre nous *paraisse* animé du mouvement de translation que nous lui avons attribué jusqu'à présent.

223. Preuves du mouvement de translation de la terre. Les apparences du mouvement de translation du soleil peuvent donc s'expliquer avec la même facilité, soit qu'on regarde la terre comme immobile et le soleil tournant effectivement autour d'elle, soit qu'on regarde la terre comme se mouvant autour du soleil. Ces apparences ne doivent donc pas entrer en ligne de compte dans l'examen des motifs que nous pouvons avoir d'ailleurs de nous arrêter à l'une de ces deux idées plutôt qu'à l'autre.

Or, la plus simple observation faite avec une lunette nous fait voir certains corps célestes tournant continuellement autour d'un corps plus gros qu'eux. Nous voyons de cela plusieurs exemples (ex. : les satellites d'une planète tournent autour de cet astre). Nulle part nous ne voyons de grands corps tournant autour d'un plus petit. Peut-on alors admettre que le soleil, 1405000 fois plus gros que la terre, ayant une masse 355000 fois plus grande, tourne autour de notre globe?

Quand on étudie les apparences que présentent les mouvements des planètes, on trouve que ces apparences s'expliquent beaucoup plus simplement dans l'hypothèse du mouvement de la terre autour du soleil que dans l'hypothèse de son immobilité.

La terre se mouvant autour du soleil peut être assimilée aux planètes; on reconnaît alors que son mouvement satisfait complètement aux lois qui, dans cette hypothèse, régissent les mouvements des planètes autour du soleil.

Il y a plus : ce mouvement des planètes et de la terre est précisément celui que ces corps doivent avoir autour du soleil, si on s'en rapporte à la théorie de la gravitation universelle dont l'exactitude a été vérifiée dans des circonstances si nombreuses et si variées. Ce sont là évidemment des preuves frappantes du mouvement de la terre autour du soleil.

On peut ajouter que divers phénomènes, inexplicables dans l'hypothèse absolue de l'immobilité de la terre ou de son centre, s'expliquent parfaitement, si on admet son mouvement de translation autour du soleil. Ex. : le phénomène connu sous le nom d'*aberration;* la *parallaxe annuelle* actuellement connue de quelques étoiles.

Ces raisons sont plus que suffisantes pour nous faire admettre le mouvement de la terre autour du soleil comme une vérité incontestable; nous tiendrons donc pour certaine la proposition suivante :

La terre tourne constamment, d'un mouvement uniforme, autour d'un axe central, effectuant une révolution en 24 heures sidérales; elle se meut en même temps autour du soleil, son centre décrivant une ellipse dont cet astre occupe un foyer.

NOTE I.

Calcul des parallaxes.

224. Il existe entre la parallaxe horizontale et une parallaxe de *hauteur* quelconque une relation très-simple, qui sert à déduire l'une de l'autre. Soient r le rayon de la terre, D la distance du soleil à la terre, P la parallaxe horizontale, p la parallaxe correspondant à une hauteur quelconque h : le triangle AOS, *fig.* 72, donne

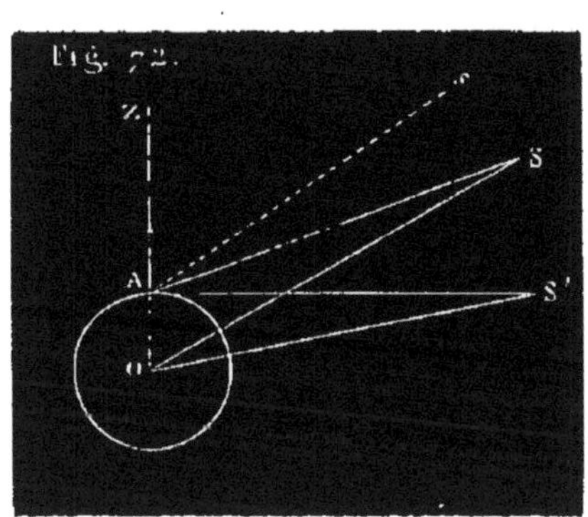

Fig. 72.

$$\frac{\sin \text{ASO}}{\sin \text{OAS}}=\frac{\sin \text{ASO}}{\sin \text{ZAS}}=\frac{\text{AO}}{\text{OS}}=\frac{r}{\text{D}}. \quad (1)$$

Si ASO est la parallaxe horizontale, ZAS est un angle droit, sin ZAS = 1, et dans ce cas

$$\sin \text{P}=\frac{r}{\text{D}}. \quad (2)$$

Si ASO est un parallaxe de hauteur, la distance zénithale ZAS de l'astre est le complément de sa hauteur h au-dessus de l'horizon (11); sin ZAS = cos h;

l'égalité (1) devient donc $\frac{\sin p}{\cos h}=\frac{r}{\text{D}}$; $\sin p=\frac{r}{\text{D}}\cos h$;

ou enfin $$\sin p=\sin \text{P} \cos h. \quad (3)$$

Les parallaxes étant en général des angles très-petits, notamment celle du soleil, on peut remplacer sin p par p, et sin P par P; les égalités (2) et (3) deviennent alors

$$\text{P}=\frac{r}{\text{D}} \quad (4); \quad \text{et} \quad p=\text{P}\cos h, \quad \text{ou} \quad p=\text{P}\sin \text{Z}, \quad (5)$$

Z étant la distance zénithale de l'astre.

Cos h, ou sin Z, étant moindre que 1 dès que h existe, il résulte de la formule (5) qu'une parallaxe de hauteur quelconque est inférieure à la parallaxe horizontale, et que la parallaxe est d'autant moindre que la hauteur h est plus grande. Quand l'astre est au zénith, $h=90°$, cos $h=0$; sa parallaxe est nulle. La parallaxe correspondant à une hauteur quelconque, h, se déduisant de la parallaxe horizontale (formule 5), il suffit de trouver celle-ci. Voici comment on y peut parvenir en général pour la lune et les planètes.

225. Deux observateurs se placent l'un en A, l'autre en A' (*fig.* 73), sur le même méridien; l'un au nord, l'autre au sud de l'équateur terrestre. Ils observent à un même instant convenu, l'un la distance zénithale méridienne

ZAS, l'autre Z'A'S. Cela fait, on connaît dans le quadrilatère AOA'S les rayons terrestres OA, OA', les angles OAS, OA'S (180° — distance zénithale), et AOA' = L + L', somme des latitudes des lieux A et A'.

$$ASO = p; \quad A'SO = p'; \quad ASA' = p + p'.$$

La parallaxe horizontale P est la même pour A que pour A', si on suppose la terre sphérique. Nous savons que $p = P \cos h = P \sin Z$ (Z *distance zénithale*); $p' = P \sin Z'$; d'où $p + p' = P (\sin Z + \sin Z')$ (1).

Mais le quadrilatère AOA'S donne

$$ASA' + SAO + SA'O + AOA' = 360°;$$

ou $$p + p' + 180 - Z + 180 - Z' + L + L' = 360°,$$

d'où $$p + p' = Z + Z' - (L + L'). \qquad (2)$$

En égalant les valeurs (1) et (2) de $p + p'$, on a

$$P(\sin Z + \sin Z') = Z + Z' - (L + L'),$$

d'où l'on tire $$P = \frac{Z + Z' - (L + L')}{\sin Z + \sin Z'};$$

ou bien, si on rend la formule calculable par logarithmes,

$$P = \frac{Z + Z' - L - L'}{2 \sin \frac{Z + Z'}{2} \sin \frac{Z - Z'}{2}}.$$

226. C'est par cette méthode que Lalande, à Berlin, et Lacaille, au cap de Bonne-Espérance, ont calculé les parallaxes de la Lune, de Vénus et de Mars. Celle du soleil est trop petite; elle serait relativement trop affectée par les erreurs d'observations commises sur les angles qui entrent dans ce calcul. La valeur de cette parallaxe que nous avons indiquée n° 199 a été obtenue par l'observation d'un passage de Vénus sur le soleil (V. ce qui concerne cette planète).

227. *Usage de la parallaxe pour ramener les observations à ce qu'elles seraient si l'observateur était placé au centre de la terre.*

Quand on regarde un astre S d'un lieu A de la surface de la terre, la direction ASs_1 (*fig.* 73), dans laquelle on le voit, n'est pas généralement la même que si on l'observait du centre, O, de la terre; dans le premier cas on le voit en s_1 sur la sphère céleste; dans le second on le voit en s. Le changement de direction du rayon visuel As^1, dû au déplacement de l'observateur, est donc précisément mesuré par la parallaxe.

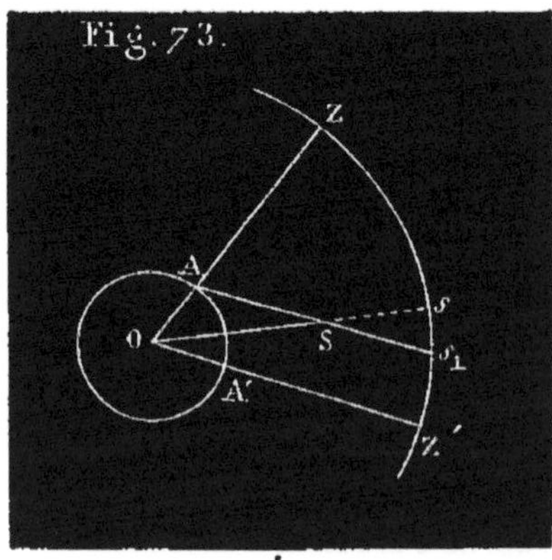

Observée au point A, la distance zénithale est ZAS; observée au point O, cette distance est ZOS = ZAS — ASO = ZAS — p.

On comprend, à l'aide des mêmes considérations, que le soleil ne doit pas paraître, au même instant donné, placé de la même manière sur la sphère céleste pour des observateurs placés en des lieux différents de la surface de la terre. Le mouvement annuel du soleil sur la sphère céleste ne doit donc pas présenter absolument le même caractère pour ces divers astronomes. D'un autre côté, le mouvement diurne faisant occuper au soleil diverses positions relativement à l'horizon d'un lieu déterminé, il doit en résulter des irrégularités pour les observations du soleil faites de ce lieu seul. Pour faire disparaître ces discordances entre les observations faites en divers lieux ou à des moments divers de la journée, on opère comme nous allons l'indiquer.

228. Afin que les observations faites à la surface de la terre soient comparables les unes aux autres, on les ramène à ce qu'elles seraient si l'observateur était placé au centre de la terre. Il faut donc corriger les observations de la parallaxe; c'est là le principal usage qu'on fait des parallaxes en astronomie.

Le plan ZOS, qui est vertical, comprend à la fois les deux directions ASs_1 et OSs; quand ce plan vertical coïncide avec le plan méridien, les deux directions AS, OS sont à la fois dans ce plan; le parallaxe n'influe donc ni sur l'azimuth ni sur l'ascension droite d'un astre; mais elle influe sur la distance zénithale qu'elle augmente (*fig.* 72 et 73), et sur sa hauteur au-dessus de l'horizon qu'elle diminue; elle influe sur ces deux angles en sens contraire de la réfraction (108). Ainsi, quand on veut ramener les observations au centre de la terre, la hauteur observée h doit être diminuée de la réfraction, R, et augmentée de la parallaxe; $H = h - R + p$ est la hauteur telle qu'on la trouverait s'il n'y avait pas d'atmosphère, et si on observait du centre de la terre. On applique cette formule quand on fait des observations sur le soleil, la lune ou les planètes; quant aux étoiles, on a simplement $H = h - R$.

229. Cette correction de l'effet de la parallaxe sur la position apparente du soleil dans le ciel suppose que l'on connait la parallaxe de hauteur de l'astre pour le moment et le lieu où l'observation se fait; voici comment on arrive à la connaître. La parallaxe horizontale est égale à 8″,6 quand le soleil est à la distance moyenne de la terre; le diamètre apparent du soleil est, pour la même distance, 32′3″,3. La parallaxe horizontale varie évidemment dans le même rapport que le diamètre apparent (n° 124) (les deux quantités varient en raison inverse de la distance D du soleil à la terre); il suffit donc de connaître le diamètre apparent, à une époque quelconque, pour en déduire la valeur de la parallaxe horizontale à la même époque; de celle-ci on déduit la parallaxe de hauteur à l'instant considéré.

230. Tables des parallaxes du soleil. Pour faire les corrections aux hauteurs observées du soleil, il faut donc connaître les valeurs de la parallaxe de *hauteur* pour les différentes hauteurs de l'astre au-dessus de l'horizon, ou, ce qui est la même chose, pour les différentes distances zénithales; on emploie pour cela la formule (5) quand on connaît d'avance les valeurs de P. On sait que, pour le soleil, la valeur de P à la distance moyenne est 8″,57, et qu'à toute autre distance elle est réciproque à cette distance (formule 4), ou proportionnelle au diamètre apparent de l'astre. On a donc les éléments nécessaires pour calculer la table des parallaxes, que l'on trouve dans les recueils spéciaux d'astronomie.

Note II.

Appendice au chapitre de la précession des équinoxes.

231. *Changement de direction de l'axe du monde. — Déplacement du pôle.* La variation des longitudes célestes, en nous faisant connaître le mouvement rétrograde des points équinoxiaux, met par cela même en évidence un mouvement d'ensemble dont cette rétrogradation n'est qu'un incident particulier. Le point, γ, en effet, n'est point un point isolé, arbitraire ; c'est l'une des extrémités de la ligne des équinoxes, intersection de l'équateur céleste et de l'écliptique. Si on admet que le point équinoxial occupe successivement diverses positions, γ, γ_1, γ_2....., il faut admettre en même temps que la ligne des équinoxes occupe, aux mêmes époques, les positions correspondantes $\gamma O \Omega$, $\gamma_1 O \Omega_1$, etc. (*fig.* 80); cette ligne est donc animée d'un mouvement de révolution qui correspond exactement à celui du point γ. Mais cette ligne $\gamma O \Omega$ est, d'après sa définition même, perpendiculaire à l'axe ON de l'écliptique et à l'axe OP de rotation de la terre (*fig.* 81); elle est donc perpendiculaire au plan PON de ces deux lignes. Si la ligne $\gamma O \Omega$ tourne constamment de l'est à l'ouest, d'un mouvement uniforme, il faut admettre que le plan PON tourne dans le même sens, de manière que $\gamma\Omega$ lui soit toujours perpendiculaire. Comme il résulte d'ailleurs de l'observation des étoiles que l'axe ON de l'écliptique est sensiblement fixe, et que l'angle PON qui mesure l'inclinaison de l'écliptique sur l'équateur ne change pas non plus sensiblement, de ce mouvement du plan PON il faut conclure que l'axe OP de rotation de la terre tourne autour de l'axe ON de l'écliptique, d'un mouvement conique de révolution tel que chacun de ses points est précisément animé du même mouvement uniforme et rétrograde que le point γ. Résumons-nous :

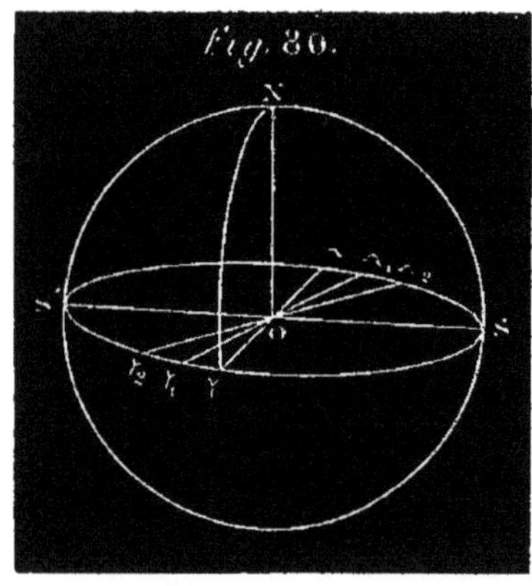

Fig. 80.

232. *La direction de l'axe du monde n'est pas constante; elle varie lentement, mais d'une manière continue; cet axe, faisant toujours avec une perpendiculaire* ON *au plan de l'écliptique un angle de* 23° 27′ 30″ *environ, tourne autour de cette perpendiculaire d'un mouvement conique de révolution, uniforme et rétrograde, tel que chacun de ses points décrit une circonférence avec une vitesse angulaire constante d'environ* 50″,2 *par an.*

Mais le pôle boréal P est un de ces points.

Le pôle boréal P *n'est donc pas fixe sur la sphère céleste; tournant autour* *d'une perpendiculaire à l'écliptique* (*fig.* 81), *il décrit sur cette sphère, dans le sens rétrograde, une circonférence de petit cercle* PP'P''P''' *avec une vitesse angulaire constante de* 50'',2 *par an. Le pôle* N *de cette circonférence en est distant de* 23° 27' 30'' *environ* (*).

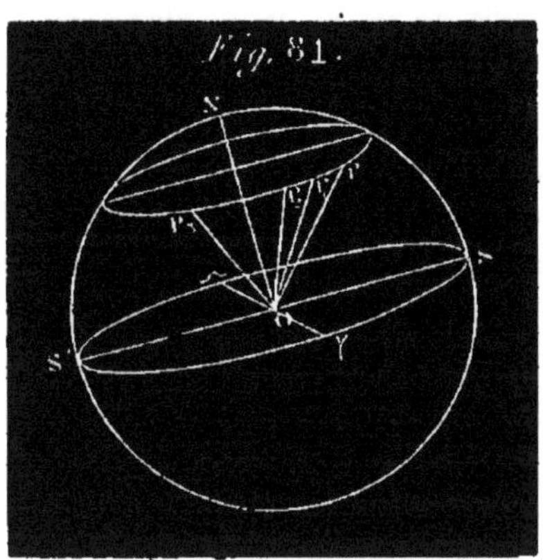

L'équateur céleste est, à une époque quelconque, le grand cercle de la sphère céleste perpendiculaire à l'axe de rotation de la terre. De cette définition il résulte que la direction de cet axe OP changeant continuellement, la position de l'équateur céleste doit changer d'une manière correspondante. Ce qu'on exprime en disant que l'équateur céleste tout entier tourne autour d'une perpendiculaire à l'écliptique, de la même manière et dans le même sens que les points équinoxiaux. Le nom de *précession des équinoxes* se donne aussi au phénomène complet, c'est-à-dire à l'ensemble des rotations que nous avons indiquées; c'est pourquoi nous avons placé ce titre en tête du chapitre actuel.

233. *Toutes ces rotations découvertes par l'observation des étoiles* (variations de leurs longitudes), *se trouvent être une conséquence du principe de la gravitation universelle.* On démontre en effet, dans la mécanique céleste, que l'attraction du soleil sur le renflement du sphéroïde terrestre imprime à l'axe de rotation de la terre, et à tous les points invariablement liés à cet axe, un mouvement de rotation autour d'une perpendiculaire à l'écliptique, qui est précisément celui que nous venons d'indiquer.

Or, comme l'existence de la gravitation universelle est aujourd'hui mise hors de doute par une foule d'autres faits vérifiés, qui en sont des conséquences nécessaires, nous devons conclure de cette coïncidence que la variation observée des longitudes célestes est bien due au mouvement rétrograde des points équinoxiaux.

234. NUTATION. Le mouvement de l'axe de la terre et celui du pôle seraient tels que nous les avons définis tout à l'heure, si le soleil agissait seul sur le renflement de notre sphéroïde; mais la lune a aussi sur ce renflement une action beaucoup plus faible, mais suffisante néanmoins pour imprimer aux mouvements en question une modification qui les rend tels que nous allons l'indiquer. Concevons un petit cône Op'p''p''' (*fig.* 81 *bis*), ayant pour axe OP et pour base une petite ellipse p'p''p''', tangente à la sphère céleste en P, et dont le grand axe soit dans le cercle de latitude du point P (n° 209); ce grand axe de l'ellipse est vu de la terre sous un angle de 19'',3, et son petit axe sous un angle de 14'',4. Imaginons maintenant que la ligne OP tourne autour de la perpendiculaire ON au plan de l'écliptique, emportant avec elle le petit cône

(*) V. la nutation ci-après.

ainsi construit, comme un corps solide qui lui serait invariablement attaché.

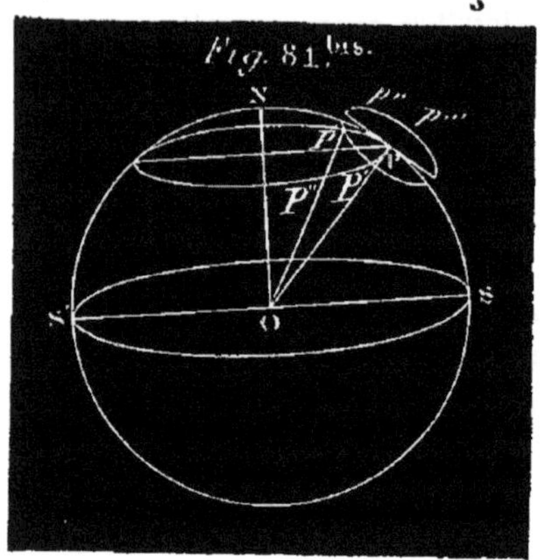

Fig. 81 bis.

Concevons, enfin, qu'un point p' parcoure indéfiniment cette ellipse mobile, d'un mouvement rétrograde et uniforme, tel qu'il décrive l'éclipse entière en 18 ans 2/3 environ. Les positions successives p', p'', p''',..... du point p' sont celles que le pôle boréal occupe en réalité, et les directions Op'; Op'', Op''',..... sont les positions que prend successivement l'axe de rotation de la terre.

Le pôle p' décrivant cette ellipse est tantôt en arrière, tantôt en avant du point P, dans le mouvement angulaire autour de l'axe ON de l'écliptique; il en résulte que la vitesse du mouvement rétrograde des points équinoxiaux qui correspond exactement au mouvement angulaire du pôle p' n'est pas précisément constante et égale à 50'',2 par an, mais oscille de part et d'autre de cette valeur, dans des limites très-restreintes. Le point équinoxial est tantôt en avant, tantôt en arrière de la position qu'il occuperait s'il avait cette vitesse constante de 50'',2 par an.

Par suite, *la différence entre l'année tropique et l'année sidérale n'est pas constante;* autrement dit, *la valeur de l'année tropique varie périodiquement mais très-peu, de part et d'autre, d'une valeur moyenne.* En second lieu, l'angle NOp', de Op' avec la perpendiculaire ON à l'écliptique, est évidemment tantôt plus grand, tantôt plus petit que l'angle NOP, qui est constamment égal à 28° 27' 1/2 environ; or l'angle NOp' est l'obliquité vraie de l'écliptique; donc l'obliquité de l'écliptique doit éprouver, dans ces 18 ans 2/3, des variations périodiques, oscillant de part et d'autre de sa valeur moyenne, dans des limites qui ne dépassent pas $\frac{19'',3}{2} = 9'',65$ (demi-grand axe de la petite ellipse).

Le mouvement angulaire du point P ou de l'axe OP autour de l'axe ON de l'écliptique conserve le nom de précession des équinoxes; c'est le mouvement moyen des points équinoxiaux. Le mouvement de l'axe Op' sur le petit cône est ce qu'on appelle *nutation* de cet axe.

235. Changement d'aspect du ciel. Les mouvements que nous avons décrits changent à la longue l'aspect du ciel pour l'observateur terrestre. Si on veut se rendre compte de leur effet, on n'a qu'à prendre un globe céleste, construit à une époque déterminée, sur lequel soient marqués l'équateur et son pôle P, l'écliptique et son pôle N. De N comme pôle avec le rayon sphérique NP, égal à 28° 27' 30'' environ, on décrit un petit cercle PP'P''P'''..... (*fig.* 81). Sachant que le pôle boréal P décrit cette circonférence, de l'est à l'ouest (sens PP'P''P'''.....), avec une vitesse constante d'environ 50'',2 par an, on se rendra compte de sa position sur la sphère céleste à une époque anté-

12

rieure quelconque, ou à une époque future indiquée. Ainsi, il y a 4000 ans, il était à l'est de sa position actuelle, à une distance de $50'',2 \times 4000 = 50^\circ 40'$ environ; il était alors voisin de α du *Dragon*. Maintenant il est voisin de α de la *Petite Ourse* (étoile polaire); dont il est distant de 1° 28′ environ; il continuera à s'en rapprocher pendant 265 ans environ, après lesquels la distance ne sera plus que d'un demi-degré; puis il s'en éloignera pour passer dans d'autres constellations. Dans 8000 ans ce ne sera plus α de la *Petite Ourse*, mais α du *Cygne* qui méritera le nom d'étoile polaire; dans 12000 ans ce sera la belle étoile *Wéga*, de la *Lyre*, qui ne sera plus alors qu'à 5° du pôle.

Les mêmes mouvements doivent aussi modifier à la longue la situation des étoiles par rapport à l'horizon d'un lieu déterminé de la terre. La distribution des étoiles en *étoiles circompolaires, étoiles ayant un lever et un coucher, étoiles constamment invisibles*, ne reste pas la même.

236. VARIATION DE LA DURÉE DES SAISONS. La rétrogradation des points équinoxiaux a aussi une certaine influence sur la durée des saisons (n° 171). En effet, reprenons la *fig.* 65; nous voyons que le mouvement annuel de l'est à l'ouest du point γ (0° de cette figure) tend à le rapprocher du périgée dont il est actuellement éloigné de 79° 37′ environ. Lorsque, dans la suite des temps, ces deux points se trouveront confondus, le printemps sera égal à l'hiver, l'été à l'automne, et ces deux dernières saisons seront les plus longues, tandis que maintenant les saisons les plus longues sont l'été et le printemps. D'ici là, le printemps diminuera et l'automne augmentera (faites tourner simultanément les deux lignes ponctuées de la figure jusqu'à ce que le point γ (0°) soit arrivé au périgée). Si, retournant vers le passé, on fait mouvoir ces deux mêmes lignes des équinoxes et des solstices, en sens contraire (de l'ouest à l'est), on comprend qu'à une époque antérieure moins éloignée de nous, la ligne des équinoxes s'est trouvée perpendiculaire au grand axe de l'ellipse (Périg., Apog.). Alors le printemps et l'été étaient égaux, et ces deux saisons étaient, comme au temps présent, plus longues que les deux autres; pour calculer la date précise de ce phénomène, il faut avoir égard non-seulement à la précession des équinoxes, mais encore au déplacement annuel du périgée solaire (n° 237), qui a lieu dans le sens direct (de l'ouest à l'est), et accélère le rapprochement de ce périgée et du point γ. Par ces deux causes, ces points se rapprochent en réalité de 62″ et non de 50″,2 par an. Ils sont actuellement distants de 79° 37′ (V. Mr Faye); à quelle époque étaient-ils éloignés de 90°? Cela revient à demander combien ils ont mis de temps à se rapprocher de 10° 23′; la question est facile à résoudre. Ils ont mis 604 ans, et c'est à peu près vers l'an 1250 de notre ère que leur distance était de 90°; depuis cette époque, le printemps a

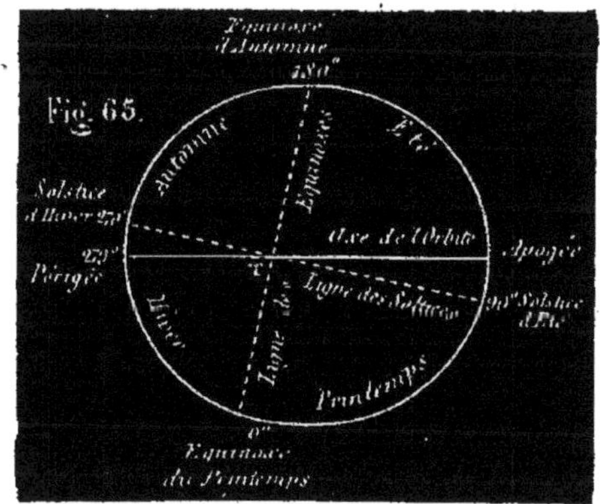

diminué et l'été a augmenté. On peut se demander à quelle époque encore plus éloignée le point γ (0° de la figure) coïncidait avec l'apogée. Il faut se reporter de 90° vers l'est, à partir de l'an 1250. On trouve que l'époque en question coïncide à peu près avec celle que la Genèse attribue à la création du monde; alors le printemps était égal à l'hiver, l'été à l'automne, et ces deux dernières saisons étaient les plus courtes.

237. *Déplacement lent du périgée.* Le périgée se déplace sur l'écliptique d'environ 11'',7 par an, dans le sens direct, c'est-à-dire de l'ouest à l'est. Il résulte de ce mouvement, combiné avec celui du point équinoxial, que ces deux points se rapprochent d'environ 61'',9 par an, ou, en nombre rond, de 62'', comme nous l'avons dit n° 236. Ce déplacement du périgée a été ainsi découvert.

Des observations de Flamsteed en 1690, et de Delambre en 1800, il résulte que la longitude du périgée augmente de 61'',9 par an (rappelons-nous que la longitude se compte de l'ouest à l'est, à partir de γ) (de 0° vers 90°, etc.). Si cet accroissement n'était que de 50'',2, le périgée se comporterait comme une étoile et devrait être considéré comme étant fixe comme elle, cet accroissement de 50'',2 étant dû au mouvement rétrograde du point équinoxial γ. Mais l'excès de 61'',9 sur 50'', indique que le périgée lui-même se déplace lentement en sens contraire du mouvement de γ, c'est-à-dire de l'ouest à l'est.

Tandis que l'écliptique change peu à peu de direction dans l'espace, l'ellipse que le soleil nous paraît décrire tourne donc lentement dans ce plan, dans le sens direct, avec une vitesse angulaire de 11'',7 par an.

238. *Diminution séculaire de l'obliquité de l'écliptique.* Dans ce qui précède, nous avons regardé l'obliquité de l'écliptique comme restant toujours la même, ou plutôt comme oscillant de part et d'autre d'une valeur moyenne constante, égale à 23° 27' 30'', dont elle ne s'écarterait que de 9'',65 environ, revenant tous les 18 ans 2/3 à la même valeur; mais il n'en est pas tout à fait ainsi. Il résulte d'observations faites à des époques très-éloignées que l'obliquité moyenne en question a constamment diminué depuis les premières observations.

D'après les observations les plus modernes, cette diminution de l'obliquité moyenne de l'écliptique est d'environ 48'' par siècle ou de 0'',48 par an.

Elle a été découverte par l'observation des latitudes des étoiles qui ne sont pas rigoureusement constantes. L'examen attentif des variations de ces latitudes a fait voir que le mouvement de l'écliptique, quelle qu'en soit la cause, ne diffère pas beaucoup de celui que ce grand cercle prendrait s'il tournait autour de la ligne γ♎ des équinoxes, comme charnière, pour se rabattre sur le plan de l'équateur, avec une vitesse constante d'environ 48'' par siècle, ou de 0'',48 par an.

Suivant Delambre, l'obliquité moyenne de l'écliptique était en 1800 de 23° 27' 57''; en 1850, elle était de 23° 27' 33''; en 1900, elle se réduira à 23° 27' 9''.

CHAPITRE IV.

LA LUNE.

239. Après le soleil, il est naturel que nous nous occupions de l'astre qui éclaire fréquemment nos nuits, c'est-à-dire de la lune.

Ce qui nous frappe d'abord quand notre attention se porte sur cet astre, c'est sa grandeur apparente, ce sont les aspects si variés sous lesquels nous le voyons.

Grandeur de la lune, son diamètre apparent. La lune nous paraît à peu près aussi grande que le soleil; en effet, tandis que le diamètre apparent du soleil varie entre 31′ $^1/_2$ et 32′ $^1/_2$, celui de la lune varie entre 29′ 22″ et 33′ 31″.

240. Phases de la lune. La lune nous paraît animée du mouvement diurne comme les étoiles et le soleil; de même que celui-ci, elle se lève, traverse le méridien, puis se couche pour passer un certain temps au-dessous de notre horizon. Mais elle ne se présente pas constamment à nous sous la forme d'un cercle brillant; son aspect change, pour ainsi dire, tous les jours. Les formes diverses sous lesquelles nous la voyons s'appellent ses *phases*. Nous allons décrire ces phases qui, chacun le sait, se reproduisent périodiquement.

A une certaine époque (qui revient plusieurs fois dans l'année), le soir, peu après le coucher du soleil, on aperçoit la lune à l'occident, sous la forme d'un croissant très-délié, dont les pointes sont en haut (*fig.* 88, ci-après). C'est un simple filet demi-circulaire dont la convexité est tournée vers l'occident, et dont la concavité a une forme elliptique. Ce croissant animé du mouvement diurne, commun à tous les astres, disparaît bientôt au-dessous de l'horizon.

Le lendemain la lune est un peu plus éloignée de l'horizon quand le soleil se couche, le croissant a plus de largeur.

Les jours suivants, dans les mêmes circonstances, c'est-à-dire peu après le coucher du soleil, on voit la lune de plus en plus éloignée du point de l'horizon où le soleil s'est couché; son croissant s'élargit de jour en jour (*fig.* 89); son coucher retarde de plus en plus sur celui du soleil. Six ou sept jours après la première observation, la lune se montre à nous sous la forme d'un demi-cercle (*fig.* 90). Elle est alors déjà assez éloignée du soleil pour ne passer au méridien qu'environ 6 heures après lui, c'est-à-dire à 6 heures du soir. On est arrivé au *premier quartier*.

A partir de là, la lune continue à s'élargir; le bord oriental que nous avons vu concave, puis droit, devient convexe et elliptique; de sorte que la figure de l'astre nous paraît formée d'un demi-cercle, et d'une demi-ellipse qui s'élargit continuellement (*fig.* 91). Six ou sept jours après que la lune a été vue sous la forme d'un demi-cercle, elle est devenue tout à fait circulaire (*fig.* 92). A cette époque, elle passe au méridien 12 heures après le soleil; elle se lève à peu près quand celui-ci se couche, et se couche quand il se lève. Nous sommes à la *pleine-lune*.

En continuant à observer la lune, on voit qu'elle se lève de plus en plus tard, et repasse par les mêmes formes que précédemment, mais dans un ordre inverse. Le cercle, que nous avons vu, se déprime vers l'occident; la figure prend de ce côté une figure elliptique de plus en plus aplatie (*fig.* 93). La partie la plus convexe du contour, toujours circulaire, est désormais tournée vers l'orient. Le septième jour, après la pleine lune, la figure de l'astre est celle d'un demi-cercle (*fig.* 94) dont le diamètre est du côté de l'occident; nous sommes arrivés au *dernier quartier*. La lune passe alors au méridien 18 heures après le soleil, c'est-à-dire vers 6 heures du matin. A partir de ce moment, la figure de l'astre se creuse de plus en plus du côté de l'occident; bientôt la lune nous présente de nouveau la forme d'un croissant qui se rétrécit chaque jour (*fig.* 95); son lever retarde de plus en plus. Environ 6 jours après que nous l'avons vue pour la seconde fois sous la forme d'un

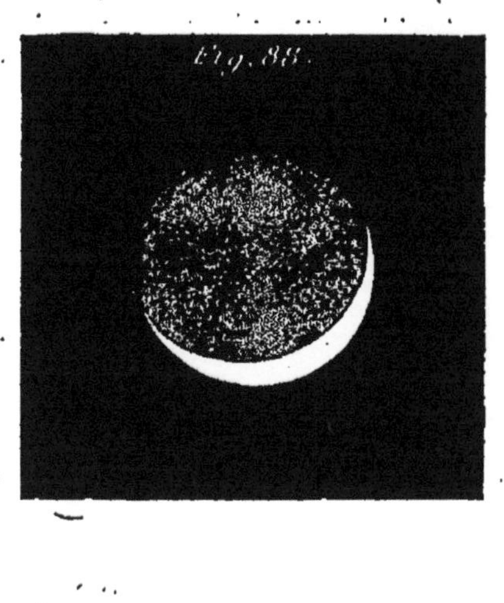
Fig. 88.

Fig. 89

Fig. 90

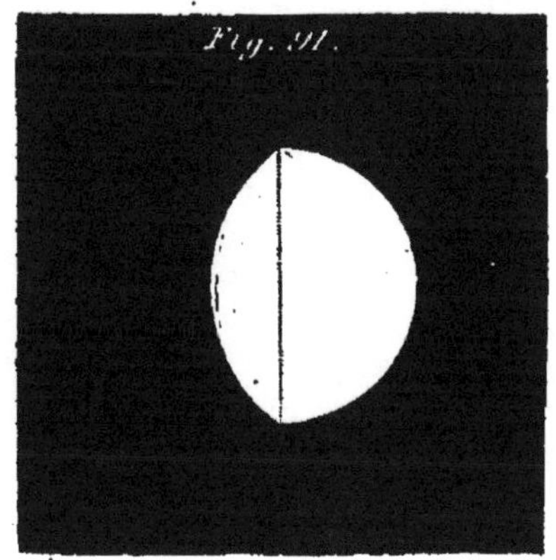
Fig. 91.

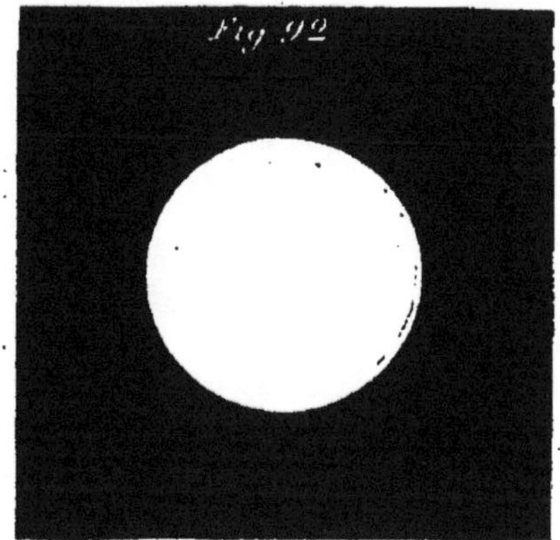
Fig. 92

Fig. 92 bis.

Fig. 93.

Fig. 94.

Fig. 95.

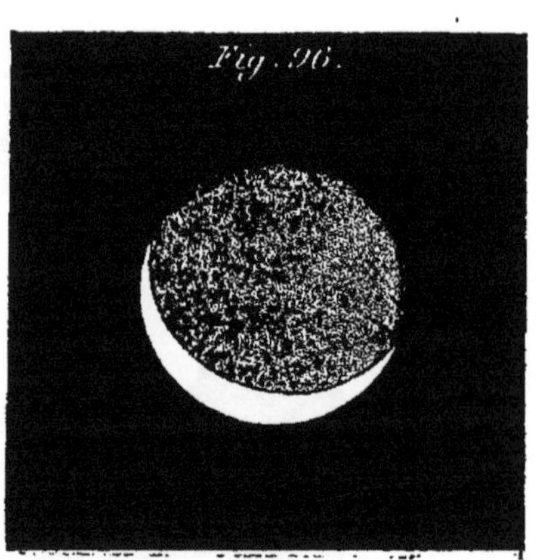
Fig. 96.

demi-cercle, nous ne voyons plus qu'un croissant très-délié dont la convexité est cette fois tournée vers l'orient (fig. 96), et qui ne se montre à nous que le matin, un peu avant le lever du soleil, non loin de l'endroit où cet astre va bientôt apparaître. A partir de là, pendant deux ou trois jours, on ne voit plus la lune du tout. On est arrivé à la *néoménie* ou *nouvelle lune.* Au bout de ce temps, on recommence à l'apercevoir le soir, du côté de l'occident, un peu après le coucher du soleil, sous la forme du premier croissant dont il a été question (fig. 88). Puis les mêmes formes que nous avons décrites se reproduisent indéfiniment de la même manière et dans le même ordre.

Ce n'est pas seulement la nuit que l'on peut observer la lune; toutes les fois qu'elle n'est pas trop rapprochée du soleil, on la voit sans peine en plein jour; il en résulte une plus grande facilité pour suivre ses changements de forme, et s'assurer qu'ils se produisent bien comme nous venons de le dire.

241. D'où vient que la lune se montre à nous sous des aspects si divers? C'est toujours le même corps que nous voyons. En effet, quand la lune encore nouvelle nous apparaît sous la forme d'un croissant lumineux, nous apercevons à côté le reste de son disque circulaire éclairé par une lumière plus faible, et qui va en s'affaiblissant chaque jour (V. plus loin la *lumière cendrée*). Quand le croissant s'est élargi jusqu'au demi-cercle, nous ne voyons plus le reste du disque. Mais un phénomène, qui se répète souvent, prouve évidemment que cette seconde partie du disque lunaire existe toujours, bien qu'elle ait cessé temporairement d'être visible pour nous : ce phénomène est l'occultation des étoiles par la lune.

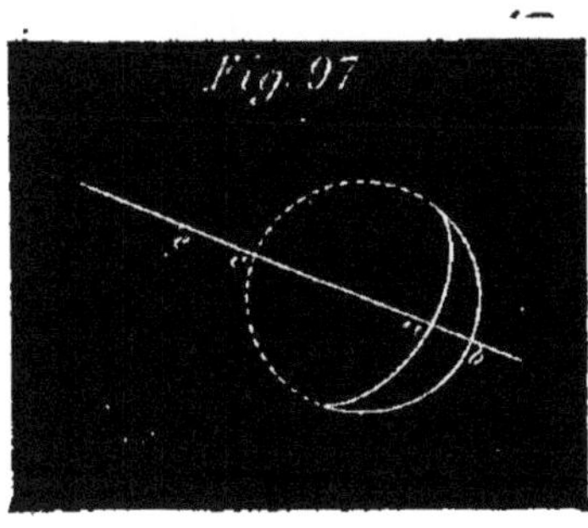
Fig. 97

Quand le croissant de cet astre, convexe du côté de l'orient (*fig.* 88), approche d'une étoile, celle-ci disparaît bien avant qu'elle ne soit atteinte par ce bord concave *a* (*fig.* 97). Elle devient invisible précisément au moment où elle doit être atteinte par le bord oriental *c* du disque supposé circulaire et complet. Il est donc évident que la face de la lune qui est devant nous a toujours la même étendue et la même forme circulaire;

mais que nous n'en voyons généralement qu'une portion plus ou moins grande.

Les phases de la lune s'expliquent parfaitement si on admet que cet astre est un corps sphérique et opaque comme la terre, dont une moitié seulement, celle qui fait face au soleil, est éclairée par cet astre. La lune changeant continuellement de position relativement à nous et au soleil, nous apercevons suivant sa position une portion plus ou moins grande de la moitié éclairée. De là les différents aspects qu'elle nous présente. C'est ce que nous allons expliquer plus au long.

242. Explication des phases de la lune. Concevons que la lune se meuve en décrivant autour de la terre T un cercle, le cercle T*l* (*fig.* 98), et que le soleil S soit situé sur le plan de ce cercle à une distance tellement grande par rapport au rayon T*l*, que les rayons lumineux envoyés par le soleil à la lune dans ses diverses positions puissent être regardés comme parallèles. *Les positions relatives de la terre, du soleil et de la lune que cette figure nous indique, considérées par ordre, sont à peu près celles qui ont lieu en réalité* (V. n° 145). L'hémisphère éclairé de la lune tourné vers le soleil S est limité par un cercle dont la trace est *ss'* (nous dirons cercle *ss'*), perpendiculaire à la direction *l*S des rayons lumineux (considérez sur la figure l'une quelconque des positions de la lune). D'un autre côté, quand même la surface tout entière de la lune serait éclairée, nous ne pourrions voir que la moitié de l'astre, qui, faisant face à la terre, est limitée par un cercle dont la trace est *tt'* (cercle *tt'*), perpendiculaire au rayon T*l* qui va de la terre à la lune (*). La trace *tt'* est tangente à l'arc que la lune intercepte sur sa trajectoire.

Il est évident, d'après cela, que de la terre, on n'aperçoit en réalité que la partie de l'hémisphère éclairée *s'ts*, qui lui est commune avec l'hémisphère visible *t'st*. (La partie commune à ces deux hémisphères est, en général, ce qu'on nomme un fuseau sphérique (V. la surf. blanche *psp't* sur chacune des petites sphères, à droite et à gauche, en dehors du cercle T*l*); la plus grande largeur de ce fuseau est mesurée en son milieu par l'arc *st* qui se retrouve préci-

(*) *Circonf. ss'* est la *ligne de séparation de l'ombre et de la lumière*; on l'appelle quelquefois *cercle d'illumination*. *Circonf. tt'* est celle qu'on appelle le *contour apparent de la lune*.

sément sur notre figure principale. D'après cela, pour nous rendre compte des phases, il nous suffira, en suivant la lune dans son

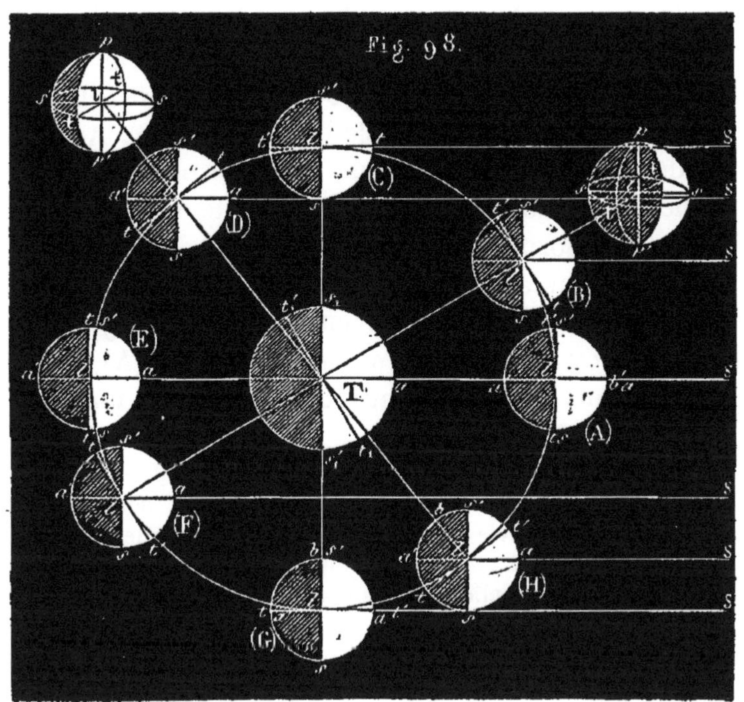

mouvement autour de la terre T, de déterminer cette partie commune aux deux hémisphères.

Quand la lune est en (A), son hémisphère obscur est tout entier tourné vers la terre; l'astre est invisible pour nous. A mesure qu'elle s'avance de (A) vers (B), le cercle *tt'* tournant avec le rayon T*l*, s'écarte de plus en plus du cercle *ss'*; une partie de l'hémisphère éclairé, *s'ts*, de plus en plus grande, devient visible pour nous. Quand la lune est en B, nous voyons un fuseau dont la largeur est mesurée par l'arc *st* (V. sphère *psp's'*, à côté); c'est ce fuseau qui, projeté sur la sphère céleste, nous apparaît sous la forme d'un croissant (*fig.* 88) (*). La lune s'avançant de (B) vers (C), le fu-

(*) Remarque. La circonférence *tt'*, perpendiculaire à la ligne qui va de la terre à la lune, termine la partie du globe lunaire sur lequel arrivent directement les rayons visuels issus de T; cette circonférence est donc la ligne de contact du globe lunaire et du cône des rayons visuels tangents, lequel a son som-

seau s'élargit (l'arc *st* augmente); en (C) nous voyons la moitié de l'hémisphère éclairé, c'est alors que la lune est vue sous la forme d'un demi-cercle (*fig.* 90). Lorsqu'elle s'avance de (C) vers (D), puis de (D) vers (E), la partie visible de l'hémisphère éclairé augmente de plus en plus (l'arc *st* grandit). En (D) la lune nous apparaît sous la forme indiquée (*fig.* 91). En (E) nous voyons l'hémisphère éclairé tout entier; la lune a la forme d'un cercle brillant (*fig.* 92). Après cela une partie de plus en plus grande de cet hémisphère éclairé redevient invisible. Le cercle brillant se défait du côté où il a commencé à se former (V. désormais l'arc *s't'* sur la figure). En (F) nous avons la phase indiquée par la figure 93; en (G) nous avons un demi-cercle (*fig.* 94); dans la position (H) nous avons un croissant (*fig.* 96), et enfin quand la lune est revenue à sa première position (A) nous ne voyons plus rien. Puis la lune continuant à tourner, les mêmes phases se reproduisent indéfiniment.

243. REMARQUES. Dans cette explication des phases de la lune, nous avons supposé que cet astre décrit un cercle, et que le soleil est fixe dans le plan de ce cercle. Ces conditions ne sont pas *exactement* remplies, en réalité; mais elles ne sont pas indispensables pour l'explication des phases. En fait de distances, nous avons seulement opposé que la distance du soleil à la terre ou à la lune était extrêmement grande par rapport à la distance qui sépare ces deux derniers corps; ce qui est toujours vrai en réalité. Nous avons supposé que la lune tournait dans le plan de l'écliptique; elle s'en écarte un peu, mais les phases telles que nous les avons expliquées ne peuvent être que fort peu modifiées par cette circonstance; car le cercle *ss'* restant toujours parallèle à lui-même, le cercle *tt'* dans le mouvement réel de la lune doit tourner à fort peu près comme nous l'avons supposé; or tout dépend des positions relatives de ces cercles. Nous avons supposé que le soleil ne tournait pas en même temps que

---

met en T; cette ligne est vue de face; tout ce qui en est éclairé doit donc avoir pour nous la forme circulaire. Quant au cercle *ss'*, il n'est vu par l'observateur T qu'en projection sur le plan même du cercle *tt'*, et si nous regardons cette projection comme à peu près orthogonale à cause de l'éloignement du point de vue, T, situé sur une perpendiculaire au plan de projection, le cercle *ss'* doit nous faire l'effet d'une demi-ellipse convexe du côté du soleil avant le 1er quartier et après le dernier; concave de ce côté, dans l'intervalle : à chaque quadrature, le cercle projeté *ss'* coupant à angle droit le plan de projection, sa projection nous fait l'effet d'une ligne droite. La partie la plus convexe du contour du fuseau lunaire éclairé et visible appartient donc au cercle *tt'*; c'est la plus rapprochée du soleil; la partie généralement aplatie de ce contour appartient à la projection du cercle *ss'*; celle-ci est plus éloignée que l'autre du soleil. Ainsi se trouve expliquée une particularité de notre description des phases.

la lune; en réalité, les positions relatives des trois astres sont les mêmes que si le soleil tournait autour de la terre en même temps que la lune, mais avec une vitesse angulaire 13 fois $^1/_3$ plus petite. Il résulte de là que si on représente par 1 l'angle que la ligne TS a décrit dans un temps donné quelconque, 13 $^1/_3$ représente l'angle dont le rayon Tl qui va à la lune a tourné dans le même temps; si donc ces lignes coïncidaient d'abord (position (A) de la lune), après ce temps donné elles sont séparées par un angle dont la grandeur est représentée par 12 $^1/_3$. On représente donc *avec exactitude* les positions relatives successives des trois corps en supposant que, le soleil restant sur la ligne fixe TS, la lune tourne autour de la terre avec une vitesse 12 fois $^1/_3$ plus grande que celle du mouvement apparent de translation du soleil; c'est ce que nous avons fait sans mentionner la vitesse. La lune doit donc revenir sur la ligne TS après $\frac{365^j,256}{12\ ^1/_3}$, c'est-à-dire 29^j $^1/_2$ à peu près.

244. Syzygies et quadratures. Quand la lune, située entre la terre et le soleil, sur la ligne qui joint ces deux corps, est invisible pour nous (position A), on dit qu'elle est *nouvelle*. Il y a *pleine lune*, au contraire, quand cet astre, occupant la position opposée (E), nous offre l'aspect d'un cercle entier. En (C), à 90° de la ligne TS, on dit que la lune est à son *premier quartier;* en (G), de même, à 90° de TS, on dit qu'elle est à son *dernier quartier*. Les deux phases principales, *pleine lune* et *nouvelle lune*, se désignent souvent sous le nom commun de *syzygies;* le *premier quartier* et le *dernier quartier* s'appellent *quadratures*. Les quatre positions qui tiennent chacune le milieu entre deux des précédentes s'appellent des *octants*.

245. Quelquefois ces expressions *nouvelle lune*, *pleine lune*, etc., ne désignent pas des phases, mais quatre périodes de la révolution lunaire. On dit que la lune est *nouvelle* pendant tout le temps qu'elle met à aller de la position (A) à la position (C), qu'elle est dans son *premier quartier* pendant qu'elle va de (C) à (D), etc.

246. Remarque. Quand la lune est en (A), sur la ligne TS, ou plutôt quand sa longitude céleste est la même que celle du soleil, les deux astres sont dits en *conjonction*. A cette époque, au moment où le soleil passe au méridien, la ligne TS y passe avec lui; donc la lune doit y passer à peu près en même temps. La lune s'éloignant du soleil en tournant sur la sphère céleste, les longitudes des deux astres sont de plus en plus différentes, l'intervalle de leurs passages au méridien augmente de plus en plus. Quand la lune est en (C), la longitude des deux astres diffère de 90°; la lune passe au méridien environ 6 heures après le soleil. Quand elle arrive en (E), la différence des longitudes est 180°; les deux astres sont en *opposition*. La lune se trouve à peu près sur le cercle horaire opposé à celui du soleil; elle passe au méridien 12 heures après lui. Enfin en (G), la différence des latitudes est de 270°; la lune passe alors au méridien environ 18 heures après le soleil. Ainsi se trouve expliqué ce que nous avons dit, n° 240, à propos du lever et du coucher de la lune.

247. Lumière cendrée. Quand on observe attentivement la lune, quelques jours avant le premier quartier, ou quelques jours après le dernier, quand le croissant est très-étroit, on voit distinctement le reste du disque éclairé par une lumière pâle, très-faible, qu'on appelle *lumière cendrée*. La lune nous offre alors l'aspect représenté par la *fig*. 88 et la *fig*. 96. La lumière cendrée disparaît toujours avant le premier quartier, et ne reparaît que quelque temps après le dernier quartier.

248. *Explication de la lumière cendrée*. Examinons la terre T vis-à-vis du soleil S, et vis-à-vis de la lune (positions diverses). La terre éclairée par le soleil doit produire à l'égard de la lune des phénomènes semblables à ceux que la lune produit à l'égard de la terre, c'est-à-dire que l'hémisphère terrestre éclairé par le soleil présenterait à un habitant de la lune des phases semblables à celles que la lune présente à un habitant de la terre. Suivons sur la *fig*. 99, à partir de la première position (A) de la lune; d'abord la terre doit offrir à l'habitant de la lune un cercle lumineux; puis un fuseau brillant décroissant du cercle au demi-cercle de (A) jusqu'à (C); puis du demi-cercle au croissant, au filet, puis à zéro, de (C) à (D), puis de (D) à (E). A partir de la position (E) de la lune, le fuseau terrestre, se reformant, grandit, et les phases se reproduisent dans un ordre inverse. Suivant la position occupée par la lune, la partie éclairée de la surface terrestre, qui se trouve *vis-à-vis* de cet astre, lui envoie par réflexion une partie plus ou moins grande de la lumière qu'elle reçoit directement du soleil; la lune nous renvoie une partie de cette lumière réfléchie. C'est cette lumière affaiblie par une double réflexion qu'on appelle *lumière cendrée*.

En jetant les yeux sur la *fig*. 98, on verra qu'abstraction faite des diamètres apparents des deux disques, terrestre et lunaire, la portion s_1at_1, du disque terrestre éclairé visible de la lune, et la partie, ts, du disque lunaire éclairé visible de la terre, se complètent constamment de manière à former, par addition, un cercle éclairé entier (*). Quand la lune est *nouvelle*, position (A), tout l'hémisphère terrestre éclairé $s'_1a_1s_1$ est visible de la lune; pour l'habitant de la lune, il y a *pleine terre;* la masse de lumière réfléchie de la terre vers la lune est alors la plus grande possible; elle n'est pas effacée d'ailleurs par la lumière arrivée du soleil à la lune, entièrement cachée pour l'observateur terrestre; il en résulte que, à cet instant, la lumière cendrée a sa plus grande intensité; avec de bons yeux ou une faible lunette, nous voyons le disque lunaire éclairé d'une lumière beaucoup plus faible que celle de la pleine lune. Plus tard, quand le filet lumineux de la lune se forme et s'agrandit, la terre réfléchit vers la lune une masse de lumière de moins en moins grande; de plus, cette lumière réfléchie est effacée en partie par la lumière plus brillante arrivée directement du soleil à la lune; il résulte de là que le disque lunaire se partage en deux fuseaux inégalement éclairés, l'un étroit et brillant, qui grandit; l'autre, plus large et plus terne, qui diminue. Bientôt la lumière directe efface tout à fait la lumière réfléchie, et dès la première quadrature la lumière cendrée n'existe plus pour l'observateur terrestre. Plus tard, après le *dernier quartier*, quand la lune se rapproche de sa position première, de la position (G) à la position (A), la lumière cendrée reparaît et grandit, les mêmes effets, déjà décrits, se reproduisant dans l'ordre inverse.

249. Nous allons maintenant revenir, pour nous en occuper spécialement, au mouvement propre de la lune que nous n'avons fait qu'indiquer succinctement n° 243. Pour commencer, nous expliquerons comment on détermine avec précision chacune des positions successives de l'astre; puis nous indiquerons les principales circonstances de son mouvement.

250. Forme du disque de la lune. La lune ayant des dimensions apparentes très-appréciables, il est nécessaire d'indiquer auquel de ses points se rapportent les observations faites pour déterminer les positions successives de l'astre. Tout nous porte à croire, ainsi que nous l'avons expliqué n° 241, que la lune est un corps sphérique opaque comme la terre, et, de même que celle-ci, éclairé en

(*) V. la *fig.* 71, position (2), de la lune, le fuseau lunaire éclairé et visible est mesuré par l'arc st; le fuseau terrestre par l'arc s_1t_1, mais $s_1t'_1 = st$; or $s_1t'_1 + s_1t_1 = 180°$, donc $st + s_1t_1 = 180°$. En général, menez $t_1t'_1$ parallèle à tt', et remarquez la partie commune aux hémisphères terrestres $t_1s'_1t'_1$ et $s_1t_1s'_1$; c'est le fuseau terrestre brillant pour l'habitant de la lune; on a constamment $s_1t'_1 = st$; et $s_1t'_1 + s_1t_1 = 180°$; d'où $st + s_1t_1 = 180°$.

partie par le soleil. En conséquence, adoptant cette opinion, on opère constamment, à propos de la lune, comme si on avait devant soi un disque circulaire analogue à celui du soleil. C'est au centre de ce disque que se rapportent les observations qui servent à déterminer de temps en temps la position de la lune. On mesure l'ascension droite et la déclinaison de ce centre, et on se sert de ces angles pour étudier le mouvement de l'astre sur la sphère céleste.

251. Mesure du diamètre apparent, de l'ascension droite, et de la déclinaison du centre de la lune. Pour trouver l'ascension droite et la déclinaison de la lune, on ne peut pas opérer tout à fait de la même manière que pour le soleil, puisqu'on n'aperçoit le plus souvent qu'une moitié du contour circulaire du disque de la lune; on supplée à ce qui manque sous ce rapport, en faisant usage du diamètre apparent de l'astre que l'on peut toujours déterminer. En effet, dès qu'on aperçoit la lune sous la forme d'un croissant, ou autrement, on voit toujours au moins la moitié de son contour circulaire; il suffit donc de mesurer l'angle sous lequel se voient les extrémités de cette demi-circonférence pour avoir le demi-diamètre apparent de l'astre (n° 124, définition) (*). Ce diamètre apparent varie d'une époque à une autre avec la distance de l'astre à la terre; il change même sensiblement d'une heure à une autre de

(*) On peut employer, pour mesurer ce diamètre apparent, un micromètre à fils parallèles, c'est-à-dire une lunette astronomique dans laquelle les fils du réticule, au lieu d'être perpendiculaires, sont parallèles entre eux; l'un de ces fils est fixe; l'autre fil, demeurant toujours parallèle au premier, peut en être éloigné ou rapproché au moyen d'une vis. Quand le disque de la lune est entièrement visible, on amène les fils à être tangents au contour; puis on fait tourner la lunette de manière à ce que l'un des fils ne cesse pas d'être tangent; l'autre fil, sans être dérangé, continue à être également tangent au disque; ce qui prouve que le diamètre de ce disque est le même dans toutes les directions, c'est-à-dire que ce disque est exactement circulaire; l'écart des deux fils donne la mesure du diamètre apparent. Il est évident que les choses ne se passent pas ainsi quand le disque n'est pas entièrement visible; la moitié du contour circulaire est toujours visible, et les extrémités de cette demi-circonférence sont les points du contour de la figure les plus éloignés l'un de l'autre, ceux pour lesquels les fils parallèles de la lunette, amenés au contact, sont les plus écartés. Le plus grand écart des fils amenés au contact donne donc la mesure du diamètre apparent de l'astre au moment de l'observation.

la même journée; il est donc important de connaître sa valeur pour l'instant où on fait l'observation du centre comme nous allons le dire.

Déclinaison. Pour obtenir la déclinaison du centre de la lune, on observe le bord inférieur du disque, ou bien son bord supérieur au moyen du mural, afin de déterminer la déclinaison de ce bord; cela fait, on n'a plus qu'à ajouter ou à retrancher le demi-diamètre apparent pour connaître la déclinaison du centre.

Ascension droite. Pour déterminer l'ascension droite du centre de la lune, on opère d'une manière analogue; on observe l'heure du passage au méridien du bord oriental, ou du bord occidental (celui qui est visible); on ajoute ou on retranche ensuite la moitié du temps que le disque tout entier met à traverser le méridien; le résultat est l'heure du passage du centre. (Le temps en question se calcule d'après le diamètre apparent de la lune, au moment de l'observation, et d'après la valeur de la déclinaison du centre.)

Ces préliminaires exposés, nous allons résumer ce qui concerne le mouvement propre de la lune.

252. Mouvement propre de la lune. La lune se déplace parmi les étoiles; pour le reconnaître, il suffit de remarquer attentivement la position que cet astre occupe par rapport à quelques étoiles voisines; on voit cette position changer d'une manière sensible dans l'espace de quelques heures.

Pour étudier ce mouvement de la lune, on emploie le même procédé que pour celui du soleil. On observe l'astre, aussi souvent que possible, à son passage au méridien; on détermine chaque fois son ascension droite et sa déclinaison; puis on se sert de ces angles pour construire graphiquement sur un globe, ou calculer trigonométriquement les positions apparentes successives de la lune sur la sphère céleste. D'après ce travail :

La lune nous paraît décrire, d'occident en orient, un grand cercle de la sphère céleste, faisant avec l'écliptique un angle de 5°9′ environ.

253. Mais ce grand cercle, analogue à l'écliptique, n'est que le lieu des projections des positions réelles de l'astre sur la sphère céleste (n° 117); le travail précédent ne nous apprend donc rien sur l'orbite de la lune, c'est-à-dire sur le lieu de ses positions réelles, si ce n'est que cette orbite est *plane.* Mais la connaissance des diamètres apparents de l'astre permet de déterminer la nature de l'orbite lunaire.

254. Le diamètre apparent de la lune varie, comme nous l'avons dit, entre 29′22″ et 33′31″; la distance de la lune à la terre varie donc dans des limites correspondantes. *La lune ne décrit pas un cercle dont la terre occupe le centre.*

Connaissant les positions apparentes successives de la lune sur la sphère céleste et les diamètres apparents correspondants, on peut, comme on a fait pour le soleil n° 129, construire une courbe semblable à celle que la lune décrit autour de la terre. On arrive ainsi au résultat suivant :

255. ORBITE LUNAIRE. *La lune décrit autour de la terre une ellipse dont la terre occupe un foyer.* Cette ellipse est ce qu'on nomme *l'orbite de la lune.*

L'excentricité de l'orbite lunaire est environ 0,055 ou $\frac{1}{18}$ de son grand axe; elle surpasse 3 fois celle de l'orbite terrestre qui est $\frac{1}{60}$; ainsi l'orbite de la lune est plus allongée, approche moins de la forme d'un cercle que l'orbite de la terre. Le grand axe de l'orbite lunaire s'appelle aussi la *ligne des apsides;* l'une de ses extrémités (la plus voisine de la terre) est le *périgée* de la lune; l'autre est l'*apogée* (n° 129).

256. LOI DES AIRES. Le principe des aires se vérifie dans le mouvement de la lune : *les aires elliptiques décrites par le rayon vecteur qui va de la terre à la lune sont proportionnelles aux temps employés à les parcourir.*

On vérifie également que *la vitesse du mouvement angulaire de la lune autour de la terre varie en raison inverse du carré de la distance des deux globes.*

257. *Longitudes et latitudes de la lune.* Avant d'aller plus loin, observons que le mouvement de la lune est beaucoup plus simple à étudier quand on le rapporte à l'écliptique et à son axe que si on le rapporte à l'équateur. C'est pourquoi, dans l'étude de ce mouvement, on convertit ordinairement l'ascension droite et la déclinaison, trouvées au moyen des instruments méridiens, en longitudes et en latitudes, pour se servir préférablement de ces derniers angles.

258. *Durée de la révolution de la lune.* La position apparente de la lune fait le tour de la sphère céleste 13 fois 1/3 plus vite que celle du soleil; en effet, la longitude de la lune varie moyennement de 13° 10′ 35″ par jour solaire moyen, tandis que celle du soleil ne varie que de 59′ 8″.

Révolution sidérale de la lune. On appelle ainsi le temps qui s'écoule entre deux retours consécutifs de la lune à la même étoile. La révolution sidérale de la lune est de $27^j\,7^h\,43^m\,11^s$, ou $27^{j.\ sol.\ moy.}$,321661 (*).

Révolution synodique. On appelle *révolution synodique de la lune, mois lunaire*, ou *lunaison*, le temps qui s'écoule entre deux retours consécutifs de la lune à la longitude du soleil. La durée de la révolution synodique de la lune ou le mois lunaire est de $29^{j.\ sol.\ moy.}\ 12^h\ 14^m$ ou $29^{j.\ sol.\ moy.}$,53, à peu près $29^{j.}$ 1/2 (**).

259. La révolution *synodique* de la lune est plus longue que la révolution *sidérale;* cela s'explique aisément. En effet, concevons que la lune, le soleil et une étoile se trouvent ensemble à

(*) On appelle révolution *tropique* de la lune le temps qui s'écoule entre deux retours consécutifs de cet astre à la même longitude. On calcule ce temps comme on a calculé l'année tropique (n° 157); on détermine à deux époques assez éloignées le moment précis où la longitude de la lune a une valeur donnée, 0° par exemple; puis on divise le temps écoulé par le nombre des révolutions qui ont eu lieu entre ces deux époques. La révolution tropique est de 27 j. sol. moy., 321582.

La lune ayant quitté une étoile revient plus tôt à la même longitude qu'à la même étoile; en effet, tandis que la lune a fait le tour de la sphère, la longitude de l'étoile augmente par l'effet de la précession des équinoxes (n° 216). La révolution tropique est donc plus courte que la révolution sidérale. La révolution sidérale se déduit de la révolution tropique par une proportion qui résulte de ce que le chemin angulaire parcouru par l'astre dans la dernière période est $360° - \frac{50'',2 \times 27,321582}{365,2422}$, et dans la première 360°.

(**) Quand le soleil et la lune ont la même longitude, il y a *nouvelle lune;* quand, après une révolution synodique, ils se retrouvent avoir même longitude, il y a encore nouvelle lune. En général, toutes les phases de la lune se produisent dans l'intervalle d'une nouvelle lune à l'autre; la révolution synodique est *précisément* la période des phases; de là son importance et son nom de *lunaison.*

un moment donné sur le même cercle de latitude; à partir de ce moment, la lune prenant l'avance fait d'abord le tour de la sphère céleste et revient à l'étoile après une révolution sidérale, c'est-à-dire après $27^j\,7^h\,43^m$ ($27_j,321661$); pendant ce temps, le soleil a parcouru un certain arc sur l'écliptique, vers l'est; il faudra donc que la lune, recommençant une nouvelle révolution sidérale, fasse un certain chemin pour se retrouver avec le soleil sur un même cercle de latitude; le temps qu'elle met à faire ce chemin est l'excès de la révolution synodique sur la révolution sidérale.

260. La durée d'une révolution synodique est facile à trouver quand on connaît les durées des révolutions sidérales du soleil et de la lune qui sont respectivement $365^j,25638$ et $27^j,321661$. En prenant le rapport de ces deux nombres, on trouve que la lune parcourt 360° de longitude 13 fois $^1/_3$ plus vite que le soleil; il résulte de là, en moyenne, que si, après un certain temps écoulé, le soleil a fait autour de la terre un chemin angulaire représenté par 1, la lune en a fait un représenté par 13 $^1/_3$; donc, l'avance de la lune sur le soleil est représentée après le même temps par 12 $^1/_3$.

Si donc on compare les positions respectives des cercles de latitude de la lune et du soleil, on voit que, sous ce rapport, les choses se passent exactement comme si, le soleil restant fixe, la lune tournait autour de l'axe de l'écliptique avec une vitesse 12 fois $^1/_3$ plus grande que celle du mouvement de translation du soleil autour de la terre. La lune ayant quitté le soleil doit donc le retrouver après un temps 12 fois $^1/_3$ moins grand que celui qu'il faut au soleil pour faire le tour de la sphère, c'est-à-dire qu'elle le rejoindra de nouveau après $\frac{365^j,25638}{12\ ^1/_3}$ (*). C'est le même raisonnement que nous avait fait n° 284 dans notre explication des phases de la lune.

261. NŒUDS DE LA LUNE. — MOUVEMENT DE LA LIGNE DES NŒUDS. Le mouvement de la lune n'est pas tout à fait tel que nous l'avons décrit; il est affecté de certaines irrégularités que, pour plus de clarté et de simplicité, nous avons à dessein passées sous silence. Nous indiquons, dans une note à la fin du chapitre, la principale de ces irrégularités dont il suffit de tenir compte pour avoir une idée à très-peu près exacte du mouvement de la lune (*V.* cette note).

262. DISTANCE DE LA LUNE A LA TERRE. Nous avons déjà dit,

(*) Plus exactement $365,25638 : \left(\frac{365,25638}{27,321661} - 1\right) = \frac{365,25638}{12,35...}$.

d'après Lalande, que la parallaxe horizontale moyenne de la lune est à l'équateur de 57′ 40″; elle varie entre 53′ 53″ et 61′ 27″. D'après cela, en faisant usage de la formule $D = \frac{r}{\sin. P}$ (n° 224), on arrive à ce résultat :

La distance de la lune à la terre a pour valeur moyenne à peu près 60 *fois le rayon de la terre* (celui de l'équateur); *ce qui fait à peu près* 95000 *lieues de* 4 *kilomètres.*

Cette distance varie entre 57 fois et 64 fois le même rayon (*). On voit par là que la lune est bien moins éloignée de nous que le soleil, dont la distance moyenne est de 24000 rayons terrestres; le soleil est 400 fois plus éloigné que la lune.

263. En comparant cette distance moyenne de la lune à la terre (60 rayons terrestres) au rayon du soleil qui comprend 112 de ces rayons, on arrive à une conséquence curieuse. Si le centre du soleil venait coïncider avec le centre de la terre, la lune serait située dans l'intérieur du soleil, même assez loin de la surface. Cette comparaison donne une idée de l'immensité de l'astre qui nous éclaire.

264. Dimensions de la lune. D'après le raisonnement déjà fait, n° 201, à propos du soleil, le diamètre réel de la lune est au diamètre de la terre comme le diamètre apparent de la lune est au diamètre apparent de la terre vue de la lune, c'est-à-dire au double de la parallaxe de cette dernière. En faisant usage des valeurs moyennes de ces angles, qui sont 31′ 25″,7 = 1885″,7 et 57′ 40″ = 3460″, on arrive à ce résultat :

Le rayon *de la lune est à très-peu près les* $\frac{3}{11}$ *du rayon de la terre.* $r' = \frac{3}{11} r$.

Le volume de la lune, supposée sphérique, est environ $\frac{1}{49}$ de celui de la terre. $v' = \frac{1}{49}$ de v.

Sa surface est à peu près les 3/40 de celle de la terre. $s' = \frac{3}{40}$ de s.

(*) Les distances citées sont plus exactement $59^r,617$; $56^r,947$ et $63^r,802$.

265. MASSE. La masse de la lune est à peu près $\frac{1}{81}$ de celle de la terre.

DENSITÉ. On obtient son rapport à celle de la terre en divisant la masse par le volume, ce qui donne $\frac{49}{81}$. La densité de la lune est à peu près les 6 dixièmes de celle de la terre.

266. LE MOUVEMENT PROPRE DE LA LUNE EST UN MOUVEMENT RÉEL. De ce que la distance de la lune à la terre ne dépasse jamais 64 rayons terrestres, tandis que la terre tournant autour du soleil occupe successivement des positions différentes, dont la *distance*, périodiquement variable, s'élève jusqu'à 48000 rayons terrestres, on conclut naturellement que la lune et son orbite accompagnent la terre dans son mouvement autour du soleil. La lune est le *satellite* de la terre. Nous avons vu tout à l'heure que la lune est plus petite que la terre; il résulte de là et de la faible distance des deux globes que la lune, soumise à l'attraction de la terre, doit décrire autour de notre globe précisement l'orbite elliptique que l'observation nous a fait connaître. Ainsi le mouvement de la lune autour de la terre n'est pas une simple apparence comme le mouvement annuel de translation du soleil, avec lequel il a d'ailleurs tant de rapports; c'est un mouvement réel dont toutes les circonstances s'expliquent par les lois de la gravitation universelle (*).

267. TACHES DE LA LUNE. Même à la vue simple, on aperçoit sur la surface de la lune des taches grisâtres dont l'ensemble donne grossièrement à la lune l'apparence d'une figure humaine. A chaque lunaison, à mesure que le disque s'éclaire, on retrouve les mêmes taches occupant les mêmes positions respectives par rapport au contour du disque. On tire de ce fait une conclusion remarquable :

268. *La lune montre toujours à la terre à peu près la même partie de sa surface.* Nous ne voyons jamais qu'un hémisphère de la lune; l'hémisphère opposé nous reste constamment caché.

(*) Ces lois expliquent et font connaître les irrégularités que nous indiquons à la fin du chapitre. L'explication de la rétrogration des nœuds est analogue à celle de la rétrogradation des points équinoxiaux, le corps attirant principal étant la terre au lieu du soleil.

269. Rotation de la lune. De ce que la lune nous montre toujours la même face dans sa révolution autour de la terre, on doit conclure qu'elle tourne sur elle-même.

La lune, comme le soleil et la terre, tourne continuellement sur elle-même, d'occident en orient, autour d'un axe central; elle fait un tour entier dans le même temps qu'elle fait sa révolution sidérale sur son orbite, c'est-à-dire en 27j 7h 43m 11s (*). *Ce mouvement de rotation de la lune est uniforme comme celui du soleil et de la terre.*

Les extrémités de l'axe de rotation sont les pôles de la lune; le grand cercle perpendiculaire à cet axe est l'*équateur lunaire;* l'équateur lunaire coupe l'écliptique suivant une ligne parallèle à la ligne des nœuds, en rétrogradant avec elle.

L'axe de rotation de la lune fait avec l'écliptique un angle presque droit, de 88° 29′ 49″, et avec le plan de l'orbite lunaire un angle de 83° 20′ 49″.

Démonstration. *La rotation de la lune est prouvée par la fixité de ses taches.* En effet, considérons, pour plus de simplicité (*fig.* 101); une tache, *m*, située au centre même du disque, sur la ligne T*l* qui joint ce centre à celui de la terre, et suivons le mouvement de la lune à partir de la position (A). Si la lune se déplaçait le long de son orbite sans tourner sur elle-même, chaque ligne *lm* de son intérieur se transportant parallèlement à elle-même, dans la position (B) de cet astre, la tache *m* serait vue en *m′;* on la voit toujours en *m* sur la direction du rayon T*l′* qui va de la terre au centre du disque; cette tache a donc tourné dans l'intervalle de l'arc $m'm = m'l'T = l'Tl$. Quand la lune arrive à la position (C), la tache, au

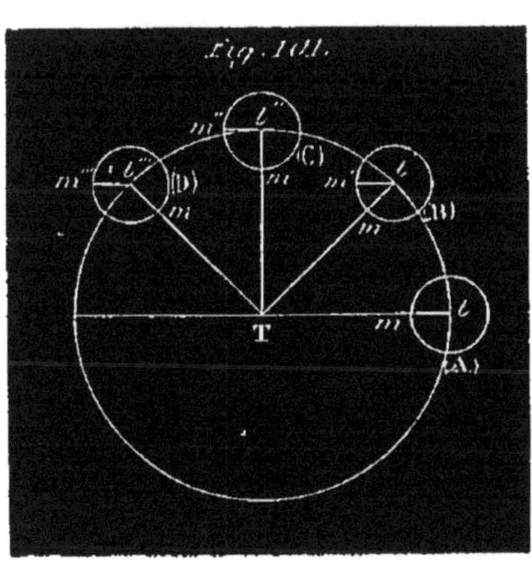

(*) Il est facile de se rendre compte par une expérience de ce double mouvement de translation et de rotation de la lune.

Figurons-nous un spectateur fixe en S, sur TS (*fig.* 98), à une *grande* distance d'une table ronde, autour de laquelle une seconde personne *l* circule sans bouger la tête, les yeux constamment fixés vers le centre T de la table. Partie de la position (A), cette personne *l* tourne dans le sens des lettres (A), (B), (C)... Quand ce mouvement commence, le spectateur, S, ne voit que le derrière de

lieu d'être vue en m'', est toujours vue en m; elle a donc tourné de l'arc $m''m = m''l''T = l''Tl$; voyez encore ce qui arrive à la position (D), etc. Il résulte donc de la fixité des taches que chaque point m de la surface de la lune est animé, autour d'un axe passant en l, d'un mouvement angulaire précisément égal au mouvement du centre de la lune autour de la terre. Chaque tache doit faire un tour entier dans le même temps que le centre l de la lune fait une révolution autour de la terre. Tel est précisément le mouvement de rotation indiqué.

270. Libration de la lune. A la vue simple, les taches de la lune nous paraissent toujours garder la même position; mais si on les observe attentivement pendant quelques jours avec une lunette, on remarque que les points observés ne conservent pas en réalité la même position sur le disque; chacun d'eux nous paraît osciller de part et d'autre d'une position moyenne. L'impression générale que nous laissent tous ces petits mouvements, qui d'ailleurs à une même époque quelconque de l'observation, ont tous lieu dans le même sens, c'est que la lune tout entière éprouve un mouvement d'oscillation, ou de balancement, autour de son centre, qui produit celui des taches que nous voyons à sa surface. Ce mouvement particulier de la lune, découvert par Galilée, a reçu le nom de *libration.*

La libration de la lune est un mouvement composé, dû à trois causes distinctes produisant chacune une libration particulière. Ces trois librations particulières, dont la coexistence produit le mouvement d'oscillation des taches tel qu'on l'observe, sont connues sous les noms de *libration en longitude*, *libration en latitude*, et *libration diurne*. Nous les décrirons séparément afin de les mieux faire comprendre.

---

la tête de la personne l; puis un peu de sa figure en (B); puis la voit de profil (pos. C); de (C) à (D) et de (D) à (E), le profil s'élargit, et quand la personne l arrive en (E), le spectateur S la voit en face. Cette personne l a fait évidemment un demi-tour sur elle-même, en même temps qu'elle a tourné autour de la table, puisqu'elle voit en face une personne à laquelle elle tournait d'abord le dos. La personne l continuant à circuler autour de la table, une partie de plus en plus grande de sa figure se cache pour le spectateur S; à la position (G), elle n'est plus vue que de profil, et le côté visible de sa figure n'est pas celui qui l'était à la position (C). Enfin, revenue à la position (A), la personne l tourne de nouveau le dos à la personne S. La tête de l représentant la lune a donc fait un tour sur elle-même, en même temps qu'elle tournait autour du point central T représentant la terre.

271. Libration en longitude. Les taches de la lune les plus rapprochées du centre nous paraissent osciller de part et d'autre de ce point; celles qui avoisinent l'un ou l'autre bord se montrent et se cachent alternativement; en somme, le globe lunaire nous paraît se balancer légèrement, en tournant de droite à gauche, puis *vice versâ*, de gauche à droite autour d'une perpendiculaire au plan de son orbite. C'est ce balancement de la lune que l'on désigne sous le nom de *libration en longitude*.

Pour parler d'une manière plus précise, nous dirons :

La *libration en longitude*, considérée seule, consiste dans une espèce de balancement continuel, ou mouvement de *va-et-vient* circulaire, du globe lunaire autour d'un axe perpendiculaire au plan de son orbite. Par suite, une tache centrale nous paraît osciller de part et d'autre du centre. Quand la lune part du périgée, les taches situées alors près du bord oriental disparaissent successivement, pour ne reparaître qu'au moment où la lune apparaît à l'apogée; dans le même temps, de nouvelles taches, invisibles auparavant, apparaissent au bord occidental, se rapprochent du centre, puis, s'en retournant vers le bord, disparaissent successivement. Quand la lune va de l'apogée au périgée, les *mêmes* taches du bord oriental se rapprochent du centre; puis, arrivées à une certaine distance du bord, s'en retournent pour y être revenues au moment où la lune arrive au périgée; les taches vues au commencement de cette seconde période sur le bord occidental disparaissent pour ne reparaître qu'à l'arrivée de la lune au périgée.

L'amplitude de chaque oscillation est de 8°; par exemple : une tache qui, à peine arrivée au bord occidental, disparaît, a parcouru, pour arriver là de sa position la plus éloignée, un arc de 8°. Nous voyons donc, à l'ouest et à l'est du globe lunaire, successivement, un fuseau de 8° de largeur que nous ne verrions pas sans la libration en longitude.

272. Libration en latitude. La lune nous paraît se balancer légèrement de haut en bas, puis de bas en haut, autour d'un axe situé dans le plan de son orbite. Des taches apparaissent successivement au bord supérieur du disque (par rapport à l'orbite), s'avancent un peu en deçà; puis, s'en retournant, disparaissent les unes après les autres; tandis que des taches voisines du bord inférieur opposé, s'en rapprochent progressivement, disparaissent pour reparaître plus tard. L'amplitude d'une oscillation est d'environ 6° $^1/_2$.

273. Libration diurne. Enfin on remarque encore un troisième balancement de l'astre beaucoup plus faible que les deux autres, et dont la période ne dure qu'un jour : c'est un mouvement de va-

et-vient circulaire autour de l'axe de rotation de la terre, c'est-à-dire suivant le parallèle céleste que la lune nous paraît décrire au-dessus de notre horizon dans le mouvement diurne de la sphère céleste. L'amplitude de cette oscillation est égale à la parallaxe de l'astre, environ 1° (*).

274. Montagnes de la lune. A l'aide du télescope on distingue à la surface de la lune des inégalités qui ne peuvent être que des montagnes ; car elles projettent des ombres très-caractérisées dont la position et la grandeur se rapportent exactement à la direction des rayons solaires qui arrivent sur les lieux de la surface de la lune où ces inégalités s'observent.

Le bord du fuseau brillant de la lune tourné du côté du soleil est toujours circulaire et à peu près uni ; mais le bord opposé de la partie éclairée qui devait offrir l'apparence d'une ellipse bien tranchée, si la surface lunaire avait une courbe unie, se montre toujours avec des déchirures ou des dentelures qui indiquent des cavités et des *points proéminents*. Les dentelures sont de grandes ombres que présentent des montagnes situées sur ce bord, quand le bord éclairé dépasse ces points proéminents ; le soleil gagnant en hauteur, ses rayons sont moins inclinés ; les ombres se raccourcissent. Quand la lune est pleine, les rayons solaires arrivant perpendiculairement en même temps que nos rayons visuels, on n'aperçoit plus d'ombre sur aucun point de la surface lunaire.

L'existence des montagnes lunaires est encore confirmée par ce fait, qu'il existe même en dehors de la partie éclairée des points brillants, qui sont les sommets de montagnes éclairées avant les vallées voisines.

On a pu, à l'aide de mesures micrométriques des ombres portées, calculer les hauteurs de plusieurs montagnes de la lune. MM. Beer et Maddler, de Berlin, après avoir effectué un grand nombre de ces mesures dans les diverses parties de l'hémisphère lunaire visible, ont trouvé 22 montagnes dont la hauteur dépasse 4800 mètres (hauteur du mont Blanc).

Voici les plus hautes que nous désignons par leurs noms généralement adoptés :

(*) Voir note II, à la fin du chapitre, l'explication de chaque libration.

Dorfel.	7603 mètres.
Newton	7264
Casatus.	6956
Curtius.	6769
Calippus	6216
Tycho	6151
Huyghens	5550

275. Remarque. Les taches grisâtres que l'on remarque à l'œil nu sur la surface de la lune ne sont pas des montagnes; ce sont des parties qui réfléchissent moins bien les rayons solaires que les régions environnantes. Ces parties moins brillantes ne renferment presque pas de montagnes; on leur a donné jusqu'ici le nom de *mers,* à tort, puisque, ainsi que nous l'expliquerons bientôt, il ne peut exister d'eau à la surface de la lune.

276. Constitution volcanique de la lune. Les montagnes très-nombreuses de la lune présentent un caractère particulier extrêmement remarquable. Elles offrent en général l'aspect d'un bourrelet circulaire entourant une cavité dont le fond est quelquefois au-dessous du niveau des parties environnantes de la surface de la lune. Souvent il existe au milieu de cette cavité centrale une montagne isolée en forme de pic (*fig.* 106). Ces montagnes circulaires

Fig. 106.

ressemblent assez aux cratères des volcans éteints qui existent à la surface de la terre ; mais les diamètres des montagnes lunaires sont incomparablement plus grands que les diamètres de ces volcans. Le diamètre de l'Etna, dans son maximum, a atteint 1500 mètres; et celui du Vésuve, environ 700 mètres. Or, parmi les plus grandes montagnes circulaires de la lune on en cite deux qui ont 91200 et 87500 mètres de diamètre. A partir de là on en trouve de toutes les dimensions, jusqu'aux plus petites que nous puissions apprécier à la distance de la lune. Eu égard à leurs dimensions, les grandes montagnes lunaires sont plutôt comparables à certains cirques montagneux que l'on rencontre sur la terre, et que l'on désigne sous le nom de cratères de *soulèvement*. Tels sont, par exemple, le cirque de l'île de Ceylan, qui a 70000 mètres de diamètre; celui de l'Oisans, dans le Dauphiné, qui en a 20000, et le cirque du Cantal (Auvergne), qui en a 10000.

En somme la surface de la lune nous offre l'aspect général des contrées volcaniques; on y voit presque partout des accidents de terrain considérables; le sol paraît avoir été tourmenté par des actions volcaniques intérieures; il n'offre pas les traces d'un nivellement pareil à celui que les eaux et les agents atmosphériques ont produit avec le temps sur la surface de la terre.

277. Absence d'atmosphère a la surface de la lune. Il résulte de divers indices que la lune n'est pas entourée d'une atmosphère gazeuse analogue à celle dans laquelle nous vivons; voici l'observation qui démontre de la manière la plus précise cette absence d'atmosphère autour de la lune. (V. aussi la note ci-après.)

Quand cet astre, en vertu de son mouvement propre, vient à passer devant une étoile, on peut observer avec une grande exactitude l'instant précis de la disparition de l'étoile, puis l'instant de sa réapparition; de là on déduit la durée de l'occultation. D'un autre côté, les lois connues du mouvement de la lune nous apprennent quelle est la position de cet astre par rapport à la terre et à l'étoile, au moment de l'observation, et par suite quelle est la corde du disque qui passe précisément entre l'observateur et l'étoile. Connaissant la vitesse du mouvement propre de la lune au même moment, on peut calculer le temps qu'il faut au dernier point de cette corde (considérée dans le sens du mouvement), pour venir remplacer le premier sur la direction du rayon visuel qui va de l'observateur à l'étoile; car ce temps est précisément celui qu'il faut à cette deuxième extrémité comme à tout autre point de la lune pour parcourir dans le sens de l'orbite un chemin ayant la longueur connue de la corde en question. Or on trouve toujours que ce temps est égal à la durée de l'occultation; ou du moins la différence qui existe entre ces deux temps est assez faible pour qu'on puisse la regarder comme résultant des erreurs d'observation.

Il n'en peut être ainsi évidemment que si la lune n'a pas d'atmosphère gazeuse analogue à la nôtre; en effet, le temps *calculé* est précisément celui pendant lequel le rayon lumineux qui va *en droite ligne* de l'étoile à l'observateur est successivement intercepté par les divers points de la corde que nous avons considérés; c'est donc précisément le temps que doit durer l'occultation, si ce rayon direct est le seul qui puisse nous montrer l'étoile. Cela posé, admettons que la lune soit entourée d'une atmosphère gazeuse plus ou moins étendue, et considérons l'étoile *e* un peu après le moment où le disque lunaire a commencé à s'interposer entre elle et l'observateur placé en O (*fig.* 107, n° 1). Le rayon direct *e*O est intercepté et ne nous montre plus l'étoile; mais le rayon lumineux *ec* qui traverse l'atmosphère tout près de ce disque se réfracte et nous apporte indirectement la vue de l'astre; celui-ci ne cesse d'être vu que lorsqu'il est déjà assez avancé derrière la lune pour que la réfraction ne puisse plus dévier jusqu'à nous aucun des rayons qui vont de l'étoile à l'atmosphère: l'occultation commencerait donc en réalité un certain temps *après* le passage entre la terre et l'étoile de la première extrémité de la corde que nous considérons. Elle cesserait aussi un certain temps *avant* le passage de la seconde extrémité; car un peu avant ce dernier passage, la vue de l'étoile nous serait apportée par un des rayons lumineux réfractés allant de l'étoile à la partie de l'atmosphère qui avoisine cette seconde extrémité (*fig.* 107, n° 2). La durée de l'occultation, ainsi diminuée au commencement et à la fin, différerait donc du temps qui a été calculé d'après la longueur de la corde, d'une quantité d'autant plus grande que l'atmosphère lunaire serait

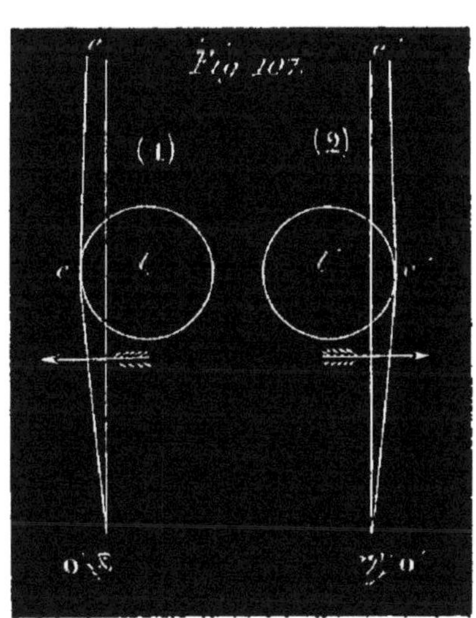

plus étendue et plus dense. Comme il n'existe pas de différence appréciable entre ces deux durées, il en résulte que la lune n'a pas d'atmosphère d'une densité appréciable.

On a pu reconnaître ainsi que l'atmosphère de la lune, s'il y en a une, est nécessairement moins dense à la surface même de l'astre que l'air qui reste dans nos meilleures machines pneumatiques lorsqu'on y a fait le vide autant que possible. Cela revient à dire que la lune n'a pas d'atmosphère (*).

278. Absence d'eau sur la lune. De ce que la lune n'a pas d'atmosphère, on conclut immédiatement qu'il n'existe pas d'eau à la surface de cet astre; car s'il y en avait, cette eau, dont la surface serait libre de toute pression, produirait des vapeurs qui constitueraient immédiatement une atmosphère. C'est donc à tort qu'on a donné le nom de mers aux taches grisâtres qu'on aperçoit à la surface de la lune (n° 286).

279. Une conséquence immédiate de l'absence d'atmosphère et d'eau sur la lune, c'est que cet astre ne peut être habité par des

---

(*) On arrive à la même conséquence de la manière suivante : Si la lune a une atmosphère, il n'y a pas de nuages flottants dans cette atmosphère comme dans la nôtre; car des nuages cacheraient nécessairement certaines portions de la surface de la lune, et l'aspect général du globe lunaire varierait d'un instant à l'autre d'une manière irrégulière; or nous savons qu'il ne se passe rien de pareil.

S'il n'y a pas de nuages dans l'atmosphère de la lune, cette atmosphère est tout à fait transparente; mais une pareille atmosphère doit, en réfléchissant les rayons lumineux qui la traversent en dépassant la lune, produire sur cet astre quelque chose d'analogue à notre crépuscule : une moitié de la lune étant éclairée comme la moitié de la terre, des rayons solaires seraient réfléchis par l'atmosphère de cette première moitié de la lune sur une partie de la seconde moitié en quantité décroissante, à mesure qu'on s'éloignerait des bords de l'hémisphère éclairé. A l'époque où la lune n'est pas pleine, la surface de la lune qui est vis-à-vis de nous se composerait toujours d'une partie éclairée et d'une partie obscure, mais sans transition brusque de l'une à l'autre; il devrait y avoir une dégradation insensible de lumière du côté de la partie de cette surface qui ne reçoit pas directement les rayons du soleil; il n'y aurait pas une séparation nette des deux parties. Or, comme cette dégradation de lumière n'existe pas, que les deux parties de l'hémisphère lunaire qui fait face à la terre sont séparées par une ligne elliptique très-tranchée, on conclut de là que la lune n'a pas d'atmosphère.

êtres animés, au moins par des êtres analogues à ceux qui habitent la terre.

La surface de la lune ne doit offrir aucune végétation; la température y doit être très-basse. En raison de l'absence d'eau et d'atmosphère, la configuration du globe lunaire a dû se conserver telle qu'elle était au moment où ce globe s'est solidifié. C'est ce qui explique le grand nombre de cirques qu'on y voit, tandis que les cirques sont rares sur la terre, où les eaux et les agents atmosphériques, par leur action continue, ont en général dégradé les aspérités et comblé les cavités.

DES ÉCLIPSES.

280. Il arrive de temps en temps, à l'époque de la pleine lune, que le disque de cet astre s'entame peu à peu d'un côté; une échancrure s'y forme, augmente progressivement d'étendue, puis diminue peu à peu, et finit par s'anéantir, le disque redevenant ce qu'il était avant le commencement du phénomène. Quelquefois l'échancrure augmente à tel point qu'elle envahit le disque entier; l'astre disparaît complétement pendant un certain temps; au bout de ce temps il reparaît; le disque se découvre progressivement, en nous présentant en sens inverse les mêmes phases successives qu'avant sa disparition. Le phénomène que nous venons de décrire est ce qu'on appelle une *éclipse de lune partielle ou totale*.

Les phases d'une éclipse de lune ont quelque analogie avec celles que cet astre nous présente régulièrement à chaque lunaison; mais elles en diffèrent essentiellement par leur durée (les phases d'une éclipse se produisent toutes dans un petit nombre d'heures), et par l'irrégularité des intervalles de temps compris entre les éclipses successives.

281. Il y a aussi des *éclipses de soleil partielles ou totales*. De temps à autre, à des intervalles irréguliers, le disque du soleil disparaît graduellement, en partie ou en totalité, nous offrant des phases analogues à celles que nous venons de décrire pour la lune.

282. Les éclipses de lune ont toujours lieu, au moment de l'*opposition*, quand la lune est *pleine;* or à cette époque la terre se trouve entre le soleil et la lune (n° 242, fig. 98); en se rendant compte d'une manière précise de la position des trois corps, on reconnaît facilement qu'une éclipse de lune a pour cause l'interposition de la terre qui intercepte une partie ou la totalité des rayons solaires dirigés sur le globe lunaire.

283. Les éclipses de soleil ont toujours lieu à l'époque de la *conjonction*, quand la lune est *nouvelle;* or à cette époque la lune se trouve entre le soleil et la terre (n° 242, fig. 98); on reconnaît aisément qu'une éclipse de soleil, partielle ou totale, est due à l'interposition de la lune qui intercepte une partie ou la totalité des rayons solaires dirigés vers la terre.

284. Explication des éclipses. La figure 108 rend manifeste cette explication des éclipses.

Fig. 108.

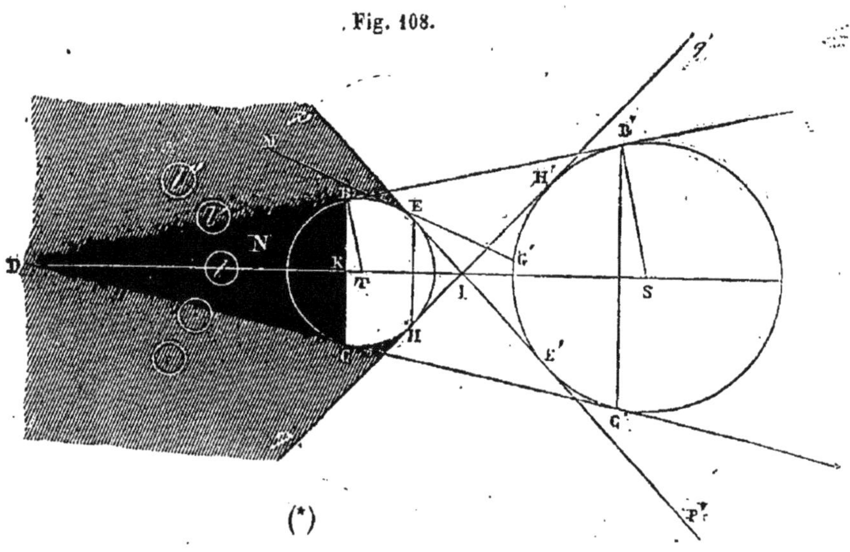

Considérons deux globes sphériques S et T; le premier S plus grand que le second est lumineux; l'autre T est opaque, et ne peut être éclairé que par le globe S.

Concevons par la ligne des centres, ST, un plan qui détermine

(*) La *concavité* de la courbe que décrivent les différentes positions *l*, *l'*, *l''*... de la lune doit être tournée en sens inverse (vers la terre) : le graveur s'est trompé.

sur les globes les circonférences de grands cercles, circ. SB', circ. TB; soit DBB' une tangente commune aux deux circonférences. Imaginons que cette tangente fasse une révolution autour de TS avec les demi-circonférences qu'elle touche. Tandis que celles-ci décrivent les surfaces des deux globes, la tangente engendre un cône droit indéfini dont le sommet est en D; ce cône DB'C' touche et enveloppe les deux globes T et S; c'est ce qu'on appelle le cône tangent *extérieur* aux deux sphères. Limitons ce cône au petit cercle BKC; on a ainsi le cône circulaire droit DBC; ce cône est ce qu'on appelle le *cône d'ombre* du globe opaque T par rapport au globe lumineux S. On le nomme ainsi parce que tous les points, N, de l'intérieur de ce cône, sont dans l'obscurité; tous les rayons lumineux, qui pourraient y arriver en ligne droite du globe S, étant, comme le montre la figure, interceptés par le globe opaque T (essayez de joindre, par une ligne droite, un point du globe S au point N). D'aucun de ces points, N, intérieurs au cône d'ombre DBC, on ne peut non plus apercevoir le globe S (*).

Concevons maintenant une tangente commune, HIH', passant entre les mêmes circonférences, circ. TB et circ. SB'; faisons encore tourner cette tangente en même temps que les deux circonférences autour de ST comme axe; cette tangente engendre une nouvelle surface conique indéfinie dont le sommet est en I, et qui touche et enveloppe les globes T et S, de ses deux nappes pIq, $P'Iq'$; ce nouveau cône est le cône tangent *intérieur* aux deux sphères. Le tronc de cône indéfini $pEHq$ comprend dans son intérieur *le cône d'ombre*, DBC, du globe T. L'espace qui existe *dans ce tronc de cône*, autour et au delà du cône d'ombre, DBC, se nomme la *pénombre* du globe opaque T par rapport au globe lumineux S. Ce nom de *pénombre* (presque ombre) vient de ce que chaque point, M, situé dans l'espace ainsi désigné, est mis par le globe opaque T à l'ombre d'une partie du corps lumineux S. Ainsi le point M, marqué sur notre figure, ne reçoit pas de lumière de la partie G'E'C' du globe S, tandis qu'il en reçoit librement de la partie supérieure G'H'B' (essayez de joindre M, par une ligne

---

(*) Pour plus de clarté et de simplicité, *nous faisons ici et plus loin abstraction de tout effet de réfraction;* il en sera ainsi jusqu'à l'endroit où nous expliquons l'effet de l'atmosphère terrestre sur les éclipses de lune.

droite, à un des points de G'E'C'; MG' est une tangente au globe T). Du point M on ne voit pas la partie G'E'C' de S, on ne voit que la partie supérieure G'H'B'. Chaque point M de la pénombre reçoit du globe S une somme de rayons lumineux d'autant moindre qu'il est plus rapproché du cône d'ombre; c'est ce que la figure met en évidence.

A l'aide de ces explications géométriques, on comprendra facilement ce que nous allons dire des éclipses. Nous commencerons par les éclipses de lune.

285. Éclipses de lune. Supposons que le globe lumineux S soit le soleil, et que le globe T soit la terre. Celle-ci se meut autour du soleil avec son *cône d'ombre*. Quand, à l'époque de l'opposition (pleine lune), la terre se trouve entre le soleil et la lune, il peut arriver que cette dernière, qui se trouve précisément du côté du cône d'ombre, se rapproche assez de la terre pour pénétrer dans ce cône en totalité ou en partie, comme il est indiqué sur notre figure; positions *l* et *l'* de la lune. Quand la lune se trouve dans la position *l*, elle ne reçoit aucune lumière du soleil; elle n'en reçoit pas non plus de la terre par réflexion (car elle est précisément vis-à-vis de l'hémisphère obscur de la terre). La lune est donc alors complétement obscure et invisible; on ne la voit plus d'aucun point de la terre, *ni de l'espace* (*V.* n° 290). Il y a alors *éclipse totale de lune.*

286. *Les phases d'une pareille éclipse s'expliquent naturellement.* La lune tournant autour de la terre, de l'ouest à l'est, arrive au cône d'ombre de la terre dans lequel elle se plonge peu à peu (du côté DB par exemple); le disque lunaire s'échancre vers le bord oriental (position *l'*); l'échancrure, augmentant progressivement, envahit tout le disque; l'astre est alors tout entier dans le cône (position *l*). Son mouvement vers l'est continuant, il atteint l'autre côté (DC) du cône, et commence à en sortir (4e position); le bord oriental du disque, éclipsé le premier, reparaît aussi le premier; l'astre sortant peu à peu de l'ombre, le disque se découvre progressivement, nous offrant les mêmes phases qu'à l'entrée, mais en sens inverse; après quoi nous le revoyons tel qu'il était avant le commencement de l'éclipse.

Il y a *éclipse partielle* quand la lune, au lieu d'entrer en plein dans le cône d'ombre, atteint ce cône sur le côté; une partie seulement du globe lunaire, *l'*, traverse l'ombre; elle y entre progressivement, puis en sort de même; on se figure aisément la marche du phénomène et les apparences qui en résultent pour nous.

287. Effet de la pénombre. Avant d'entrer dans le cône d'ombre, la lune traverse la pénombre (de EP à BD); la quantité de rayons solaires qu'elle reçoit en général du soleil diminue de plus en plus; il en résulte que l'éclat de chaque partie du disque s'affaiblit progressivement à mesure que l'astre approche du cône d'ombre. Il n'y a donc pas passage subit de l'éclat ordinaire du disque à l'obscurité, mais dégradation progressive de lumière depuis l'un jusqu'à l'autre (*). De même à la sortie, l'astre, quittant le cône d'ombre (du côté CD), entre dans la pénombre; à mesure qu'il s'avance vers la limite extérieure (HQ) de cette pénombre, le disque d'abord terne reprend peu à peu son éclat ordinaire (*).

288. Il peut arriver que la lune ne passe pas assez près de l'axe DTS du cône d'ombre pour entrer dans ce cône, mais qu'elle traverse la pénombre à côté du cône; alors son éclat se ternit, le disque nous paraît moins brillant; mais comme aucune de ses parties ne cesse absolument d'être éclairée par le soleil, il n'y a pas d'éclipse proprement dite.

289. *Les éclipses de lune ne peuvent avoir lieu que vers l'opposition, à l'époque de la pleine lune; mais il n'y a pas nécessairement éclipse à toutes les oppositions.*

A l'inspection de la *fig.* 108, on voit aisément qu'il ne peut y avoir éclipse de lune qu'aux époques où cet astre est assez *rapproché de l'axe* STD *du cône d'ombre de la terre, du côté de la terre opposé au soleil*. Or cette ligne STD qui joint le centre du soleil à celui de la terre n'est autre que la ligne ST de la *fig.* 98, sur laquelle nous avons indiqué approximativement les positions relatives que prend successivement la lune dans sa révolution autour de la terre. A l'inspection de cette figure 98, on voit que les deux conditions ci-dessus exprimées ne peuvent être remplies que vers l'époque où la lune arrive à la position (E), c'est-à-dire à l'*opposition.*

Si la lune se mouvait exactement dans le plan de l'écliptique, comme nous le supposons dans la *fig.* 98, il suffirait évidemment,

(*) Cette dégradation de teinte est tellement prononcée, qu'il est impossible d'indiquer avec précision l'instant où un point remarquable de la lune quitte la pénombre pour entrer dans l'ombre pure, ou inversement.

pour qu'il y eût éclipse à chaque opposition, que la distance Tl qui sépare en ce moment la lune de la terre fût moindre que la longueur TD du cône d'ombre; de plus, pour que l'éclipse fût totale, il suffirait que Tl fût assez notablement inférieur à TD pour que la lune arrivât dans une partie du cône d'ombre suffisamment large pour la contenir tout entière, à l'instant où son centre arriverait sur l'axe STD. *Ces deux conditions sont toujours remplies;* car la longueur TD, du cône d'ombre de la terre est, en moyenne, d'environ 216 rayons terrestres, tandis que la distance, Tl de la lune à la terre est en moyenne de 60 rayons terrestres (au maximum 63,9). De plus, à cette distance 60.r de la terre, le diamètre de la section circulaire du cône d'ombre est beaucoup plus grand que celui de la lune. Tout cela se vérifie par la géométrie la plus simple (*). *Il est donc certain que si la lune se mouvait dans le plan même de l'écliptique, il y aurait éclipse de lune à chaque opposition ou pleine lune.*

(*) Longueur du cône d'ombre de la terre. Il s'agit de comparer cette longueur DT au rayon de la terre TB$=r$. Les triangles rectangles semblables DSB′, DTB donnent :

$$\frac{SD}{DT}=\frac{SB'}{TB};\quad \text{d'où}\quad \frac{SD-DT}{TD}\quad \text{ou}\quad \frac{ST}{TD}=\frac{SB'-TB}{TB}.$$

La distance, ST, du soleil à la terre, vaut moyennement $24000r$; le rayon SB′ du soleil vaut $112r$; donc $SB'-TB=112r-r=111r$. En mettant ces valeurs dans la dernière égalité, on trouve $\frac{24000r}{DT}=\frac{111r}{r}=111$.

D'où on déduit $DT=\frac{24000r}{112}$ ou $216r$. à moins d'un rayon terrestre.

A la distance moyenne de la lune à la terre, et même au maximum de cette distance, 63 *à* 64r; *le diamètre de la section circulaire du cône d'ombre de la terre est beaucoup plus grand que le diamètre de la lune ; il en est plus que le double.*

A moitié chemin de la terre T au sommet D du cône d'ombre, c'est-à-dire à la distance $108r$, le diamètre de la section circulaire du cône est évidemment la moitié du diamètre de la terre. Or le diamètre de la lune est égal aux $\frac{3}{11}$ du diamètre de la terre, à peu près le quart. Le diamètre de la section circulaire à la distance $108r$ étant presque le double du diamètre de la lune, on en conclut qu'à la distance $60r$, le premier diamètre est *à fortiori* beaucoup plus grand que le second. Si on veut avoir leur rapport exactement, il suffit, en ap-

Nous pouvons donc dire en toute certitude :

S'il n'y a pas d'éclipses de lune à toutes les oppositions, cela tient à ce que cet astre ne se meut pas sur le plan même de l'écliptique, mais dans un plan incliné à celui-là d'environ 5° 9'.

Il résulte de là, en effet, qu'au moment de l'opposition la lune ne se trouve pas, en général, sur le plan de l'écliptique; qu'elle peut, par suite, ne pas rencontrer l'axe ST du cône d'ombre, et même passer assez loin de cette ligne pour ne pas entrer, même partiellement, dans le cône; dans ce cas, il n'y a pas d'éclipse du tout. (*V.* dans les notes, p. 228, ce qui concerne la prédiction des éclipses.)

290. Influence de l'atmosphère terrestre sur les éclipses de lune. Les circonstances d'une éclipse de lune ne sont pas tout à fait telles que nous les avons indiquées; elles sont un peu modifiées par l'influence de l'atmosphère qui entoure la terre. Dans les explications précédentes, nous n'avons tenu compte, en fait de rayons solaires arrivant sur la lune, que de ceux qui y arrivent en *ligne droite*, sans avoir été brisés; il n'a donc été nullement question des rayons lumineux qui arrivent à la lune après avoir traversé l'atmosphère; car ceux-là, comme on l'a vu, n° 107, sont *brisés* et déviés par la réfraction atmosphérique. Nous allons réparer cette omission volontaire (*).

Il résulte de la réfraction qu'éprouvent les rayons solaires qui traversent l'atmosphère, *sans être arrêtés par la terre*, que tel de ces rayons qui, en entrant, avait la direction SA (*fig.* 109), sort de l'atmosphère, dans la direction AS″ (**), après une série de dévia-

pelant x le diamètre de la section à la distance $60r$, de résoudre cette équation très-simple :

$$\frac{x}{2r}=\frac{216r-60r}{216r}=\frac{156}{216}=\frac{13}{18}; \quad \text{à peu près} \quad \frac{8}{11}.$$

(*) Nous agissons dans l'explication des éclipses comme dans celle des mouvements propres du soleil ou de la lune; nous avons divisé notre explication pour la rendre plus claire. Nous exposons d'abord les circonstances et les causes principales du phénomène, en omettant à dessein certaines circonstances moins importantes; c'est là une première approximation. Puis nous complétons cette première explication par l'examen de ce qui a été omis.

(**) Voici, avec un peu plus de détail, ce qui se passe quand un rayon lumineux traverse l'atmosphère, *sans être arrêté par le soleil.*

L'extrémité mobile de ce rayon, se rapprochant d'abord de la terre, commence par traverser une série de couches d'air de plus en plus denses; chaque

tions éprouvées toutes dans le même sens par rapport à la direction primitive SA. On conçoit bien qu'il peut résulter de cette déviation des rayons solaires, que le rayon brisé AS″ atteigne le cône d'ombre situé du même côté de la terre que lui (*V.* la *fig.* 110).

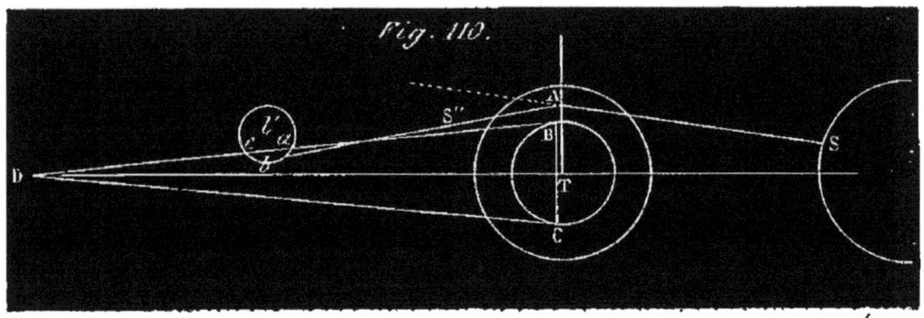

Fig. 110.

C'est, en effet, ce qui arrive; une partie du cône d'ombre pure, DBC, est atteinte et détruite par les rayons solaires réfractés qui y apportent de la lumière.

---

fois qu'elle entre dans une nouvelle couche, la direction de ce rayon éprouve une déviation telle que son *prolongement* s'abaisse de plus en plus vers la terre. Au bout d'un certain temps, cette direction déviée devient tangente à la couche atmosphérique qu'elle vient d'atteindre; elle est devenue, par exemple, $S'AS'_1$ (*fig.* 109). La déviation totale depuis l'entrée du rayon dans

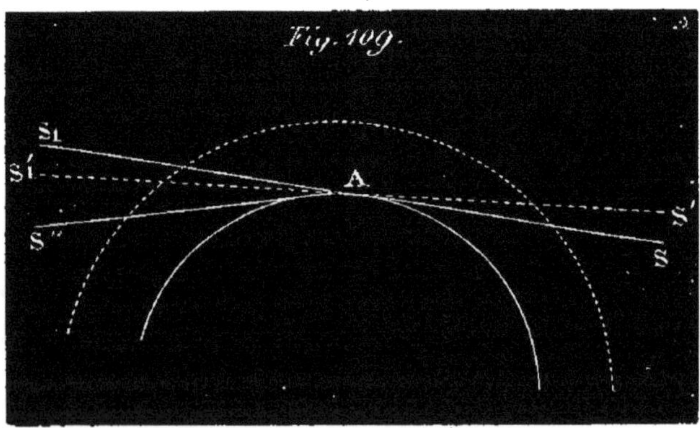

Fig. 109.

l'atmosphère est, par exemple, l'angle $S_1AS'_1$ (SAS_1 est une parallèle à la direction primitive du rayon). A partir de ce contact, l'extrémité mobile de notre rayon lumineux, s'éloignant du centre de la terre, traverse des couches d'air de moins en moins denses; à son entrée dans chaque couche, la direction de

Comme tout se passe de la même manière autour de ST et de la terre, les rayons solaires réfractés, les plus rapprochés de celle-ci, parmi ceux qui sortent de l'atmosphère, forment un cône IBC

Fig. 111.

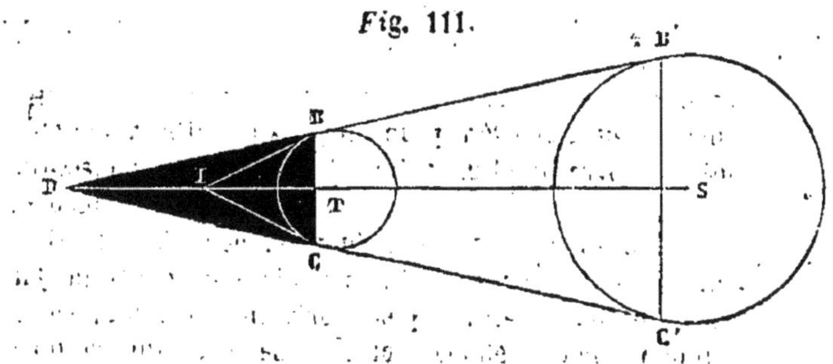

(*fig.* 111) tangent à la terre, et dont l'axe est aussi dirigé suivant ST; ce cône IBC est le véritable cône d'ombre pure de la terre; *la nuit*

---

ce rayon éprouve une déviation telle, que son prolongement s'abaisse encore de plus en plus du côté de la terre. Quand il sort, il a éprouvé depuis son passage en A une nouvelle déviation $S'_1AS'' = S_1AS'_1$; ce qui fait en tout, depuis son entrée dans l'atmosphère, une déviation S_1AS'' double de $S_1AS'_1$ (AS″ est une parallèle à la direction définitive du rayon quittant l'atmosphère). A l'inspection de la figure 110, on voit qu'il peut résulter de la réfraction que le rayon dévié AS″ atteigne le cône d'ombre DBC de la terre, située précisément du même côté que lui. Il suffit pour cela que le point A ne soit pas trop éloigné de la surface de la terre.

Si on considère, en effet, un rayon qui traverse l'atmosphère terrestre en passant tout près du sol de la terre, la déviation qu'il éprouve jusqu'à son arrivée en A est d'environ 33″ (n° 108); quand il sort, la déviation doublée, S_1AS'', dépasse 1° dans les circonstances ordinaires. Cette déviation totale qu'éprouve un rayon lumineux qui traverse l'atmosphère sans s'arrêter à la terre est d'ailleurs plus ou moins grande, suivant que ce rayon s'approche plus ou moins de la surface du sol; elle présente tous les états de grandeur, depuis la déviation de 1°,6 relative aux rayons qui pénètrent dans les couches les plus basses de l'atmosphère, jusqu'à la déviation nulle du rayon qui touche l'atmosphère sans y pénétrer.

Remarque. On conçoit aisément qu'à l'entrée d'un rayon dans l'atmosphère, la réfraction rapprochant le prolongement de ce rayon de la normale intérieure à la couche, ce prolongement s'abaisse progressivement du côté de celle-ci. Pour concevoir ce qui se passe dans la seconde période, depuis le point A, il faut se transporter à la sortie du rayon et faire le chemin en sens inverse; dans ce mouvement inverse, le rayon considéré S″A, revenant vers des couches plus denses, doit continuellement se relever; en se relevant ainsi, il revient à la position AS'_1; donc, réciproquement, il s'est abaissé de AS'_1 à sa sortie dans la direction AS″.

est absolue dans son intérieur. Mais ce qui dépasse la surface de IBC, dans le cône DBC, par exemple, est atteint et éclairé par un nombre de rayons solaires réfractés de plus en plus grand, à mesure qu'on s'éloigne du sommet I, ou de la surface IBC; cette partie excédante DIBC du cône d'ombre est littéralement détruite par ces rayons réfractés. La lumière que ceux-ci y apportent croît insensiblement, depuis l'obscurité absolue, à partir de la surface IBC, ou bien du sommet I.

A l'aide du calcul on peut déterminer la distance du sommet I au centre de la terre; cette distance est en moyenne de 42 rayons terrestres. On voit donc que la lune ne peut jamais pénétrer dans l'espace IBC complétement privé de lumière; au moment d'une *éclipse totale*, cet astre se trouve tout entier dans la partie du cône DBC, où pénètrent les rayons réfractés. *Dans une éclipse totale la lune ne perd donc pas complétement sa lumière; elle est faiblement éclairée par les rayons réfractés.*

On a observé que cette faible lumière que la lune conserve dans les éclipses totales, présente une teinte rougeâtre très-prononcée. Cet effet est dû à un mode d'action de l'air sur les rayons solaires qui le traversent; il se produit une décomposition de la lumière solaire que nous ne pouvons expliquer ici.

Nous n'avons pas besoin de dire que dans une éclipse partielle l'intensité de l'éclipse est de même diminuée par l'effet des mêmes rayons réfractés.

291. Remarque. On ne peut voir une éclipse de lune que si cet astre et le cône d'ombre de la terre, ou au moins une partie de cette ombre, se trouvent ensemble au-dessus de l'horizon; ce qui ne peut avoir lieu que lorsque le soleil est au-dessous; *on ne peut donc voir des éclipses de lune que pendant la nuit.* Cependant il peut arriver quelquefois que la réfraction atmosphérique permette d'observer une éclipse un peu après le coucher du soleil, et un peu avant son lever; cela se comprend aisément. (V. le complément, page 228).

292. Éclipses de soleil. Une éclipse de soleil n'a jamais lieu

(*) Les deux cônes D et I n'ont pas tout à fait la même base; nous l'avons supposé pour ne pas compliquer la figure; le sommet I étant donné, le lecteur voit bien où doit être la base du petit cône.

qu'à l'époque d'une conjonction, ou nouvelle lune. La lune se trouvant alors entre le soleil et la terre, cache à certains lieux de celle-ci une partie ou la totalité du disque du soleil. Ce phénomène s'explique de la même manière que les éclipses de lune.

293. Explication des éclipses de soleil, totales, annulaires, partielles. Dans la fig. 114, à laquelle s'applique tout ce que nous

Fig. 114.

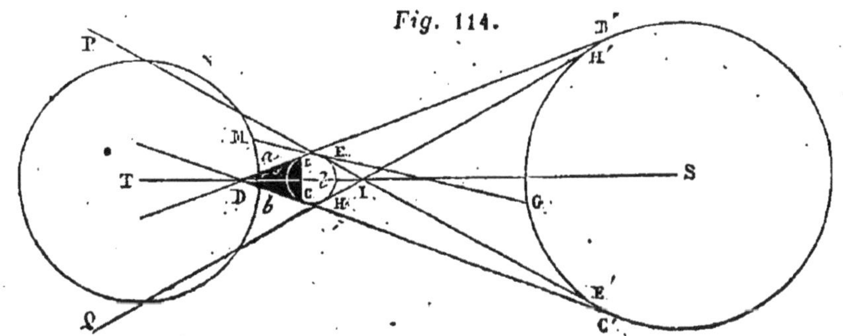

avons dit n° 284 relativement à la fig. 108, le corps lumineux S est toujours le soleil, mais le corps opaque est la lune, *l*, qui, de même que notre globe, a un cône d'ombre DBC, et une pénombre PEHQ, qui l'accompagnent dans sa révolution autour de la terre. A l'époque d'une conjonction ou nouvelle lune, il peut arriver que, la lune se trouvant entre le soleil et la terre, celle-ci soit atteinte en partie par le cône d'ombre et la pénombre lunaire, comme l'indique la fig. 114, ou seulement par la pénombre comme on le voit sur la fig. 115 ci-après (*). (V. la note).

(*) *Longueur du cône d'ombre pure de la lune.* On détermine la longueur *l*D du cône d'ombre pure de la lune de la même manière que la longueur de l'ombre de la terre (page 211, en note); il suffit de remplacer le rayon TB de la terre par le rayon *l*B de la lune dans les formules trouvées. En remplaçant dans ces formules la distance du soleil à la lune par ses valeurs extrêmes, on trouve que la longueur du cône d'ombre pure de la lune varie entre 57^r,76 et 59^r,76 (*r* rayon de la terre); on sait que la distance *l*T, de la terre à la lune, varie entre 55^r,95 et 63^r,80. Il peut arriver que la longueur de l'ombre étant à son maximum ou près de ce maximum, 59^r,76, la distance de la terre soit à peu près au minimum, 55^r,95; dans ce cas, si la ligne S*l* n'est pas trop écartée de la ligne ST (V. n° 290), le cône d'ombre pure de la lune peut atteindre (*fig.* 114) et même traverser la terre; il y a alors éclipse totale de lune pour une certaine

Éclipse totale. Quand une partie *ab* de la terre est atteinte par l'ombre pure de la lune, chaque lieu de cette région *ab* cesse de voir le soleil et d'être éclairé par ses rayons; il y a pour ce lieu *éclipse totale* du soleil. Chaque lieu M simplement atteint par la pénombre de la lune cesse de voir une certaine partie, GE', du soleil; il n'en reçoit plus de lumière; il y a pour ce lieu éclipse partielle de soleil. En même temps qu'il y a éclipse totale pour les lieux de la région *ab*, et *éclipse partielle* pour les lieux tels que M, *il n'y a pas d'éclipse de lune* pour d'autres lieux, tels que N, situés sur la terre, en dehors de l'ombre et de la pénombre de la lune.

Éclipses partielles. Il peut arriver, avons-nous dit, que la terre soit atteinte par la pénombre seule de la lune (*fig.* 115); alors

Fig. 115.

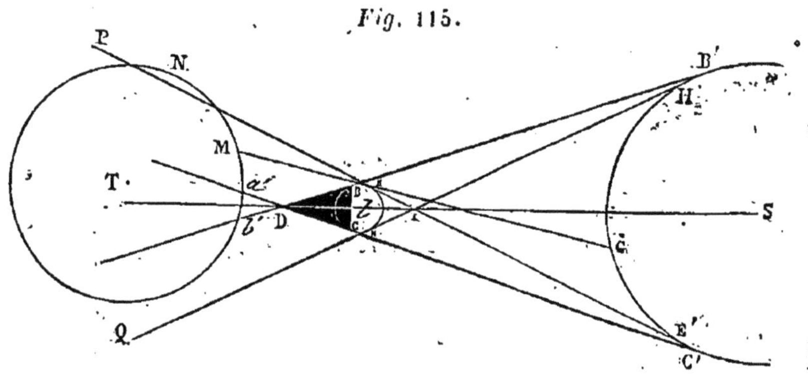

il n'y a éclipse totale pour aucun lieu de la terre; il y a seulement éclipse partielle pour chaque lieu M, atteint par la pénombre.

Il y a deux espèces d'éclipses partielles de soleil; les éclipses *annulaires*, et les éclipses partielles proprement dites. L'éclipse est *annulaire*, quand, au milieu du phénomène, le disque solaire nous présente l'aspect d'un cercle noir entouré d'un anneau ou cou-

---

région de la terre. Les nombres ci-dessus nous apprennent également qu'il arrivera le plus souvent qu'au moment d'une conjonction la longueur *lD* sera plus petite que la distance *l*T — *r*, auquel cas il n'y a nulle part éclipse totale du soleil. On peut calculer le diamètre de la section de l'ombre pure de la lune à la distance minimum de la surface terrestre; on sait ainsi dans quelle étendue de cette surface on peut cesser de voir complétement le soleil *à un moment donné*. Cette étendue est relativement très-petite.

ronne lumineuse (*fig.* 116). L'éclipse *partielle ordinaire* est celle dans laquelle il se forme simplement une échancrure plus ou moins étendue sur un côté du disque solaire (*fig.* 117).

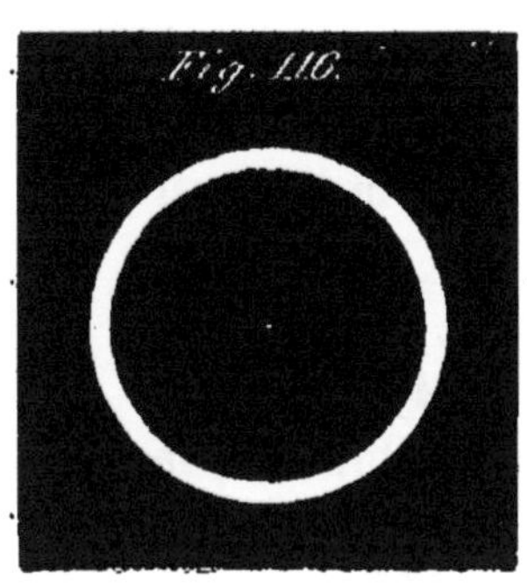
Fig. 116.

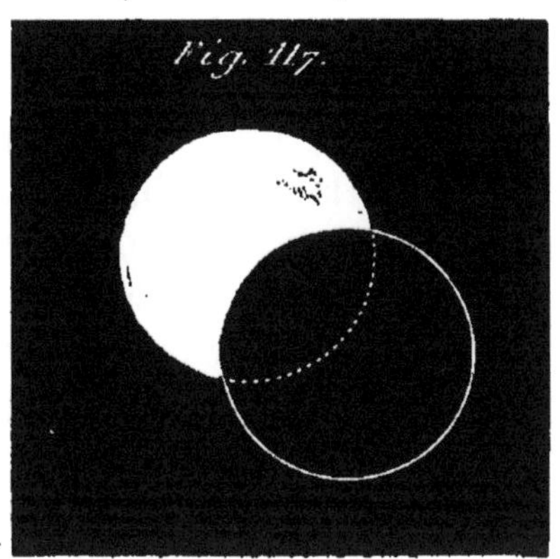
Fig. 117.

Il y a éclipse annulaire pour tous les points de la terre qui sont atteints par la seconde nappe du cône d'ombre de la lune, prolongé au delà du sommet D (*fig.* 115 et 118). La *fig.* 118 montre

Fig. 118.

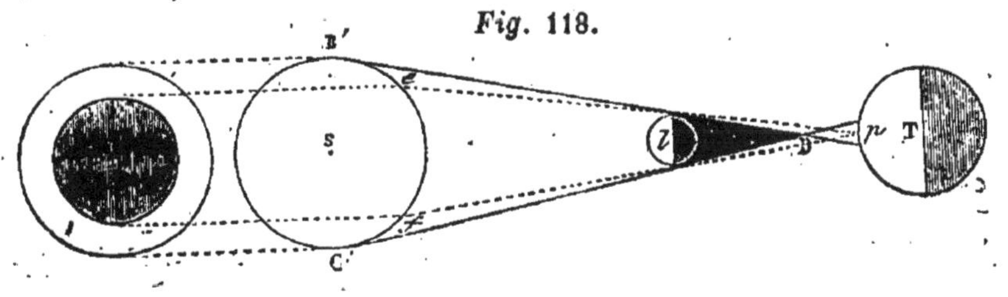

que pour chacun de ces points *p* le disque du soleil se partage en deux zones; la plus avancée, *ef*, comprenant le centre du disque est cachée par la lune; c'est elle qui fait l'effet d'un cercle noir. Le reste du disque déborde, pour ainsi dire, la lune, et fait l'effet d'un anneau lumineux, entourant le cercle noir. L'éclipse annulaire est centrale, l'anneau est régulier pour les lieux de la terre successivement atteints par le prolongement de l'axe S*l*D du cône d'ombre; il est moins régulier pour ceux qui sont seulement atteints par les bords de la seconde nappe du cône.

Dans l'éclipse partielle ordinaire, l'échancrure du disque solaire est d'autant plus grande que le lieu de la terre est plus rapproché de la limite de l'ombre pure ou de son prolongement; comme la pénombre dépasse aussi bien la seconde nappe du cône d'ombre que la première, il peut arriver que la terre ne soit atteinte que par cette partie excédante de la pénombre; alors il n'y a pour aucun lieu de la terre ni éclipse totale, ni éclipse annulaire, mais seulement une éclipse partielle pour les lieux atteints par la pénombre. Il peut arriver encore qu'à l'époque d'une opposition l'ombre pure et la pénombre de la lune n'atteignent ni l'une ni l'autre aucun lieu de la terre (n° 296).

294. EXPLICATION DES PHASES D'UNE ÉCLIPSE DE SOLEIL. Dans le cas d'une éclipse totale pour un lieu *a* de la terre, *fig.* **114**, ce lieu est d'abord atteint par le côté oriental HQ de la pénombre lunaire; le disque du soleil s'échancre à l'occident (vers B'); l'échancrure augmente à mesure que l'ombre pure approche. Quand le premier côté, DC, de cette ombre atteint le lieu *a*, le disque solaire est devenu tout à fait invisible. Il reparaît quand le côté occidental DB, du cône d'ombre, étant passé à son tour en *a*, ce lieu est atteint par la seconde partie PED de la pénombre. A mesure que celle-ci passe en *a*, l'échancrure du disque solaire diminue du côté occidental, et finit par s'anéantir quand la pénombre a fini de passer.

On se rend compte de la même manière des phases d'une éclipse partielle.

On peut encore expliquer les phases (sans figure) comme il suit: Le disque lunaire, dans le mouvement propre de l'astre, atteint en face de nous le disque solaire, et passe progressivement devant lui. Si le mouvement de la lune est dirigé de manière que le centre de son disque doit passer sur le centre du soleil, ou très-près de ce centre, l'éclipse est totale ou annulaire, suivant que, à l'époque du phénomène, le diamètre apparent de la lune est plus grand ou plus petit que celui du soleil (*). Considérons le premier cas : le bord oriental du disque lunaire atteignant, puis dépassant le bord occidental du disque solaire, celui-ci s'échancre progressivement de plus en plus; quand le centre de la lune passe sur le centre du disque solaire, ou très-près, le disque solaire recouvert en entier est devenu invisible. Bientôt la lune continuant son mouvement

---

(*) *V.* n° 239, les limites respectives des demi-diamètres apparents des deux astres.

vers l'orient, le bord occidental du soleil reparaît; l'échancrure du disque diminue de plus en plus et s'anéantit quand la lune quitte le soleil, le laissant à l'ouest.

On s'explique de même les phases d'une éclipse annulaire, ou d'une éclipse partielle ordinaire; cette dernière a lieu quand le centre de la lune passe trop loin de celui du soleil (*).

295. *Les éclipses du soleil n'ont lieu qu'à l'époque de la conjonction ou nouvelle lune.*

En effet, pour que l'ombre ou la pénombre de la lune atteignent la terre, il faut évidemment que la lune se trouve entre le soleil et la terre, et que l'axe Sl de l'ombre et de la pénombre lunaires fasse un angle nul ou très-petit avec la ligne ST qui va du soleil à la terre. Or, la *fig.* 98 nous montre que cette double condition n'est remplie qu'à l'époque de la conjonction.

296. *Il n'y a pas d'éclipses de soleil à toutes les conjonctions,* par la raison déjà donnée à propos des éclipses de lune; *c'est que la lune ne circule pas sur le plan de l'écliptique, mais sur un plan incliné à celui-là d'environ* 5°9'. Il résulte, en effet, de cette circonstance qu'à l'époque de la conjonction, les intersections de ces deux plans avec le cercle de latitude du soleil, qui sont précisément les lignes ST et Sl, font entre elles en général un angle d'une certaine grandeur. On conçoit que cette divergence des deux lignes puisse quelquefois être assez grande pour que l'ombre et la pénombre de la lune, qui entourent leur axe Sl, n'atteignent ni l'une ni l'autre aucun lieu de la terre (**). (V. la note III, page 228.)

297. *Phénomènes physiques des éclipses totales de soleil* (***). Plaçons-nous sur le parcours de l'ombre pure, en un des points où l'éclipse est totale et même centrale. L'éclipse commence; le bord

---

(*) Dans cette explication nous parlons comme si le soleil était immobile en face de nous; il n'en est pas ainsi. La lune atteint et dépasse le soleil en vertu de l'excès de vitesse de son mouvement propre, qui est 13 fois $^1/_3$ plus rapide que celui du soleil. Tout se passe, en apparence, comme si le soleil était immobile en face de nous, la lune se mouvant de l'ouest à l'est avec une vitesse égale à 12 fois $^1/_3$ la vitesse du mouvement propre apparent du soleil.

(**) On conçoit également qu'il dépend de la grandeur de cet angle qu'une partie plus ou moins grande de l'ombre ou de la pénombre lunaire atteigne une partie plus ou moins grande de la terre.

(***) D'après M. Faye.

occidental (*) du soleil paraît entamé par la lune; celle-ci avance de plus en plus sur le disque qu'elle échancre et où elle se projette en noir. La clarté du jour diminue peu à peu; les objets environnants prennent une teinte blafarde; mais tant que le soleil n'est pas entièrement masqué, il fait encore jour. Enfin le soleil, réduit à un croissant extrêmement mince, disparaît, et aussitôt les ténèbres succèdent au jour. Les étoiles et les planètes, auparavant effacées par l'éclat du soleil, deviennent visibles. La température a baissé comme la lumière; une brusque impression de froid se fait sentir, et bientôt une rosée abondante viendra prouver que tous les corps de la surface de la terre ont participé à l'abaissement de la température. Les plantes sensibles à l'action de la lumière se replient, comme pendant la nuit; les animaux éprouvent de l'effroi; les hommes eux-mêmes ne peuvent se soustraire à un sentiment pénible qui rappelle et explique la terreur profonde que ces phénomènes grandioses ont inspirée autrefois. Cependant la nuit n'est pas complète; il se forme autour du disque noir de la lune une auréole de lumière (*la couronne*) qui répand une faible clarté sur les objets environnants. Cette auréole encore inexpliquée, sur laquelle la lune se dessine comme un grand cercle noir à contours tranchés, a produit souvent un effet extraordinaire sur les spectateurs de ce magnifique phénomène; en 1842, à Pavie, vingt mille habitants battirent des mains à son apparition. Mais l'éclipse totale dure peu; au bout de 5^m *au plus*, un jet de lumière jaillit à l'orient du disque noir de la lune et ramène subitement la clarté du jour. C'est le soleil qui reparaît pour présenter, en ordre inverse, toutes les phases qui ont précédé l'obscurité totale. Ce

(*) C'est toujours par le bord oriental de la lune que commencent les éclipses de soleil ou de lune, car c'est par l'excès de vitesse de la lune sur le soleil, ou sur l'ombre terrestre, que la lune atteint, soit le disque solaire, soit le cône d'ombre pure de la terre; elle les traverse de l'ouest à l'est, et finalement elle les dépasse. En prenant deux disques, dont l'un représentera la lune L et l'autre le soleil ou l'ombre de la terre, S ou O, il suffit de placer L à droite (à l'ouest) de S et de le faire marcher de droite à gauche pour figurer assez bien les phases des éclipses. On verra que la première impression sera faite par le bord oriental de la lune sur le bord occidental du soleil ou de l'ombre, en sorte que l'échancrure aura lieu à peu près au bord occidental du soleil dans les éclipses de soleil, ou au bord oriental de la lune, dans les éclipses de lune.

premier rayon dissipe à la fois les ténèbres et l'espèce d'anxiété à laquelle l'astronome lui-même ne saurait échapper.

298. *Occultation des étoiles par la lune.* Ces phénomènes sont analogues aux éclipses du soleil; seulement une étoile n'a pas de mouvement propre, son diamètre apparent n'a pas d'étendue appréciable, et sa distance à la lune est excessivement grande. L'ombre de la lune relativement à une étoile a sensiblement la forme d'un cylindre parallèle à la ligne qui joint l'étoile au centre de la lune. Ce cylindre, qui se déplace avec la lune, venant à atteindre la terre, passe successivement sur une certaine partie de sa surface et y produit le phénomène de l'occultation. Connaissant le mouvement de la lune et de la terre, les astronomes peuvent suivre la marche du cylindre d'ombre d'une étoile donnée quelconque, et prédire le commencement et la fin de chaque occultation pour un lieu donné de la terre. Nous avons dit, n° 277, que la durée de l'occultation fournie par le calcul est précisément celle qui résulte de l'observation du phénomène.

299. DÉTERMINATION DES LONGITUDES TERRESTRES PAR LES DISTANCES LUNAIRES. Le bureau des longitudes de France fait calculer et insérer à l'avance, dans la *Connaissance des temps*, les distances angulaires qui doivent exister entre le centre de la lune et les étoiles principales qui l'avoisinent, de trois heures en trois heures, pour tous les jours de chaque année. Ces distances sont calculées en supposant l'observateur placé au centre de la terre, et les heures sont données en temps vrai de Paris.

L'observateur qui veut connaître la longitude d'un lieu où il se trouve cherche à déterminer l'heure qu'il est à Paris à un certain moment de la nuit. Pour cela, il mesure la distance angulaire d'une étoile principale au bord du disque de la lune; il en déduit la distance au centre même du disque, à l'aide du diamètre apparent. En corrigeant son observation des effets de la parallaxe et de la réfraction, l'observateur détermine la distance angulaire précise de l'étoile au centre de la lune, pour un observateur placé au centre de la terre. Cette distance angulaire connue, il cherche dans la *Connaissance des temps* à quelle heure de Paris elle correspond dans les tables : si cette distance ne se trouve pas exactement, elle est comprise entre deux distances angulaires des tables; alors il détermine l'heure de Paris par une proportion. Il possède d'ailleurs un chronomètre réglé sur le temps solaire du lieu où il est. La différence entre l'heure locale et celle de Paris donne la longitude cherchée.

APPENDICE AU CHAPITRE IV.

NOTE I.

Sur les nœuds de l'orbite lunaire.

300. LIGNE DES NŒUDS. On appelle LIGNE DES NŒUDS DE LA LUNE l'intersection nn' de l'écliptique et du plan de l'orbite lunaire (*fig.* 99 ci-après); les *nœuds* sont les points où la lune, dans son mouvement de révolution, rencontre l'écliptique. Le *nœud ascendant*, *n*, est celui où passe la lune quittant l'hémisphère austral pour l'hémisphère boréal; l'autre *n'*, est le *nœud descendant*.

On s'aperçoit que la lune a passé par un de ses nœuds quand la latitude, d'australe qu'elle était, est devenue boréale, et *vice versâ*. On détermine l'heure du passage de la lune à un nœud, et la longitude de ce point, de la même manière qu'on détermine l'instant précis d'un équinoxe, et l'ascension droite relative du droit équinoxial (nº 135). Si on fait cette opération à un certain nombre de passages consécutifs, on trouve que la longitude de chaque nœud varie continuellement d'un passage à l'autre. En étudiant cette variation on arrive à ce résultat :

301. Rétrogradation des nœuds. *La ligne* nOn' (*fig.* 99) *des nœuds de la lune tourne sur l'écliptique d'un mouvement* rétrograde, *avec une vitesse angulaire constante d'environ* 3' 10'' ²/₃ *par jour solaire moyen. Chacun des nœuds fait ainsi le tour de l'écliptique en* 18 *ans* ²/₃ *environ.* C'est là un mouvement tout à fait analogue à la rétrogradation des points équinoxiaux, mais beaucoup plus rapide.

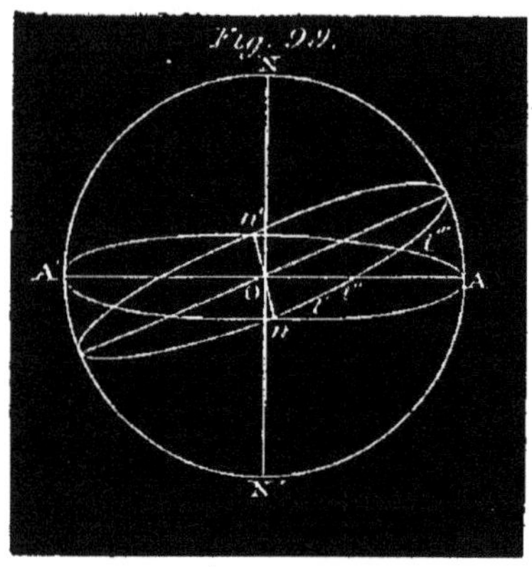

302. Il résulte de ce mouvement des nœuds que la lune ne décrit pas précisément, sur la sphère céleste, le cercle que nous avons indiqué; elle ne décrit pas même une courbe fermée; puisque, après une révolution sur cette sphère, elle ne revient pas couper l'écliptique au même point. Néanmoins, si on considère un certain nombre de positions consécutives quelconques de la lune sur le globe céleste, elles sont très-sensiblement sur un même grand cercle du globe; incliné de 5° 9 sur l'écliptique. Si on considère plusieurs séries semblables de positions consécutives on trouve des grands cercles qui ne sont pas tous absolument les mêmes, mais qui, se succédant d'une manière continue et régulière, font tous avec l'écliptique le même angle de 5° 9'. Ce n'est donc que par approximation que nous avons dit que la lune décrivait un grand cercle de la sphère céleste. Tenant compte de l'observation précédente et du mouvement de la ligne des nœuds, on approche plus de la vérité en définissant comme il suit le mouvement propre de la lune :

Par deux positions observées, *l'*, *l''*, de la lune (*fig.* 99), concevons un grand cercle de la sphère céleste, rencontrant l'écliptique suivant la ligne *nOn'*, et faisant avec ce plan un angle de 5° 9'. Puis imaginons, à partir du moment où la lune se projette en *l''*, ce cercle *l'Ol''* animé d'un mouvement uniforme et continu de révolution autour de l'axe de l'écliptique, tel que l'inclinaison de ce cercle sur l'écliptique restant la même, son diamètre *nOn'* tourne sur ce plan, dans le sens rétrograde, avec une vitesse constante de 3'10'' ²/₃ par jour solaire moyen. La projection de la lune sur la sphère céleste, c'est-à-dire le point où on voit son centre sur cette sphère, ne quitte pas cette circonférence mobile $nl'l''.....n'$ et la parcourt d'une manière continue, dans le sens direct, exactement comme le soleil parcourt l'écliptique (n° 116).

La lune parcourt en réalité dans ce plan mobile l'ellipse dont nous avons parlé; c'est à cette ellipse mobile que se rapporte tout ce que nous avons dit de l'*orbite lunaire.*

303. Ce mouvement de révolution du plan de l'orbite lunaire correspond à un mouvement conique de révolution, uniforme et rétrograde, d'une perpendiculaire au plan de cet orbite, qui, faisant avec une perpendiculaire à l'écliptique un angle constant de 5° 9′, tournerait autour de cette ligne avec une vitesse angulaire de 3′10″ ²/₃ par jour solaire moyen. Ce mouvement conique, analogue à celui de l'axe de rotation de la terre (précession des équinoxes), s'explique de même; il est dû à l'action de la terre sur le renflement du sphéroïde lunaire. L'analogie est d'ailleurs complète, car ce mouvement est aussi affecté de l'irrégularité que nous avons désigné sous le nom de *nutation.*

304. Nutation. Il y a aussi pour la lune un mouvement de nutation de l'axe de son orbite. La perpendiculaire OR au plan de l'orbite lunaire (c'est-à-dire l'axe de cet orbite), décrit continuellement un cône ORR′R″ à base *circulaire* (*fig.* 100); ce cône se meut de lui-même tout d'une pièce, de telle sorte que son *axe Or* a précisément le mouvement conique que dans l'approximation précédente, nous avons attribué à l'axe de l'orbite lunaire. L'axe OR, dans son mouvement sur le cône ORR′R″, tantôt se rapproche, tantôt s'éloigne de l'axe ON de l'écliptique; de sorte que l'angle qu'il fait avec cet axe varie entre 5° et 5°17′ ¹/₂; or, cet angle mesure l'inclinaison de l'orbite lunaire sur l'écliptique.

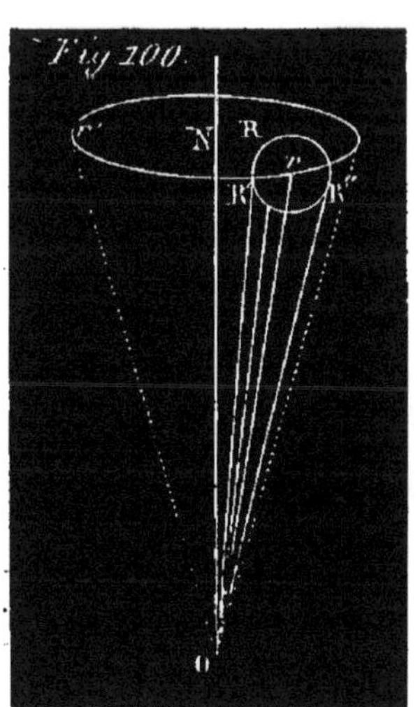

L'inclinaison de l'orbite lunaire sur l'écliptique varie donc entre 5° et 5°17′ ¹/₂; 5° 9′ n'est qu'une valeur moyenne.

De plus le point R de l'axe, OR, de l'orbite lunaire qui décrit le cercle RR′R″, étant sur la sphère céleste, tantôt en avant, tantôt en arrière du centre *r* de cette base, lequel tourne autour de ON avec la vitesse constante de 3′10″ ¹/₃ par jour, il en résulte que le *mouvement de chaque nœud* qui est le même que celui de R, *n'est pas uniforme; ce nœud oscille de part et d'autre de la position qu'il devrait avoir suivant la loi indiquée n°* 301, *comme étant celle de son mouvement sur l'écliptique.*

305. Mouvement du périgée lunaire. Le périgée lunaire se déplace en tournant autour de la terre dans le plan de l'orbite, de manière à faire une révolution entière dans l'espace de 3232ʲ, 57 (un peu moins de 9 ans).

Ainsi l'ellipse que la lune décrit n'est pas fixe dans son plan mobile; comme l'orbite terrestre elle tourne dans ce plan autour de son foyer; il n'y a de différence dans les deux mouvements que dans la vitesse, beaucoup plus grande pour le périgée lunaire que pour l'autre.

Il y a encore d'autres irrégularités du mouvement lunaire moins considérables que les précédentes; il nous serait très-difficile d'en rendre compte. La mécanique céleste se fondant sur le principe de la gravitation universelle les explique et les laisse prévoir, de manière que les astronomes peuvent prédire à l'avance les mouvements de la lune avec une très-grande précision.

Note II.

306. Explication de la libration en longitude. Le mouvement de rotation de la lune est uniforme; le mouvement de translation de son centre sur son orbite ne l'est pas; il a lieu conformément aux principes des aires; *les aires parcourues par le rayon vecteur* T*l* *sont proportionnelles aux temps employés à les parcourir*. L'orbite de la lune étant elliptique (*fig.* 102), il arrive

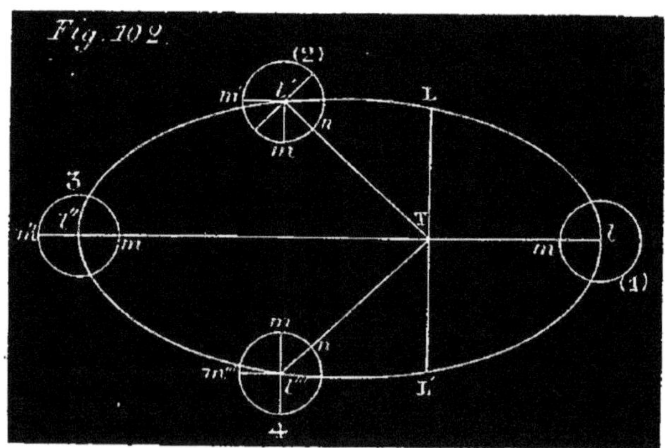

que des aires égales parcourues ne correspondent pas à des mouvements angulaires égaux du rayon vecteur T*l*; cela devient évident si l'on divise, par exemple, chacune des demi-ellipses *l*L*l''*, *l''l'''*L'*l* en deux aires équivalentes par un rayon vecteur T*l'* ou T*l'''*; les deux angles *l'*T*l*, *l'*T*l''*; correspondant à deux aires équivalentes, diffèrent très-sensiblement l'un de l'autre. Cela posé, suivons la lune à partir du périgée *l*, durant une révolution synodique, en observant la tache *m* qui se voit au centre du disque. Quand la lune est arrivée en *l'*, comme le rayon vecteur T*l* a décrit une aire égale au quart de l'ellipse, nous sommes au *quart* de la révolution. La tache *m*, qui doit décrire uniformément 360° dans une révolution, se trouve en *m* à 90° de *m'*, qui serait alors sa position si la lune ne tournait pas. Mais le centre du disque est en *n* sur la ligne T*l'*; celle-ci a tourné d'un angle *l'*T*l* plus grand que 90°; le centre a été plus vite que la tache; celle-ci doit nous paraître avoir rétrogradé de l'arc *nm;* il est bien entendu que cet écart s'est produit progressivement. Quand la lune, au milieu de sa révolution, arrive à l'apogée *l''*, la tache *m* ayant décrit 180° depuis la première position, doit se trouver en *m* (distant de *m''* de 180°). Le point *m* est précisément le centre du disque. La tache, après être restée en arrière du centre, est donc revenue à ce point; son mouvement de libration est devenu direct. Quand la lune arrive en *l'''*, le rayon vecteur a décrit 3/4 de l'ellipse; la tache qui a décrit les 3/4 de 360°, ou 270° depuis *m'''*, dans le sens *m'''nm*, est arrivé en *m;* tandis que le centre du disque est en *n* sur le rayon vecteur, T*l'''*, qui n'a pas tourné de 270° depuis le périgée; il s'en faut de l'arc *nm;* le centre *n* du disque ayant tourné moins vite que la tache, celle-ci a pris l'avance et nous a paru tourner, par continuation, dans le sens direct. Enfin, la lune étant revenue au périgée *l*, la tache est revenue au centre; elle a rétrogradé vers ce point. Comme la lune tourne tout d'une pièce dans le même sens, en expliquant la libration de la tache *m*, nous avons expliqué généralement la *libration en longitude*.

307. Explication de la libration en latitude. Cette libration a lieu parce que l'axe de rotation de la lune n'est pas perpendiculaire au plan de son orbite, mais fait avec une perpendiculaire à ce plan un angle *mlp* d'environ 6° 1/2 (n° 268).

Soient *l*T*l'* (*fig.* 103) le grand axe de l'orbite lunaire, *mm'* une perpendiculaire à l'orbite, *pp'* l'axe de la lune, T le centre de la terre. La lune occupant la

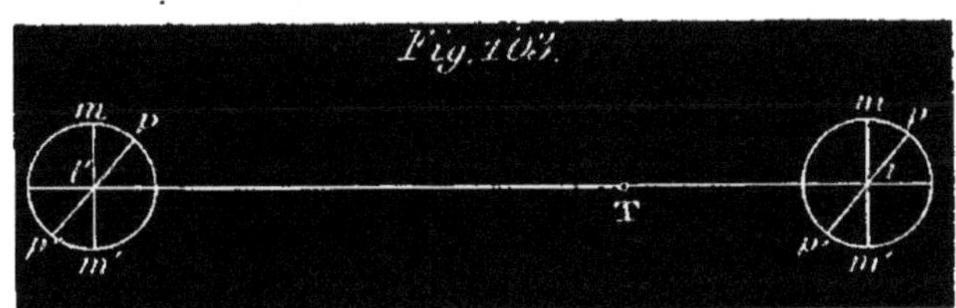

position *l*, l'observateur, placé en T, verra l'hémisphère *mp'm'*; il ne verra donc pas le pôle *p*, qui est de l'autre côté du bord visible, à la distance sphérique *mp;* tandis qu'il verra au delà du pôle *p'*, à une distance *p'm'*. Quand la lune, après une demi-révolution, sera arrivée en *l'*, l'axe *p'p* étant resté parallèle à lui-même, l'observateur verra le pôle *p*, et les points situés au delà, à la distance sphérique *pm*, autour de ce point; il ne verra plus que le pôle *p'*, ni aucun des points qu'il voyait précédemment autour de ce point, à la distance *p'm'*. Il y a donc eu, dans l'intervalle, un mouvement du pôle *p* qui s'est rapproché du bord supérieur, a reparu, puis s'est avancé à quelque distance de ce bord sur la partie visible du disque, tandis que le pôle *p'* se rapprochant du bord inférieur, a fini par disparaître de l'autre côté de ce bord. La lune tournant tout d'une pièce dans l'un ou l'autre sens, ceci explique en général la libration en latitude.

308. *Explication de la libration diurne.* Du centre T de la terre, *abstraction faite des autres librations,* on voit toujours la même partie de la surface de la lune, ni plus ni moins, quelque position que prenne cet astre. Cela posé, suivons (*fig.* 104) la lune d'un point A de la surface de la terre, depuis son

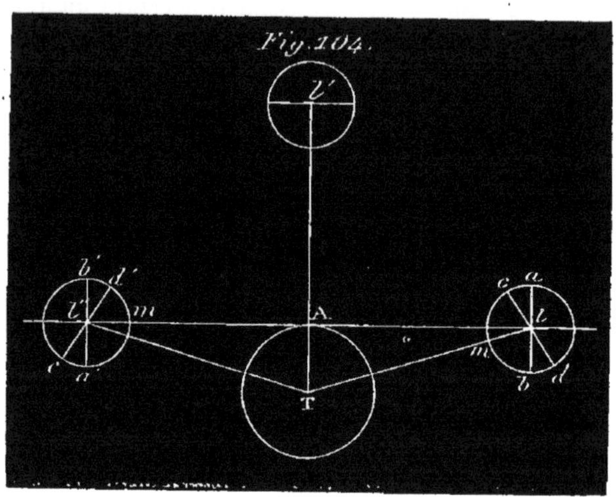

lever en l jusqu'au méridien en l', puis de là jusqu'à son coucher en l''. Quand la lune est au méridien en l', l'observateur A voit précisément la partie de l'astre que l'on aperçoit du centre T. Au lever l, il aperçoit, près du bord *occidental*, un fuseau ac invisible du centre T, tandis qu'il ne voit pas, près du bord *oriental*, un fuseau bd, visible de T. Au coucher l', au contraire, l'observateur voit, près du bord oriental, un fuseau $d'b'$ invisible du centre T, et ne voit plus près du bord occidental le fuseau $c'a'$, visible du point T. Or les points de la surface de la lune, invisibles du centre T dans l'une des positions de la lune, sont invisibles du même point dans toute autre position; donc, par l'effet du mouvement diurne, l'observateur A voit d'abord près du bord occidental un fuseau ac, puis au bord oriental un fuseau $b'd'$ qu'il ne verrait pas sans ce mouvement. Comme d'ailleurs tout arrive progressivement, du lever de la lune à son coucher, les taches du fuseau ac, qui auront disparu en l', se rapprochent successivement du bord occidental et disparaissent les unes après les autres, tandis que les taches du fuseau bd reparaissent les unes après les autres au bord oriental, s'avançant progressivement à une petite distance sur le disque. Du méridien au coucher on voit apparaître au bord oriental, et successivement, les taches du fuseau $b'd'$ qui s'avancent un peu sur le disque; enfin, on voit celles du fuseau $a'c'$, près du bord occidental, s'avancer vers le bord et disparaître successivement. C'est dans l'apparition et la disparition successive de ces fuseaux que consiste la libration diurne.

Chacun des fuseaux ac, $b'd'$, bd, $a'c'$, a environ 1° de large. En effet, l'angle alc par exemple est égal à l'angle AlT, qui est précisément la parallaxe horizontale de la lune, laquelle varie, comme on sait, de 54' à 1°.

NOTE III.

Complément du chapitre des éclipses.

300. PRÉDICTION DES ÉCLIPSES DE LUNE. Les anciens, qui étaient loin de connaître les lois du mouvement de la lune aussi bien qu'on les connaît aujourd'hui, étaient cependant parvenus à prédire les éclipses avec une assez grande exactitude; c'est qu'ils avaient remarqué qu'après une certaine période fixe les éclipses de lune se reproduisent dans le même ordre et sensiblement dans les mêmes circonstances. Cette période, connue des Chaldéens sous le nom de *saros*, se compose de 223 lunaisons formant environ 18 ans 11 jours; elle comprend en général 70 éclipses, dont 41 éclipses de soleil et 29 de lune. Cela admis, il suffit de tenir compte par ordre et par date, d'une manière précise et à partir d'un certain jour, des éclipses de lune qui se produisent dans l'espace de 18 ans 11 jours, pour connaître, à très-peu près, l'époque et même les circonstances de chacune des éclipses qui se produiront dans la période suivante de 18 ans 11 jours; de même pour une troisième période, et ainsi de suite. C'est ainsi que faisaient les anciens.

Maintenant qu'on sait comment et pourquoi les mêmes ellipses se reproduisent ainsi périodiquement, on sait aussi que cette ancienne méthode de prédire les éclipses n'est pas tout à fait exacte, et ne permet de prédire ces phénomènes qu'avec une certaine approximation. Nous l'indiquons néanmoins parce qu'elle est encore de quelque utilité, et qu'elle est d'ailleurs intéressante par le rôle qu'elle a joué bien longtemps.

300 *bis*. Voici comment on explique la reproduction périodique des éclipses. On démontre aisément, et nous l'expliquons même un peu plus loin (n° 311), que la reproduction d'une éclipse dépend de la position relative, au moment de l'opposition, du soleil et des nœuds de la lune; cela admis, on comprendra aisément, après les explications suivantes, la reproduction périodique des éclipses telle que nous venons de l'indiquer.

On *appelle révolution synodique des nœuds de la lune* le temps qui s'écoule entre deux rencontres consécutives du soleil et de l'un de ces points. Si les nœuds de la lune étaient fixes sur l'écliptique, la durée de cette révolution serait précisément l'*année sidérale* (n° 218). Mais à cause du mouvement rétrograde des nœuds (n° 265), en vertu duquel ces points vont constamment à la rencontre du soleil, leur révolution synodique est plus courte et ne dure que $346^j,619$; 19 de ces révolutions synodiques font $6585^j,76$, ou 18 ans 11 jours environ; d'un autre côté, 223 lunaisons font $6585^j,32$. Donc 19 révolutions synodiques de la lune font à peu près 223 lunaisons; c'est la période chaldéenne. Supposons un instant que l'on ait exactement 18 ans 11 jours = 19 révolutions synodiques des nœuds de la lune = 223 lunaisons; puis, qu'à une certaine époque il y ait éclipse de lune. En ce moment la lune est à l'opposition, et le soleil et les nœuds de la lune occupent certaines positions relatives; après 18 ans et 11 jours, comme il se sera écoulé 223 lunaisons, la lune se trouvera encore à l'opposition; comme il se sera écoulé 19 révolutions synodiques des nœuds, ces points et le soleil seront revenus aux mêmes positions relatives; la même éclipse se reproduira donc exactement.

Dans notre hypothèse, la méthode des anciens serait donc parfaitement exacte; si elle ne l'est pas, cela tient aux faibles différences qui existent entre les nombres 6585j,76, 6585j,32 et 18 ans 11 jours; ces différences sont à peine sensibles, et la méthode réussit à très-peu près quand on passe d'une période à la période suivante, ou même à quelques périodes consécutives; mais elles le deviendraient si, à partir d'une première observation réelle des éclipses, on voulait faire un tableau de prédictions pour un grand nombre de périodes suivantes. Il faut donc, au bout d'un certain temps, recommencer le premier travail d'observation.

310. Aujourd'hui les astronomes connaissent parfaitement les lois du mouvement de la lune, et peuvent calculer à l'avance pour un temps quelconque les positions de cet astre relativement au soleil et à la terre; ils le font pour tous les jours de chaque année, et même pour des époques plus rapprochées; les résultats de leurs calculs sont insérés dans la *Connaissance des temps* de chaque année prochaine. A l'aide de ces tables on peut prédire les éclipses et leurs principales circonstances; le lecteur peut voir dans les ouvrages spéciaux comment on arrive à un pareil résultat.

311. Nous essayerons seulement ici de faire comprendre comment on peut savoir s'il y aura ou s'il n'y aura pas éclipse de lune à une opposition donnée.

Considérons la terre, son cône d'ombre, et la lune au moment d'une opposition; imaginons alors une sphère ayant son centre au centre T de la terre, *fig.* 112, et pour rayon la distance T*l* qui sépare en ce moment les centres des deux globes. Cette sphère coupe la lune suivant un de ses grands cercles, cercle *l*, et le cône d'ombre suivant un cercle, cercle O*c*, qu'on appelle le *cercle d'ombre de la lune;* ce cercle O*c* a son centre O sur l'axe de ce cône, c'est-à-dire sur les prolongement de la ligne ST qui va du soleil à la terre. La même sphère coupe le plan de l'écliptique suivant un cercle, cercle ON'S, et le plan de l'orbite lunaire suivant un autre grand cercle, cercle N'*l*N, qui se confond sensiblement avec cette orbite elle-même (dans la partie *l*N); enfin, le grand cercle de cette sphère qui passe par ST et le centre *l* de la lune, cercle O*ls*, n'est autre que le cercle de latitude de la lune, puisque, à l'opposition, ce dernier cercle doit passer par le soleil; ce grand cercle O*ls* (qui est vu de face), tout en passant par

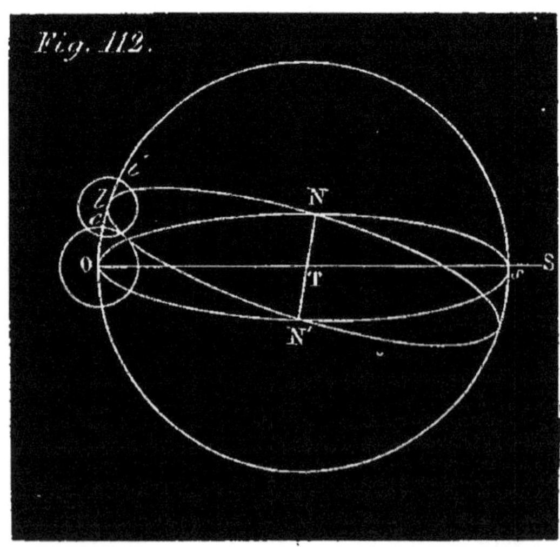

Fig. 112.

les centres l et O, de circ. l et cir. Oc, rencontre ces circonférences elles-mêmes sur la sphère. De cette exposition il résulte qu'à l'époque considérée, lO est la latitude de la lune, li son demi-diamètre apparent, Oc le demi-diamètre apparent du cercle d'ombre, TN′ la direction de la ligne des nœuds. Rappelons-nous aussi (page 211) que le diamètre réel du cercle d'ombre est, à la distance moyenne, 60r, de la lune à la terre, à peu près égal aux 8/11 du diamètre de la terre, tandis que le diamètre réel de la lune n'est que 3/11 du même diamètre; ces deux cercles, cercle Oc et cercle li, étant toujours vus à la même distance, leurs diamètres apparents doivent être dans le même rapport moyen de 8 à 3.

Les deux circonférences, cir. l et circ. Oc, étant tracées sur la même sphère, tout se passe exactement, quant à leurs situations relatives, comme si elles étaient tracées sur le même plan, les arcs ou distances sphériques Ol, li, Oc, remplaçant exactement *la distance des centres et les rayons des circonférences.* Nos deux circonférences seront sur la sphère : intérieures, sécantes, tangentes, extérieures, dans des conditions remplies par les arcs lO, li, Oc, parfaitement identiques avec les conditions relatives aux mêmes situations indiquées dans notre *Géométrie* (2ᵉ livre). Dès que cercle l et cercle Oc auront une partie commune, la lune entrera dans le cône, et il y aura éclipse; quand il y aura seulement contact extérieur, ou que les deux cercles seront extérieurs l'un à l'autre, il n'y aura pas d'éclipse. D'après cela, ayant égard à la signification astronomique ci-dessus indiquée de lO, li, Oc, et au IIᵉ livre de *Géométrie*, nous pouvons établir les propositions suivantes :

1° Il y aura éclipse de lune à une opposition donnée, si pour cette époque on a $lO < Oc + li$, c'est-à-dire si la latitude de la lune est moindre que la somme des demi-diamètres apparents de la lune et de son cercle d'ombre terrestre.

2° Il n'y aura pas d'éclipse de lune à une opposition donnée si, pour cette époque, on a $lO = Oc + li$ ou $lO > Oc + li$, c'est-à-dire si la latitude de la lune est égale ou supérieure à la somme des demi-diamètres apparents de la lune et de son cercle d'ombre terrestre.

On peut, dans l'expression des conditions précédentes, introduire, au lieu de la latitude lO, l'arc ON, ou son égal N′S qui mesure la distance angulaire STN′ du soleil au second nœud N′ de la lune. En effet, le triangle sphérique ONl, rectangle en O, fournit une relation très-simple entre lO, ON, et l'angle aigu ONl (qui n'est autre que l'inclinaison connue de l'orbite lunaire sur l'écliptique; en moyenne 5° 9′; $\tang lO = \sin ON \operatorname{tg}. ONl = \sin N'S \operatorname{tg}. ONl$). Supposons que l'on ait remplacé lO par ON et l'inclinaison ONl dans chacune des relations citées tout à l'heure. On connaît la limite inférieure et la limite supérieure du demi-diamètre apparent de la lune; on peut déterminer les mêmes limites du demi-diamètre apparent de son cercle d'ombre terrestre (*V.* le n° suivant); cela fait, on peut remplacer convenablement ces demi-diamètres par leurs limites dans les égalités ou les inégalités dont nous nous occupons; on arrive ainsi à établir les propositions suivantes :

1° Si à l'époque d'une pleine lune, la distance angulaire du centre du soleil à l'un des nœuds de la lune est plus petite que 9° 31′, il y a certainement éclipse. 2° Si à une pareille époque la distance du soleil au nœud le *plus voisin* surpasse 12°3′, il ne peut y avoir éclipse. 3° Enfin, si la distance du soleil au nœud le plus voisin est comprise entre 9°31′ et 12°3′, l'éclipse est douteuse; l'examen détaillé des circonstances de cette éclipse montrera seulement si elle aura lieu réellement.

Détermination du demi-diamètre du cercle d'ombre. Nous avons supposé connu, dans ce qui précède, le demi-diamètre apparent du cercle d'ombre terrestre de la lune; voici comment on peut le calculer : La *fig.* 113 représente

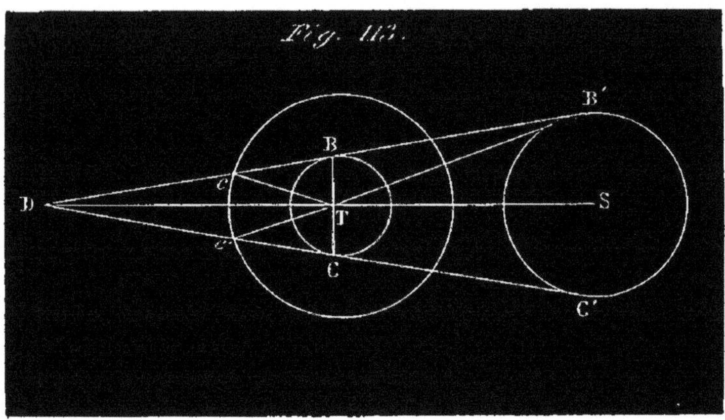

Fig. 113.

une section de la sphère (circ. T*l*, ou circ. T*c*, dont nous venons de faire usage) et une section du cône d'ombre de la lune, par un même plan central conduit par ST; on voit sur cette figure l'arc *cc'* qui mesure précisément le diamètre apparent du cercle d'ombre; *c*T est la distance de la lune à la terre $\frac{1}{2}$ *c*T*c'* ou *c*TD est égal à l'angle B*c*T, qui est la parallaxe de la lune (n° 197), diminué de l'angle *c*DT (*c*TD = B*c*T — *c*DT); mais l'angle *c*DT est lui-même égal à l'angle B'TS, demi-diamètre apparent du soleil, diminué de l'angle BB'T, parallaxe du même astre.

$$\frac{2}{1}cTc' = BcT - cDT = BcT - (B'TS - BB'T)$$

$$\frac{1}{2}cTc' = BcT + BBT - B'TS. \ (*)$$

Le demi-diamètre apparent du cercle d'ombre terrestre de la lune s'obtient

---

(*) $\frac{1}{2}$ *c*T*c'* est l'arc O*c* des égalités ou des inégalités précédentes (1° et 2°). On peut remplacer O*c* par B*c*T + BB'T = B'TS dans l'égalité et dans les deux inégalités.

en ajoutant la parallaxe du soleil à celle de la lune, et retranchant de la somme le demi-diamètre apparent du soleil. Or ces trois derniers angles sont donnés dans la *Connaissance des temps*. Le diamètre apparent du cercle d'ombre varie entre 1° 15′ 32″ et 1° 31′ 36″. En raison de l'ombre et de la pénombre de l'atmosphère, l'ombre terrestre sur la lune paraît avoir un diamètre un peu plus grand que celui qu'on obtient ainsi ; les astronomes augmentent pour cette raison d'un soixantième la valeur calculée.

312. De la fréquence relative des éclipses de lune et de soleil. La période chaldéenne de 18 ans 11 jours, au bout de laquelle la lune reprend la même position relativement au soleil et à ses nœuds, joue le même rôle pour les éclipses du soleil que pour les éclipses de lune quand on considère les premières d'une manière générale, *et indépendamment des lieux de la terre pour lesquels elles se produisent.* Les éclipses de soleil qui ont eu lieu dans une pareille période se produisent en même nombre et à des époques correspondantes dans la période suivante. Il y a cependant quelques changements à cause des différences entre les valeurs de 223 lunaisons et de 19 révolutions synodiques des nœuds (V. n° 309 *bis*). L'observation a appris que, dans 18 ans 11 jours, il y a, en moyenne, 70 éclipses, dont 41 de soleil et 29 de lune. Il n'y a jamais plus de 7 éclipses, et moins de 2 dans la même année ; quand il n'y en a que deux, ce sont deux éclipses de soleil.

313. Pour comprendre pourquoi il y a plus d'éclipses de soleil que de lune, il suffit de jeter les yeux sur cône tangent extérieur DB′C′ qui enveloppe à la fois la terre et le soleil (*fig.* 119). Pour qu'il y ait éclipse de lune, il faut

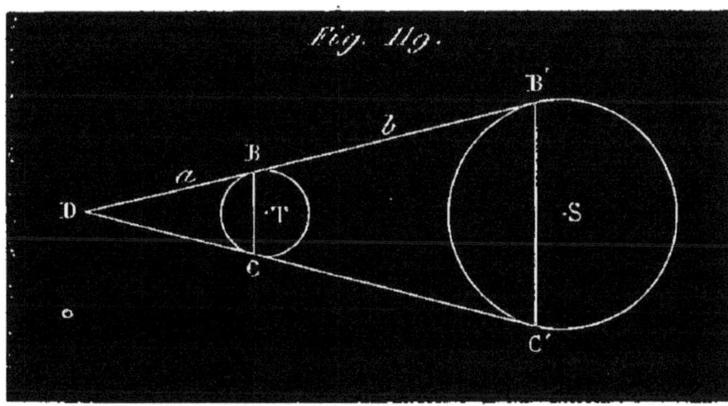

que la lune entre dans la partie DBC de ce cône, vers le point *a*, par exemple ; pour qu'il y ait éclipse de soleil, en quelque lieu de la terre, il faut et il suffit que la lune entre vers *b* dans la partie BCC′B′ de ce cône, située entre la terre et le soleil. Or les dimensions transversales du cône étant plus grande vers *b* que vers *a*, il doit arriver plus souvent que la lune pénètre dans le cône vers le point *b* que vers le point *a* ; c'est-à-dire qu'il doit y avoir plus d'éclipses de soleil que de lune.

314. Observons tout de suite qu'il n'est vrai de dire que le nombre des éclipses de soleil, observées durant une certaine période, surpasse le nombre des éclipses de lune, observées dans le même temps, que s'il s'agit de la terre en entier et non d'un lieu déterminé. Quand la totalité ou une portion quelconque de la lune est éclipsée, en cessant d'être éclairée par le soleil, elle devient invisible pour tous les points de l'espace à la fois. Une éclipse de lune est donc visible, et avec les mêmes apparences, de tous les lieux de la terre qui ont cet astre à leur horizon, et même de quelques autres, par l'effet de la réfraction (n° 291); ces lieux composent plus de la moitié de la terre; une éclipse de soleil, au contraire, n'est visible que dans une partie d'hémisphère et quelquefois dans une partie assez restreinte. Cette circonstance fait que le nombre des éclipses de lune *visibles en un lieu donné* est plus grand que le nombre des éclipses de soleil qu'on y peut observer, malgré la plus grande fréquence de celles-ci quand on ne spécifie aucun lieu de la terre (*).

315. Les éclipses totales de soleil sont excessivement rares en un lieu donné de la terre; on le comprend aisément quand on voit sur la *fig.* 114 la petitesse de l'ombre pure portée par la lune sur la terre. La partie de la terre atteinte par cette ombre n'est évidemment qu'une très-petite partie de l'espace atteint par la pénombre, d'où le phénomène d'éclipse peut être observé. A Paris il n'y a eu qu'une éclipse totale dans le dix-huitième siècle, en 1724. Il n'y en a pas eu encore dans le dix-neuvième siècle, et il n'y en aura pas d'ici à sa fin. A Londres, on a été 575 ans sans en observer aucune, depuis 1140 jusqu'en 1715; depuis l'éclipse de 1715, on n'en a pas observé d'autre dans cette ville.

316. Prédiction des éclipses de soleil. La période chaldéenne, qui servait aux anciens à prédire les éclipses de lune, ne peut pas servir à prédire les éclipses de soleil. En effet, la prédiction d'une éclipse est relative à un lieu déterminé, ou à une région restreinte de la terre. Or, comme nous l'avons déjà dit, la période chaldéenne, si l'on parvenait à observer toutes les éclipses qui se produisent pendant sa durée, ce que les anciens ne pouvaient pas faire, nous apprendrait tout au plus qu'à telle époque d'une période suivante il doit y avoir une éclipse de soleil, mais sans nous faire connaître ni les lieux de la terre desquels elle serait visible, ni les circonstances de l'éclipse relativement à ces lieux. Or c'est là justement ce qui intéresse dans la prédiction des éclipses.

Il n'y a donc que les travaux des astronomes, dont nous avons parlé n° 310, qui puissent servir à prédire exactement les éclipses de soleil et de lune. Les astronomes déterminent, pour des époques successives et rapprochées, les positions relatives précises du soleil, de la terre et de la lune; ils connaissent

(*) Ajoutons qu'à la distance de la lune l'ombre de la terre a un diamètre apparent à peu près triple de celui du soleil (page 211, en note); un observateur doit donc voir la lune passer plus souvent devant ce cercle d'ombre que devant le disque du soleil.

donc aussi précisément la position de chacun des cônes d'ombre de la lune et de la terre, et de leur pénombre. Ils peuvent d'après cela, en combinant tous ces éléments, savoir l'instant précis où les conditions nécessaires pour une éclipse seront remplies pour tel ou tel lieu de la terre. Ils peuvent prédire les éclipses, et même les circonstances pour un lieu donné; car les phases dépendent des mêmes éléments. Nous ne pouvons entrer ici dans aucun détail sur les calculs auxquels nous venons de faire allusion. Il nous suffit que le lecteur, édifié sur la cause des éclipses, comprenne la possibilité de les prédire exactement.

CHAPITRE V.

DES PLANÈTES ET LEURS SATELLITES, ET DES COMÈTES.

317. Le soleil et la lune ne sont pas les seuls corps célestes qui nous paraissent se déplacer au milieu des constellations; il y a encore d'autres astres qui ont un mouvement presque analogue : ce sont les planètes avec leurs satellites, et les comètes. Nous nous occuperons d'abord des *planètes*.

Les *planètes* nous offrent à très-peu près le même aspect que les étoiles fixes; ce qui les en distingue principalement, c'est leur *mobilité*.

Pour reconnaître si un astre que l'on observe, et qui ressemble à une étoile, est une planète, il suffit de se rendre compte d'une manière précise de la position que cet astre occupe par rapport aux étoiles voisines; puis quelques jours après on voit si cette position est restée la même, ou bien si elle a varié d'une manière sensible; dans ce dernier cas, l'astre est une planète.

Les étoiles sont en général marquées sur les cartes célestes; les planètes, vu leur mobilité, n'y sont pas indiquées. Si donc on aperçoit dans le ciel un astre qui ressemble à une étoile et qui n'est pas marqué sur les cartes, il est très-probable que cet astre est une planète; c'est alors le cas d'employer le précédent moyen de vérification.

Nous dirons de plus qu'observées au télescope les principales planètes nous offrent des diamètres apparents sensibles, qui augmentent avec la puissance de l'instrument, tandis que les étoiles, observées de même, nous font toujours l'effet de simples points lumineux. Cette différence tient évidement à ce que les planètes sont infiniment plus rapprochées de nous que les étoiles.

PLANÈTES PRINCIPALES ; LEURS DISTANCES MOYENNES AU SOLEIL.

318. On distingue huit planètes principales, y compris la terre; qui est une véritable planète (*V.* n° 322). Voici les noms de ces planètes et leurs distances moyennes au soleil. Nous indiquons les planètes dans l'ordre croissant de ces distances, que nous exprimons en rayons moyens de l'orbite terrestre (c'est-à-dire la distance moyenne de la terre au soleil étant prise pour unité).

Outres ces huit planètes, on en connaît un certain nombre d'autres plus petites dont nous parlerons plus tard.

PLANÈTES.	SIGNES.	DISTANCES moyennes au soleil.	PLANÈTES.	SIGNES.	DISTANCES moyennes au soleil.
Mercure. . . .	☿	0,387	Jupiter.	♃	5,203
Vénus.	♀	0,723	Saturne. . . .	♄	9,539
La Terre. . . .	♁	1,000	Uranus.	♅	19,182
Mars.	♂	1,524	Neptune. . . .	♆	30,04

La terre à part, les anciens connaissaient cinq planètes, savoir : *Mercure, Vénus, Mars, Jupiter, Saturne;* ces planètes, visibles à l'œil nu, ont été connues de toute antiquité. *Uranus* a été découverte en 1781 par Williams Herschell; *Neptune*, annoncée par M. Leverrier le 1er juin 1846, fut aperçue le 23 septembre suivant par M. Galle, astronome prussien.

Les petites planètes ont toutes été découvertes depuis l'an 1800;

le plus grand nombre d'entre elles l'ont été depuis quelques années.

319. Mouvements des planètes vus de la terre. On peut évidemment étudier le mouvement propre de chaque planète, de la même manière qu'on a étudié le mouvement apparent du soleil et celui de la lune. Il suffit d'observer chaque jour l'ascension-droite et la déclinaison de cette planète, d'en déduire sa longitude et sa latitude, et de se servir de ces angles pour figurer sur un globe céleste les positions apparentes successives de l'astre sur la sphère céleste. Ce travail constate d'abord l'existence du mouvement propre de la planète ; il nous fait connaître de plus les particularités suivantes :

La courbe qui décrit la position apparente d'une planète sur un globe céleste dont le centre représente la terre, ne ressemble pas à celles que l'on obtient pour le soleil et pour la lune ; cette courbe est sinueuse et revient sur elle-même, allant tantôt de l'ouest à l'est (sens direct), revenant de l'est à l'ouest (sens rétrograde), puis retournant vers l'est. Si on observe une planète durant une longue suite de jours, et que sa marche sur la sphère céleste soit d'abord directe, c'est-à-dire que sa longitude augmente, on voit, au bout d'un certain temps, ce mouvement en longitude se ralentir, puis s'arrêter pendant quelques jours ; on dit alors qu'il y a *station*. Après cela il y a *rétrogradation;* le mouvement, de direct qu'il était, devient *rétrograde;* la longitude de la planète diminue ; elle précède chaque jour au méridien les étoiles qu'elle y accompagnait la veille ; cela dure un certain temps ; puis le mouvement rétrograde se ralentit à son tour, et s'arrête. Après cette nouvelle station le mouvement redevient direct, la planète se dirige de nouveau vers l'est, et ainsi de suite ; ces alternatives de mouvement direct, station, rétrogradation, se reproduisent indéfiniment dans le même ordre. Néanmoins les accroissements de la longitude, c'est-à-dire la somme des mouvements directs de l'ouest à l'est, l'emportant sur la somme des chemins de sens contraire, la planète finit par faire le tour de la sphère céleste. On comprend, d'après cela, la forme irrégulière de la courbe dessinée sur le globe céleste dont nous avons parlé d'abord. Cette courbe tantôt s'élève vers le nord de l'écliptique, tantôt descend au sud, c'est-à-dire que la latitude de la planète varie comme la longitude ; mais la latitude ne varie que dans des limites généralement peu étendues.

Les planètes principales s'écartent très-peu de l'écliptique ; pour aucune d'elles la latitude boréale ou australe, dans ses variations, ne dépasse 8°, c'est-à-dire que ces planètes ne quittent pas la zone céleste que nous connaissons sous le nom de *zodiaque* (n° 123). Deux de ces planètes, Mercure et Vénus (*V.* plus loin les planètes inférieures), en se mouvant ainsi le long de l'écliptique, semblent accompagner le soleil dans son mouvement de translation. Chacune d'elles allant et venant, tantôt à l'ouest, tantôt à l'est du soleil, ne s'en écarte jamais au delà de certaines limites. Les trois autres planètes, tout en s'écartant peu de l'écliptique au nord et au sud, et allant tantôt vers l'ouest, tantôt vers l'est, ne se maintiennent pas ainsi dans le voisinage du soleil ; la différence entre la longitude de chacune d'elles et la longitude du soleil passe par tous les états de grandeur de 0° à 360°.

Ces irrégularités, ces apparences singulières des mouvements des planètes ont longtemps embarrassé les astronomes ; on en a donné diverses explications. Ce n'est qu'en rapportant ces mouvements au soleil, au lieu de les rapporter à la terre, qu'on est parvenu à les expliquer d'une manière tout à fait satisfaisante.

320. Mouvements des planètes vus du soleil. On sait maintenant que cette complication du mouvement des planètes n'est qu'apparente, qu'elle est due uniquement à ce que la terre est éloignée du centre de ces mouvements. Chaque planète, en effet, décrit autour du soleil une courbe plane à peu près circulaire (une ellipse très-peu allongée dont cet astre occupe un foyer). Si l'observateur était placé au centre du soleil, il verrait chaque planète tourner autour de lui, toujours dans le même sens, d'occident en orient, à peu près comme il voit la lune se mouvoir autour de la terre. La distance de la terre au soleil, centre des mouvements planétaires, explique d'une manière tout à fait suffisante, comme nous le verrons bientôt, les apparences que ces mouvements présentent à l'observateur terrestre. Il nous faut d'abord faire connaître d'une manière précise les lois générales des mouvements planétaires.

LOIS DE KÉPLER.

321. Toutes les planètes sont soumises dans leurs mouvements à trois lois générales, qui portent le nom de Képler qui les a découvertes. En voici l'énoncé :

Première loi. *Chaque planète se meut autour du soleil dans une orbite plane, et le rayon vecteur (ligne idéale qui va du centre du soleil au centre de la planète) décrit des aires égales en temps égaux.*

Deuxième loi. *La courbe décrite par chaque planète autour du soleil est une ellipse dont le soleil occupe un foyer.*

Troisième loi. *Les carrés des temps des révolutions de deux planètes quelconques autour du soleil sont entre eux comme les cubes de leurs moyennes distances au soleil.*

Ces lois ont été découvertes par l'observation. C'est en étudiant spécialement le mouvement de Mars qui décrit une ellipse plus allongée que les autres, c'est en comparant un nombre considérable d'observations faites sur cet astre par Tycho-Brahé et par lui-même, que Képler est arrivé à trouver les deux premières lois, lesquelles ont été ensuite vérifiées pour les autres planètes et pour la terre elle-même. Toutes les circonstances du mouvement de ces corps par rapport au soleil se trouvent être des conséquences de ces lois. La comparaison des distances moyennes des planètes au soleil avec les durées de leurs révolutions sidérales a fait découvrir la troisième loi. Ces travaux de Képler ont duré dix-sept ans (*).

322. La terre est une planète. Nous avons déjà eu l'occasion

(*) Nous ne pouvons exposer ici d'une manière précise les méthodes d'observation employées par les astronomes pour étudier le mouvement d'une planète quelconque, de Mars par exemple, par rapport au soleil. L'observateur est sur la terre; on conçoit qu'il peut déterminer d'une manière précise, comme il a été dit pour le soleil et la lune, une série de positions successives de la planète par rapport au centre de la terre; il connaît aux mêmes époques la position précise du soleil par rapport à ce même centre. Avec ces éléments il détermine la série des positions correspondantes de la planète par rapport au soleil. C'est le rapprochement de ces dernières positions qui peut conduire l'astronome à la connaissance de la loi suivant laquelle elles se succèdent, c'est-à-dire à la loi du mouvement de la planète par rapport au soleil.

d'énoncer les deux première lois de Képler à propos du mouvement apparent du soleil par rapport à la terre. Nous avons dit plus tard que ce mouvement de translation du soleil n'est qu'une apparence due à un mouvement réel tout à fait identique de la terre autour du soleil. Ainsi donc *le mouvement de translation de la terre autour du soleil a lieu suivant les deux premières lois de Képler.* La troisième loi établit une liaison entre les mouvements des diverses planètes comparés les uns aux autres; or, si on compare le mouvement de la terre autour du soleil à celui d'une planète *quelconque,* on trouve que cette troisième loi est vérifiée par ces deux mouvements. Cette triple coïncidence ne permet pas de douter que *la terre ne soit une planète, tournant comme les autres autour du soleil.*

PRINCIPE DE LA GRAVITATION UNIVERSELLE.

323. L'examen attentif des lois de Képler a conduit Newton à la connaissance des causes qui agissent sur les planètes et les font se mouvoir suivant ces lois générales. C'est à Newton qu'on doit la découverte de ce principe fondamental qui régit tout le monde solaire :

PRINCIPE DE LA GRAVITATION UNIVERSELLE. *Deux points matériels placés comme on voudra dans l'espace gravitent l'un vers l'autre, c'est-à-dire tendent à se rapprocher comme s'ils s'attiraient mutuellement. Les forces qui se développent ainsi entre les deux corps sont égales entre elles, et agissent en sens contraires, suivant la ligne droite qui joint les deux corps, avec une intensité proportionnelle à leurs masses, et inversement proportionnelle au carré de la distance qui les sépare.*

Le soleil et les planètes, et en général tous les corps célestes, ne sont pas de simples points, mais des grands corps à peu près sphériques. En admettant que leurs molécules s'attirent mutuellement les unes les autres, Newton est encore parvenu à démontrer cette proposition :

Si les corps qui attirent ont la forme sphérique, l'attraction est exactement la même que si la masse de chacun était ramassée à son centre, chaque sphère attirant ainsi comme un seul point matériel qui aurait une masse égale à la sienne.

L'attraction que le soleil, d'après ce principe, exerce sur chaque planète, combinée avec une vitesse initiale de projection imprimée à cette planète, doit la faire tourner autour du soleil ; les lois de ce mouvement, déduites de l'analyse mathématique de ces causes, sont précisément celles que Képler a découvertes par l'observation.

324. Un grand nombre de mouvements qu'on observe dans l'univers sont conformes au principe de la gravitation universelle. Ainsi suivant ce principe, la lune, soumise à l'attraction prépondérante de la terre, doit tourner autour de celle-ci comme les planètes autour du soleil ; c'est en effet ce qui a lieu ; son mouvement est conforme aux lois de Képler.

Différents globes analogues à la lune tournent suivant les mêmes lois autour de quelques-unes des planètes principales ; ce sont les *satellites* de ces planètes, dont nous parlerons plus tard.

Enfin dans diverses régions de l'espace indéfini, à des distances immenses, on remarque des étoiles tournant autour d'autres étoiles (étoiles doubles) ; ceux de ces mouvements qu'on a pu suffisamment étudier, ont lieu suivant les lois de Képler, c'est-à-dire conformément au principe de la gravitation.

325. Plus près de nous, nous voyons les corps abandonnés à eux-mêmes dans le voisinage de la terre, tomber à sa surface en se dirigeant vers le centre, paraissant attirés par notre globe exactement comme il a été dit à propos de l'attraction des corps sphériques. La chute des corps sur la terre est donc un effet de la gravitation universelle. Le nom de pesanteur donné à la force qui fait ainsi tomber les corps n'est qu'un synonyme du mot de gravitation.

326. Le lecteur a maintenant une idée générale assez précise de la nature des mouvements planétaires ; nous ne pouvons guère aller plus loin sur ce sujet. Nous entrerons cependant dans quelques détails au sujet des planètes principales, que nous considérerons bientôt en particulier, l'une après l'autre.

327. Les plans dans lesquels ces planètes circulent autour du soleil sont très-peu inclinés sur l'écliptique. Voici d'ailleurs ces inclinaisons (d'après M. Faye).

Inclinaison de l'orbite de Mercure, 7° 0′ 13″ ; de Vénus, 3° 23′ 31″ ;

de Mars, 1°51′6″; de Jupiter, 1°18′42″, de Saturne, 2°29′30″; d'Uranus, 0°46′29″; de Neptune, 1°47′.

D'après cela, pour plus de simplicité dans l'étude des principales circonstances du mouvement de chaque planète, nous ferons abstraction de la faible inclinaison de son orbite sur l'écliptique, et nous supposerons que la planète tourne autour du soleil, sur ce dernier plan, en même temps que la terre (*). De plus, comme les orbites des principales planètes sont à peu près circulaires, nous les considérerons comme des cercles ayant le soleil pour centre. On se fait aisément ainsi une idée à peu près exacte du mouvement des planètes par rapport à la terre et au soleil.

D'ailleurs, en rétablissant ensuite l'inclinaison de chaque orbite, et tenant compte de sa forme réelle, ceux qui le voudront arriveront, de l'approximation qu'ils auront obtenue avec nous, à connaître exactement les faits étudiés, plus aisément que s'ils avaient voulu arriver tout de suite à ce dernier résultat.

328. Cela posé, terminons les généralités par la définition de quelques termes astronomiques.

On distingue les planètes en planètes *inférieures*, et en planètes *supérieures* (on dit quelquefois aussi planètes *intérieures* et planètes *extérieures*). Les premières sont celles qui sont plus rapprochées que nous du soleil; il n'y en a que deux : MERCURE et VÉNUS. Toutes les autres planètes connues sont *supérieures*, c'est-à-dire plus éloignées que nous du soleil.

329. Les orbites de Mercure et de Vénus ont donc chacune par rapport à celle de la terre la position qu'indique la figure 122 (circ SP). L'orbite d'une planète *supérieure* entoure l'orbite de la terre comme l'indique la figure 123.

Comme on le voit, une planète inférieure circule, pour ainsi dire, à l'intérieur de l'orbite terrestre (d'où le nom de planète *intérieure* qu'on lui donne quelquefois). Une planète supérieure cir-

---

(*) Cela revient à remplacer chaque orbite par sa projection sur le plan de l'écliptique, et à considérer le mouvement de la planète projetée sur cette orbite. La projection de la planète ayant même longitude que la planète elle-même, on arrive ainsi à des résultats exacts quand ces résultats ne dépendent pas de la latitude.

cule à l'extérieur de l'orbite terrestre (d'où le nom de planètes *extérieures* au lieu de planètes *supérieures*).

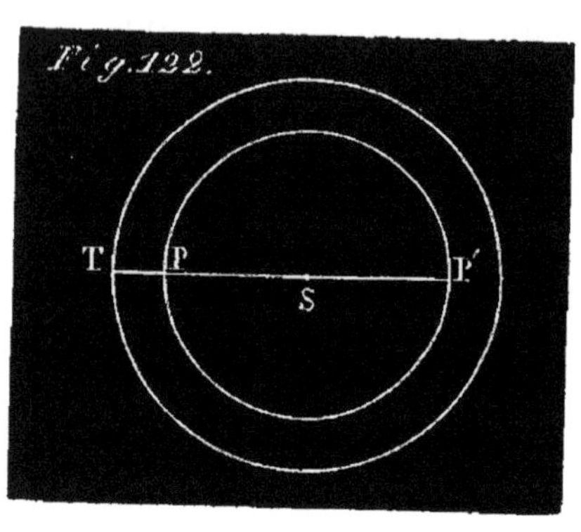

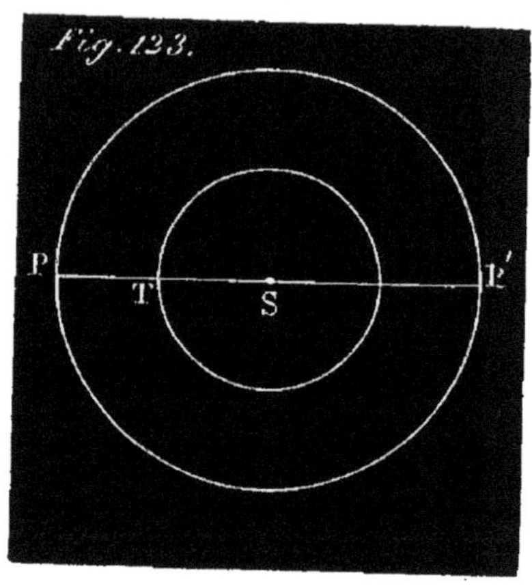

330. Une planète est dite en *conjonction* quand sa longitude céleste et celle du soleil (par rapport à la terre) sont les mêmes. La planète est alors sur le même cercle de latitude que le soleil. (Voyez les positions T, P, S, et T, S, P', *fig.* 122, et les positions T, S, P', *fig.* 123.)

331. Une planète est dite en *opposition* quand sa position céleste et celle du soleil diffèrent de 180°. La planète est alors sur le prolongement du cercle de latitude du soleil. (*V.* les positions P, T, S, *fig.* 123.) (*).

(*) Il s'agit dans ces définitions de la longitude comptée par rapport à la terre, à la manière ordinaire, n° 211.

Ainsi que nous l'avons déjà dit, quand les astronomes veulent se faire une idée nette de l'ensemble des positions successives d'une planète, comparées les unes aux autres, et non plus comparées à celle de la terre, ils rapportent directement au soleil ces positions successives, en faisant usage d'un système de coordonnées célestes différentes de celles que nous avons considérées jusqu'ici. Regardant le soleil comme le centre de l'écliptique céleste, ils supposent l'observateur examinant de ce point de vue le mouvement des planètes sur leurs orbites; ils font de ce point le centre de nouvelles coordonnées angulaires, qu'ils appellent, à cause de cela, longitudes et latitudes *héliocentriques*. Choisissant pour origine des nouvelles longitudes un point de l'écliptique, ils joignent ce point au centre du soleil.

Cela posé, on appelle *longitude héliocentrique* d'une planète, ou d'une étoile, l'arc d'écliptique compris entre l'origine adoptée et la projection sur

332. A l'époque de la *conjonction*, le soleil et la planète sont du même côté de la terre (*V.* les positions indiquées tout à l'heure). A l'*opposition*, la planète et le soleil sont de différents côtés de la terre (*V.* la *fig.* 123). A l'opposition une planète est donc plus éloignée du soleil que la terre.

333. Il résulte de là qu'une planète inférieure ne peut jamais se trouver en opposition. Mais elle a deux *conjonctions* : une conjonction *inférieure*, quand la planète se trouve entre le soleil et la terre (positions T, P, S, *fig.* 122); une conjonction *supérieure* quand la planète est de l'autre côté du soleil par rapport à la terre (positions T, S, P', même figure).

334. La distance angulaire entre une planète et le soleil, vus de la terre, s'appelle *élongation*.

335. On appelle *nœuds* d'une planète les points où son orbite coupe le plan de l'écliptique.

Les *nœuds* d'une planète sont des points tout à fait analogues aux nœuds de la lune; on distingue le nœud *ascendant*, par où passe la planète quittant l'hémisphère austral pour l'hémisphère

l'écliptique du rayon vecteur qui va du centre du soleil à la planète, cet arc étant compté à partir de l'origine dans le sens du mouvement direct, de l'ouest à l'est.

Il résulte de là que le mouvement d'une planète en longitude héliocentrique est justement son mouvement angulaire autour du soleil, quand on la fait circuler sur son orbite projetée.

On appelle *latitude héliocentrique* d'un astre l'angle que fait le rayon vecteur, qui va du soleil à cet astre, avec la projection de ce même rayon sur l'écliptique. La latitude héliocentrique d'une planète est toujours très-petite; car elle varie depuis 0° jusqu'à l'inclinaison de l'orbite (n° 327). C'est justement de cette petite latitude que nous faisons abstraction quand nous faisons circuler la planète sur son orbite projetée.

Une planète est dite en *conjonction* par rapport à une étoile quand les deux astres ont la même longitude héliocentrique; en *opposition*, quand leurs longitudes diffèrent de 180°; en *quadrature*, quand elles diffèrent de 90° ou de 270°.

On nomme *révolution sidérale* d'un astre le temps qui s'écoule entre deux de ses conjonctions consécutives avec une même étoile.

Pour distinguer la longitude et la latitude, considérées par rapport à la terre (celles que nous avons considérées jusqu'ici), on les appelle longitude et latitude *géocentriques*.

boréal, et le nœud *descendant*. Les nœuds d'une planète ont, comme ceux de la lune, un mouvement lent de révolution sur l'écliptique; on reconnaît qu'une planète est à l'un de ces nœuds quand la latitude céleste de cet astre est nulle. Le moment de ce passage se détermine donc de la même manière que les équinoxes (n° 135).

336. On appelle *révolution périodique* d'une planète le temps qui s'écoule entre deux retours consécutifs de la planète au même *nœud*. Pendant cette révolution, la planète fait le tour de son orbite.

337. On nomme *révolution sidérale* d'une planète le temps qui s'écoule entre deux retours consécutifs de cet astre au cercle de latitude d'une étoile, ce cercle de latitude ayant pour centre le soleil, et non la terre.

La révolution sidérale diffère de la révolution périodique à cause du mouvement du nœud sur l'écliptique. (Ceci est analogue à la précession des équinoxes).

338. On appelle révolution *synodique* d'une planète le temps qui s'écoule entre deux conjonctions *de même nom*, ou deux oppositions de cette planète, son mouvement étant vu de la terre.

PLANÈTES INFÉRIEURES.

339. On appelle planètes *inférieures*, ou *intérieures*, avons-nous dit, les planètes qui sont plus rapprochées que nous du soleil, ou, ce qui revient au même, les planètes dont les orbites sont intérieures à l'orbite de la terre (*fig.* 122).

Nous avons remarqué (n° 333) qu'une planète inférieure ne peut se trouver en opposition, parce qu'une planète en opposition est plus éloignée du soleil que la terre.

Il n'y a que deux planètes inférieures : MERCURE et VÉNUS. Nous allons nous en occuper particulièrement.

MOUVEMENT APPARENT D'UNE PLANÈTE INFÉRIEURE (vue de la terre); SES DIGRESSIONS ORIENTALES ET OCCIDENTALES.

340. Pour plus de précision dans la description de ces mouvements, au lieu de dire la planète, en général, nous parlerons de Vénus. Tout ce que nous dirons ici de Vénus est vrai pour Mercure; il n'y a qu'à changer le nom dans l'exposition.

(V. la *fig.* 124 ci-après; la planète se meut sur son orbite $PP'P''P_1$ à partir de la conjonction inférieure P; l'observateur terrestre occupe la position *relative* T). Vénus, à l'époque de la conjonction inférieure, n'est pas visible; située pour nous précisément dans la direction du soleil, elle se perd dans les rayons de cet astre, qu'elle accompagne tout le jour au-dessus de l'horizon, et la nuit au-dessous: Quelque temps après on aperçoit cette planète, le matin, à l'orient, un peu avant le lever du soleil. Les jours suivants, dans les mêmes circonstances, c'est-à-dire un peu avant le lever du soleil, on l'aperçoit de plus en plus élevée au-dessus de l'horizon; elle nous paraît donc s'écarter de plus en plus du soleil vers l'ouest (*). Au bout d'un certain temps, cet écart cesse de croître; la planète nous paraît stationnaire par rapport au soleil. Quelques jours après, elle paraît se rapprocher de cet astre; car le matin, quand le soleil se lève, elle est de moins en moins élevée au-dessus de l'horizon.

Le lever de la planète se rapprochant ainsi de celui du soleil, les deux astres finissent par se rejoindre; la planète se perd de nouveau dans les rayons du soleil, et nous cessons de la voir pendant quelques jours. C'est l'époque d'une conjonction, et c'est évidemment la conjonction supérieure. Quelques jours après, l'astre reparaît, mais cette fois le soir, à l'occident, un peu après le coucher du soleil. Les jours suivants, dans les mêmes circonstances, c'est-à-dire un peu après le coucher du soleil, nous le voyons de plus en plus élevé au-dessus de l'horizon; son coucher retarde de plus en plus sur celui du soleil; la planète nous paraît donc s'écarter du soleil, mais cette fois vers l'est (**). Au bout d'un certain temps, la planète semble de nouveau stationnaire par rapport au soleil; puis, après quelques jours de station, nous paraît revenir vers lui; car de jour en jour nous la voyons de

(*) De deux astres voisins, c'est le plus occidental qui précède l'autre dans le mouvement diurne de la sphère céleste, c'est-à-dire se lève avant lui, etc.

(**) *V.* la note précédente.

moins en moins élevée au-dessus de l'horizon quand de soleil se couche. Enfin elle arrive à se coucher en même temps que cet astre, et alors nous cessons de la voir : il y a alors une nouvelle conjonction, et c'est évidemment la conjonction inférieure. A partir de là, les apparences que nous venons de décrire se reproduisent indéfiniment, et dans le même ordre.

341. *Mouvement de la planète sur la sphère céleste.* En étudiant ce mouvement par rapport au soleil d'une manière plus précise et avec des instruments, *à partir de la conjonction inférieure,* on constate ce qui suit. La longitude de la planète, d'abord égale à celle du soleil, devient bientôt plus petite ; la différence des deux longitudes augmente dans ce sens pendant un certain nombre de jours ; la planète s'éloigne donc du soleil vers l'ouest. Au bout d'un certain temps, cet écart angulaire des deux astres cesse de croître ; il conserve la même valeur pendant quelques jours ; la planète paraît *stationnaire* par rapport au soleil. Les jours suivants elle revient vers cet astre ; car la différence des longitudes diminue de plus en plus, et finit par s'annuler : la planète a rejoint le cercle de latitude du soleil ; il y a donc une nouvelle conjonction, et ce doit être la conjonction supérieure. Aussitôt après, les longitudes recommencent à différer ; mais cette fois la longitude de la planète est la plus grande ; la différence augmente de plus en plus dans ce sens : la planète nous paraît donc s'écarter du soleil vers l'est. Après un certain temps, cet écart cesse de croître ; il reste le même pendant quelques jours ; la planète est stationnaire par rapport au soleil. Puis l'écart diminue, et finit par s'annuler ; les longitudes redeviennent égales. La planète se rapprochant du soleil, vers l'ouest, a fini par le rejoindre ; il y a une nouvelle conjonction ; c'est évidemment la conjonction inférieure. Puis tout recommence de même.

342. DÉFINITIONS. Ces mouvements apparents de va-et-vient de la planète, tantôt à l'ouest du soleil, tantôt à l'est, sont ce qu'on appelle des *digressions.*

Une planète inférieure s'éloignant du soleil vers l'ouest fait une *digression occidentale ;* quand elle s'en éloigne vers l'est, la *digression* est *orientale.*

Plus précisément, la digression *occidentale* d'une planète inférieur est l'écart de cette planète à l'ouest du soleil, parvenu à son maximum. La digression *orientale* est l'écart de la planète à l'est du soleil, parvenu à son maximum.

Dans son état variable, entre 0° et son maximum, la distance angulaire entre la planète et le soleil se nomme *élongation*.

Les digressions de MERCURE *ne dépassent jamais* 28°; *celles de* VÉNUS 48°.

343. EXPLICATION DU MOUVEMENT APPARENT D'UNE PLANÈTE INFÉRIEURE. Figurons-nous les orbites de la planète et de la terre (cercle SP et cercle ST, *fig.* 124);

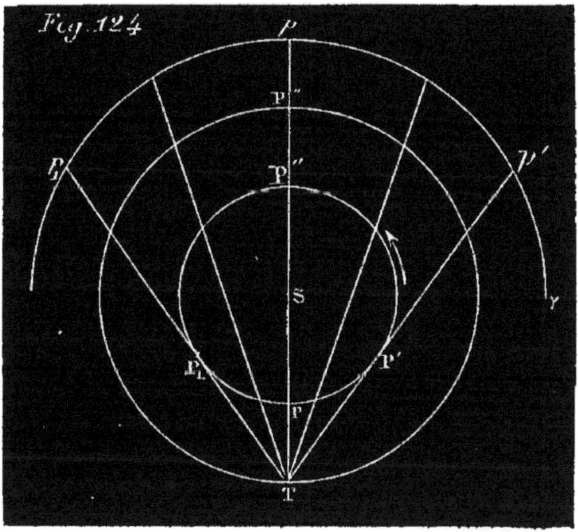

les mouvements de ces deux corps ont lieu dans le sens indiqué par la flèche (*). La terre, plus éloignée du soleil que la planète, met plus de temps que celle-ci à faire le tour de son orbite (3° loi de Képler). La vitesse circulaire moyenne de la planète est donc plus grande que celle de la terre. Dès lors, pour étudier les positions relatives de la terre et de la planète, nous pouvons considérer la terre comme immobile en T (*fig.* 124), tandis que la planète circule sur son orbite avec une vitesse précisément égale à l'excès de sa vitesse réelle sur la vitesse de la terre. Eu égard à la symétrie des orbites, le mouvement angulaire de la planète, *par rapport au soleil*, vu de la terre, sera précisément le même dans cette hypothèse que celui qui a lieu réellement. Rappelons-nous donc, d'après cela, que l'observateur est supposé immobile en T (**).

(*) Ces mouvements, vus du soleil, ont lieu d'occident en orient, c'est-à-dire de la droite à la gauche du spectateur.

(**) Pour bien comprendre ce que nous disons ici, à propos du mouvement

Pendant que la planète, à partir de la conjonction inférieure, va de P en P', l'écart angulaire de cet astre et du soleil vus de la terre T, se forme et croît de 0° à STP'.

La projection de la planète sur la sphère céleste (sa position apparente), allant de p en p', s'écarte *vers l'ouest* de celle du soleil, qui, dans notre hypothèse, est fixe en p. C'est pourquoi la planète nous paraît s'écarter d'abord du soleil vers l'ouest. Cet écart de la projection de la planète, qui est *la différence des longitudes des deux astres*, croît de 0° à pp'. La figure montre que l'écart entre le soleil et la planète doit croître d'abord avec une certaine rapidité, puis plus lentement à mesure que la planète se rapproche de la position P'. Les points de l'orbite, voisins de P', étant à très-peu près sur la direction de la tangente TP', se projettent à très-peu près en p'; pendant que la planète occupe ces positions voisines de P', un peu avant et un peu après son arrivée en ce point, la projection de cet astre sur la sphère doit nous paraître stationnaire (en p') par rapport à celle du soleil, c'est-à-dire que la différence des

---

apparent de la planète par rapport à l'observateur terrestre et au soleil, il suffit de considérer un instant le mouvement simultané de la terre T et de la planète P autour du soleil S sur la *fig.* 124 *bis*. A la conjonction inférieure, la terre est en T et la planète en P. Quelque temps après, la terre étant arrivée en T_1, la planète est en p_1; comme la planète a tourné plus vite que la terre autour du soleil, elle n'est plus en ligne droite avec la terre et le soleil; l'observateur placé en T_1 voit la planète et le soleil sous un angle ST_1p_1, que nous appelons la distance angulaire du soleil et de la planète, ou plus simplement *l'élongation*. Dans l'intervalle que nous considérons, cette distance angulaire a varié de 0° à sa valeur actuelle ST_1p_1; les longitudes des astres S et P, d'abord égales entre elles et à γp, sont devenues différentes ($\gamma s - \gamma p_1 = p_1 s$). Cette distance angulaire varie durant le mouvement simultané de la terre et de la planète; on pourrait l'étudier en considérant sur cette figure 124 *bis* une série de positions simultanées de ces deux corps, et faisant la même construction que nous avons faite pour T_1 et p_1; nous aurions une série d'angles, tels que ST_1p_1, à comparer les uns aux autres. Pour les comparer plus aisément, nous les avons transportés de manière qu'ils aient tous un côté commun ST (*fig.* 124) et nous avons considéré à partir de là les divers écarts du second côté Sp_1; nous n'avons pas fait autre chose dans le texte.

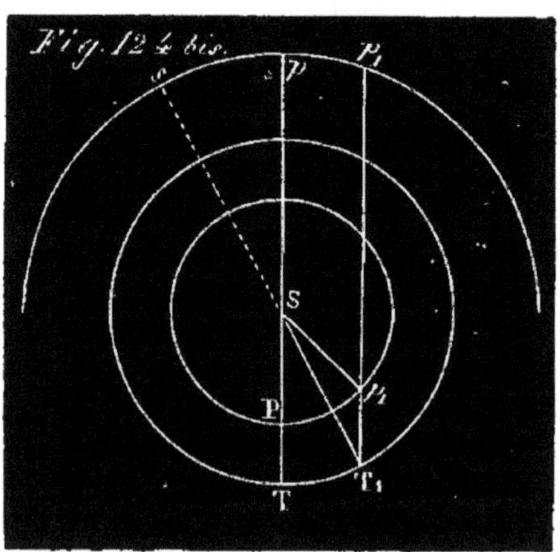

longitudes des deux astres doit rester la même. Le mouvement de la planète vers l'ouest est arrêté; il y a *station*. Un peu plus tard, la planète ayant dépassé sensiblement le point P', en allant de P' à P'', la distance angulaire des deux astres diminue de STP' à 0; la projection de l'astre se meut vers l'est, de p' en p, la différence des longitudes diminue de pp' à 0; la planète doit donc nous paraître se rapprocher du soleil vers l'est; elle le rejoint à la conjonction supérieure en P''. Après cette conjonction, la planète passe à l'est du soleil et s'en écarte continuellement, en allant de P'' en P_1; les longitudes des deux astres redeviennent différentes, mais la planète étant passée à l'est du soleil, sa longitude est plus grande; la différence croît de 0° à pp_1. L'écart angulaire des deux astres croît d'abord avec rapidité, puis se ralentit pour cesser de croître quand la planète est tout près de P_1. Arrivée en cet endroit, la planète semble de nouveau *stationnaire* par rapport au soleil, comme en P'. Quand elle a dépassé ce point, tandis qu'elle va de P_1 à P, l'écart angulaire des deux astres diminue avec une rapidité de plus en plus grande, la différence des longitudes décroît de pp_1 à 0°. La planète est de nouveau en conjonction inférieure; puis tout recommence de la même manière. Ainsi se trouvent expliquées toutes les circonstances du mouvement apparent.

344. VÉNUS. *Détails particuliers.* Cette planète n'est autre que l'astre brillant connu de tout le monde sous le nom d'étoile du soir (Vesper), et d'étoile du matin ou *étoile du berger* (Lucifer). A une certaine époque on la voit, près de l'horizon, à l'orient, un peu avant le lever du soleil; c'est alors l'étoile du berger; plus tard, l'astre cesse de nous apparaître pendant quelques jours, puis nous le revoyons, mais le soir, au coucher du soleil, quelquefois même auparavant: c'est alors l'étoile du soir (Vesper). Il a fallu que l'astronomie fît des progrès pour qu'on pût reconnaître un seul et même astre dans l'étoile du soir et l'étoile du berger.

DIGRESSIONS DE VÉNUS. Nous venons de les décrire au n° 340; V. ce paragraphe.

Nous avons dit, n° 342, que Vénus ne s'écarte jamais de plus de 48° soit à l'est, soit à l'ouest du soleil.

345. *Phases de Vénus.* Aux diverses époques de sa révolution synodique (338), Vénus se présente à nous sous des aspects différents tout à fait analogues aux phases de la lune; aussi les a-t-on nommés *phases de Vénus* (V. *fig.* 125) (*). Ces phases sont très-

---

(*) On reconnaît qu'il doit en être ainsi en considérant, sur la *fig.* 124, l'hémisphère de la planète éclairée par le soleil et l'hémisphère visible de la terre T, comme on l'a fait pour la lune, *fig.* 98. Seulement le corps éclairant est ici dans l'intérieur de l'orbite et l'observateur T en dehors.

caractérisées ; à la conjonction supérieure, nous voyons la planète sous la forme d'un petit cercle lumineux parfaitement arrondi ; c'est qu'alors la partie éclairée par le soleil est entièrement tournée du côté de la terre, *fig.* 124. A la conjonction inférieure, au contraire, placée entre le soleil et la terre, la planète tourne de notre côté sa partie obscure, et disparaît entièrement, à moins qu'on ne la voie, ce qui arrive très-rarement, se projeter sur le disque solaire sous la forme d'un petit cercle noir (n° 349). Entre les deux conjonctions, elle nous présente un croissant très-sensible dont la convexité regarde toujours le soleil, et qui va continuellement en augmentant jusqu'au demi-cercle, à la quadrature (position P', *fig.* 124), puis du demi-cercle au cercle entier, en P''; et *vice versâ*, de P' en P_1 et en P (*).

346. Vénus est quelquefois tellement brillante, qu'on la voit en plein jour à l'œil nu ; mais ce phénomène n'arrive pas au moment où l'astre nous présente un disque parfaitement arrondi, parce qu'il est alors *trop loin de nous*, et se trouve d'ailleurs à peu près sur la même ligne que le soleil. A mesure que l'astre se rapproche de la terre, le fuseau brillant diminue quant à l'écartement angulaire des deux cercles qui le limitent, mais le *diamètre apparent* augmente rapidement ; on conçoit qu'il puisse exister une distance intermédiaire entre les deux conjonctions, où la partie du disque à la fois visible et éclairée soit la plus grande ; alors, c'est-à-dire vers la quadrature, l'astre brille de son plus vif éclat.

347. Remarque. La distance de Vénus à la terre T varie considérablement depuis son minimum à la conjonction inférieure (position P, *fig.* 124), jusqu'à son maximum, à la conjonction supérieure en P'', où elle est cinq ou six fois plus grande qu'en P. De là résultent des variations également considérables dans le diamètre apparent de l'astre. La planète nous paraît d'autant plus grande que son croissant est plus étroit. Les variations de la grandeur apparente de l'astre, dans ses phases successives, sont représentées proportionnellement sur la *fig.* 125 ci-après.

Diamètre apparent de Vénus. Minimum 9'',6 ; à la distance moyenne 18'',8 ; maximum 61'',2 ; à la distance du soleil à la terre 16'',9. C'est cette dernière

---

(*) On explique ces phases exactement de la même manière que celles de la lune, en ayant égard aux positions du corps éclairant S, du corps éclairé mobile P, et de l'observateur T relativement fixe (n° 343).

valeur que l'on compare au diamètre apparent de la terre vue du soleil (double de la parallaxe solaire) qui est 17",14. On conclut de là que le rayon de Vénus vaut à peu près 0,98 de celui de la terre.

Fig. 125

348. L'observation de certaines taches que l'on aperçoit sur le disque de Vénus, montre que cette planète tourne sur elle-même, comme la terre, d'occident en orient. Elle fait un tour entier en $23^h 21^m 19^s$. La durée du jour est donc à peu près la même à la surface de Vénus que sur la terre. L'année y est de 225 jours environ (révolution périodique). Les saisons y sont beaucoup plus tranchées que sur la terre, c'est-à-dire que les variations de la température y sont beaucoup plus considérables; il en est de même des variations des durées des jours et des nuits (*).

Vénus présente d'ailleurs de grandes analogies avec la terre. Nous venons de voir que la durée du jour est à peu près le même sur les deux planètes; elles ont d'ailleurs à peu près le même rayon; le même volume, la même masse et la même densité moyenne. (Le rayon de Vénus égale 0,985 *r.* terrestre; volume de Vénus = 0,957 volume de la terre.) On n'a pas pu vérifier si Vénus était aplatie vers les pôles comme la terre.

Vénus est environnée d'une atmosphère analogue à la nôtre (**). On a reconnu qu'il existait à la surface de cette planète des montagnes beaucoup plus hautes que celles de la terre. La hauteur de

---

(*) Cela tient à ce que l'inclinaison de l'orbite de la planète sur son équateur, laquelle correspond à l'inclinaison de l'écliptique sur l'équateur terrestre, est très-grande, 75° au lieu de 23° 28'.

(**) L'existence de cette atmosphère est indiquée par un phénomène crépusculaire analogue à celui qui se produit sur la terre. *V.* la note de la page 205.

quelques montagnes de Vénus atteint la 144e partie du rayon de la planète, tandis que pour la terre cette plus grande hauteur ne dépasse pas $\frac{1}{740}$ du rayon.

349. Passages de Vénus sur le soleil. Si Vénus circulait sur l'écliptique à l'intérieur de l'orbite terrestre, comme nous l'avons supposé, nous pourrions observer à chaque conjonction inférieure en P (*fig.* 124), un phénomène curieux. L'astre se projetterait sur le disque solaire dans la direction TS; comme le diamètre de Vénus, bien qu'alors à son maximum, n'est cependant que de 1' environ, tandis que celui du soleil est environ 32', le disque solaire ne serait pas éclipsé comme il le serait par la lune en pareille circonstance; mais la planète se projetterait au centre de ce disque sous la forme d'un petit cercle noir de 1' de diamètre. De plus, pendant que l'astre, dans son mouvement de translation, passerait devant le soleil, ce petit cercle noir nous semblerait se mouvoir sur le disque, de gauche à droite (*), suivant un diamètre. Ce phénomène durerait un certain temps; car pendant sa durée la longitude de Vénus varierait de 32' environ.

Comme Vénus ne circule pas en réalité sur l'écliptique, mais sur un plan incliné à celui-là d'environ 3° 25' 31", le phénomène que nous venons de décrire n'a pas lieu à toutes les conjonctions inférieures; il s'en faut de beaucoup; il arrive cependant quelquefois. Quand la planète, à la conjonction inférieure, arrive sur le cercle de latitude du soleil, la ligne TS et la ligne TV (qui va de la terre à Vénus), au lieu de coïncider comme nous l'avons supposé, font un angle qui varie de 0° à 3° 23' 31". Quand cet angle, qui mesure alors la latitude de Vénus, est nul, c'est-à-dire quand la lune, à la conjonction inférieure, arrive à l'un de ses nœuds *sur l'écliptique*, les circonstances étant à très-peu près celles que nous avons supposées tout à l'heure, le phénomène en question a lieu : *Vénus passe sur le soleil* et décrit à très-peu près un diamètre du disque solaire : c'est ce qu'on appelle un passage central; il dure plus de 7 heures. Quand, à l'époque de la conjonction, l'angle VTS (latitude de Vénus), sans être nul, est moindre que le demi-

---

(*) C'est le sens du mouvement de Vénus à la conjonction inférieure (*fig.* 124).

diamètre apparent du soleil, il est évident que la planète doit passer sur le soleil ; mais alors le petit cercle noir, au lieu d'un diamètre du disque, parcourt une corde plus ou moins éloignée du centre. Enfin quand la latitude de Vénus à la conjonction inférieure est plus grande que le demi-diamètre apparent du soleil, il n'y a pas de *passage*. Tout cela se comprend aisément.

Ces *passages* de Vénus sur le soleil se reproduisent périodiquement; on en calcule les époques comme celles des éclipses de soleil et de lune. Ces passages sont rares ; les derniers ont eu lieu en 1761 et 1769. Après un passage il s'écoule 8 ans avant qu'il s'en présente un second ; puis le troisième ne revient qu'après 113 1/2 ± 8 ans, et ainsi qu'il suit : 8 ans, 121 ans 1/2, 8,105^{ans} 1/2, etc... (*). Les deux passages prochains auront lieu le 8 décembre 1874 et le 6 décembre 1882. Le phénomène a lieu en décembre ou en juin, époques auxquelles les longitudes du soleil sont 255° ou 75°, c'est-à-dire celles des nœuds de la planète.

Tout ce que nous venons de dire à propos des passages de Vénus sur le soleil, à cela près des nombres indiqués, s'applique évidemment à *Mercure* (n° 350), qui passe aussi sur le soleil.

(*V.* à la fin du chapitre la détermination de la parallaxe du soleil par l'observation d'un passage de Vénus.)

350. Mercure. Cet astre a beaucoup d'analogie avec Vénus ; seulement, il est beaucoup plus petit, plus loin de nous, plus rapproché du soleil, dont il s'écarte beaucoup moins dans ses disgressions (n° 342). Engagé dans les rayons solaires, il est difficile à distinguer à la vue simple dans nos climats; cependant quelquefois, avec de bons yeux, on le découvre le soir un peu après le coucher du soleil, et d'autres fois le matin avant le lever de cet astre.

Le diamètre apparent de Mercure varie de 5″ à 12″; sa distance moyenne au soleil est 0,3871 ou environ les 2/5es de celle de la

---

(*) Si les nœuds de Vénus étaient fixes sur l'écliptique, cet astre ayant passé une fois sur le soleil, y passerait ensuite tous les 8 ans ; car 8 fois 365 jours = 5 fois 584 jours ou 5 fois la durée de la révolution synodique de Vénus; de sorte que si Vénus se trouve à l'un des nœuds au moment d'une conjonction inférieure, elle s'y retrouverait 8 ans après, à la 5e conjonction suivante. Mais les nœuds de Vénus ne sont pas fixes; de là l'irrégularité de la période des passages.

terre au même astre. Ses plus grandes élongations (342) varient de 16° 12′ à 28° 48′, et la durée de sa révolution synodique de 106 à 130 jours. Sa révolution sidérale dure 87 jours 23 heures 15m44s. Son orbite est une ellipse assez allongée, l'excentricité surpasse le 5e de la distance moyenne ci-dessus; nous avons dit que cette orbite est inclinée de 7° sur l'écliptique.

Ce que nous avons dit des digressions, nos 340 et 341, s'applique en entier à Mercure.

Cette planète a aussi ses phases, qui, bien que moins apparentes que celles de Vénus, prouvent qu'elle est opaque et ne brille que par la lumière solaire. Elle a des passages comme Vénus; ils sont même plus fréquents que ceux-ci, mais ne présentent pas le même intérêt; la trop grande proximité de Mercure et du soleil ne permet pas de tirer parti de ces passages pour déterminer la parallaxe du soleil.

Le rayon de Mercure = 2/5, et son volume un 16e environ, du rayon et du volume de la terre. La chaleur et la lumière y sont sept fois plus intenses qu'à la surface de notre globe. Le vif éclat dont brille cette planète par suite de son peu de distance au soleil n'a pas permis d'y apercevoir aucune tache; mais, par l'observation suivie des variations des *cornes* de ses phases, on est parvenu à reconnaître qu'elle tourne sur elle-même en 24 heures 5m28s, autour d'un axe constamment parallèle à lui-même. Le plan de l'équateur de Mercure fait un angle très-grand avec celui de l'orbite, et par suite la variation des températures, autrement dit des saisons, doit y être très-considérable. Plusieurs astronomes attribuent à Mercure des montagnes très-élevées et une atmosphère très-dense. Cependant des observations très-délicates de passages de la planète sur le soleil n'ont révélé à Herschell père aucune trace de l'existence de montagnes à la surface de cet astre.

PLANÈTES SUPÉRIEURES.

MARS, JUPITER, SATURNE, URANUS, NEPTUNE.

351. Nous avons appelé planètes *supérieures* ou *extérieures* celles qui sont plus éloignées du soleil que la terre; on les nomme quelquefois *extérieures* parce que leur mouvement autour du soleil a lieu à l'extérieur de l'orbite de la terre. L'orbite de la planète (P), et l'orbite de la terre (T) ont à peu près les positions relatives indiquées par la *fig*. 126, ci-dessous.

Les principales planètes extérieures sont : *Mars*, *Jupiter*, *Saturne*, *Uranus*, *Neptune*, dont nous allons nous occuper particulièrement.

352. MOUVEMENT APPARENT (c'est-à-dire vu de la terre) D'UNE PLANÈTE SUPÉRIEURE. *Progressions ou mouvement direct, stations, rétrogradations.* Une planète supérieure étant plus éloignée du soleil que la terre, se trouve alternativement en opposition (en P, *fig*. 123 ou *fig*. 126 ci-après) et en conjonction en P' (*fig*. 123). Suivons-la à partir de l'opposition, c'est-à-dire à partir de l'époque où elle passe au méridien à minuit [1]. Elle se trouve alors toute la nuit au dessus de l'horizon. A partir de l'opposition, la planète se déplace dans le ciel, vers l'occident; son mouvement est *rétrograde* [2]; son passage au

---

(1) A l'opposition, le cercle horaire de la planète P' (vue de la terre) (*fig*. 126), et celui du soleil, S (également vu de la terre), sont évidemment opposés (*V*. les définitions, n° 30).

(2) Ce mouvement rétrograde est mis en évidence par la *figure* 126. Nous

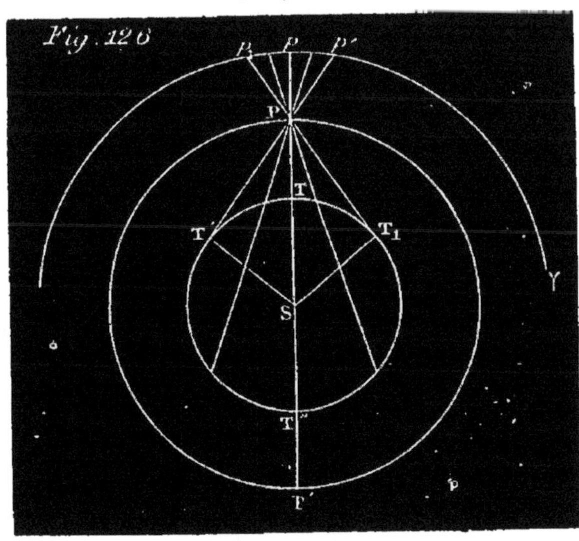

avons supposé, en construisant cette figure, la planète P immobile sur son orbite, et la terre en mouvement sur la sienne, mais seulement animée d'une vitesse circulaire (ou angulaire) égale à l'excès de sa vitesse réelle sur celle de la planète (*V*. la 2ᵉ note, p. 248). Eu égard à la symétrie des orbites, les posi-

méridien a lieu avant minuit et se rapproche de plus en plus de 6 heures du soir (³). Au bout d'un certain temps, le mouvement rétrograde se ralentit, puis s'arrête; durant quelques jours la planète nous paraît *stationnaire* au milieu des étoiles (⁴); elle passe au méridien à 6 heures du soir (⁵). Après cette station, la planète se remet en mouvement, mais cette fois vers l'est; son mouvement est devenu *direct* (⁶); son passage au méridien continue à se rapprocher de celui du soleil; quand on peut l'apercevoir le soir vers 6 heures, par exemple, on la voit au couchant de moins en moins élevée au-dessus de l'horizon (⁷). En se rapprochant ainsi du soleil (en longitude), elle finit par se perdre dans ses rayons, et devient invisible pendant un certain nombre de jours; elle se trouve alors en conjonction, passe au méridien avec le soleil, se lève et se couche en même temps que lui (⁸). Au bout de quelques jours, la planète reparaît, mais du côté de l'orient, le matin, un peu avant le lever du soleil. Puis son lever précède de plus en plus le lever du soleil; quand celui-ci

---

tions apparentes de trois corps pour l'observateur terrestre, sont absolument les mêmes que dans la réalité durant la révolution synodique de l'astre (d'une opposition à la suivante). Ceci admis, on voit qu'après l'opposition, la terre allant de T en T′, la projection de la planète sur la sphère céleste se déplace vers *l'ouest* de p en p'; le mouvement apparent est donc *rétrograde*.

(³) Si, durant ce mouvement de la terre, de T à T′, on joint chacune de ses positions à S aussi bien qu'à P, et si on prolonge la ligne TS jusqu'à l'écliptique $\gamma p'p$.... en s, on verra la projection p de la planète et la projection du soleil se rapprocher continuellement; la différence en longitude de ces deux astres diminuant de 180° à 90°, leurs passages au méridien se rapprochent. (Il faut se rappeler que les longitudes se comptent à partir du point γ, dans le sens $\gamma p'p$.)

(⁴) En suivant le mouvement de la projection p de la planète, tandis que la terre va de T en T′, on voit bien que le mouvement rétrograde de cette projection, d'abord assez rapide aux environs de l'opposition, doit se ralentir quand la terre approche de la position T′; car aux environs de T′, les lignes projetantes tendent de plus en plus à se confondre; les points voisins de T′, un peu avant et un peu après, sont sensiblement sur la direction de la tangente T′P; quand la terre passe par ces positions, la projection de la planète ne s'écarte pas de p'; l'astre nous paraît arrêté en ce point du ciel.

(⁵) La terre étant en T′, l'angle $p'T'S = 90°$; le point p' se trouve à 90° de la projection s du soleil sur l'écliptique (prolongez T′S par la pensée).

(⁶) La terre ayant dépassé le point T′ et allant de T′ en T″, la projection de la planète sur l'écliptique revient évidemment de p' vers p.

(⁷) Si, durant ce mouvement de la terre de T′ en T″, on joint quelques positions de la terre au soleil et à la planète, en prolongeant les lignes, si on veut, jusqu'à l'écliptique, on voit l'angle des deux lignes, TS, TP, diminuer de 90° à 0; cet angle est la différence des longitudes des deux astres; ceci explique comment leurs passages au méridien se rapprochent l'un de l'autre.

(⁸) Cela est évident, puisque la planète se trouve en face de nous sur le prolongement de la ligne TS qui va du soleil à la terre, et qui détermine le cercle horaire du soleil.

paraît, la planète est de plus en plus élevée au-dessus de l'horizon; en même temps, elle continue à se déplacer dans le ciel, toujours dans le sens direct, c'est-à-dire vers l'est (9). Au bout d'un certain temps, ce mouvement direct se ralentit et finit par s'arrêter; la planète fait une seconde station de quelques jours parmi les étoiles; à cette époque, elle passe au méridien à 6 heures du matin (10). Après cette seconde station, le mouvement reprend, mais vers l'ouest; il est devenu rétrograde (11); en même temps, le passage de la planète au méridien se rapproche de minuit (12); le séjour de l'astre au-dessus de l'horizon durant la nuit devient de plus en plus long, et enfin l'astre arrive à passer au méridien à minuit, c'est-à-dire se retrouve de nouveau en *opposition*. A partir de là, les mêmes apparences que nous avons décrites se reproduisent dans le même ordre.

353. MARS. Cette planète est la première des planètes supérieures dans l'ordre des distances croissantes au soleil; moins brillante que Vénus, elle se reconnaît à sa couleur d'un rouge ocreux très-prononcé : diamètre apparent de 4 à 18″; distance de la terre de $0^R,52$ à $1^R,52$.

Nous désignerons dans ce qui va suivre par R le rayon mobile de l'orbite terrestre, et par r le rayon de la terre. L'orbite de Mars est une ellipse très-allongée : demi-axe moyen, $1^R,523$; excentricité, 0,14 de cet axe; révolution sidérale, 687^j.

Mars est très-brillant dans les oppositions; quand il se rapproche du soleil, son éclat diminue, et aux environs de la conjonction il n'est visible qu'au télescope. Les phases de cet astre sont moins sensibles que celles de Vénus et de Mercure; il nous présente un ovale plus ou moins allongé. Plus un astre s'éloigne du soleil, moins ses phases sont sensibles. Les phases encore appréciables pour Mars ne le sont plus pour les autres planètes supérieures. Les taches découvertes à la surface de Mars ont permis de constater que cet astre tourne sur lui-même en $24^h\,39'22''$ autour d'un axe incliné de 61° 18′ sur le plan de son orbite. Il en résulte que la succession des saisons doit y être sensiblement la même que sur la terre dont l'axe de rotation est incliné sur l'orbite de 67° 1/2 environ. La forme de Mars est celle d'un sphéroïde aplati; l'axe polaire est à l'axe équatorial dans le rapport de 187 à 194.

Le rayon moyen de Mars égale 0,52 de celui de la terre, et par conséquent son volume est égal à 0,14 environ de celui de notre globe. La chaleur et la lumière n'y sont que les 4/9 de ce qu'elles sont sur la terre.

---

(9) La figure montre bien que la terre, après la conjonction en T″, allant de T″, en T_1, la position apparente de la planète va de p à p_1 vers l'est.

(10) Si, durant ce mouvement de la terre, de T″ en T_1, on joint chacune de ses positions (T) au soleil comme à la planète, on voit la distance angulaire PTS (différence de leurs longitudes) varier de 0° à 90° (p étant à l'ouest de s).

(11) Ce mouvement rétrograde se voit sur la figure pendant que la terre va de T_1 en T, la projection revient de p_1 à p.

(12) Enfin, dans cette dernière période, l'angle variable PTS (formez-le) varie de 90° à 180°.

On distingue aux pôles de rotation de Mars des taches brillantes que l'on suppose formées par des amas de neige et de glace; ce qui s'accorde en effet avec les changements observés dans les grandeurs absolues de ces taches. Enfin, diverses observations de changements sensibles survenus dans différentes bandes au milieu des taches permanentes de Mars accusent à la surface de cette planète une atmosphère d'une densité considérable.

354. JUPITER. C'est la planète la plus importante de notre système, tant par son éclat qui surpasse quelquefois celui de *Vénus*, et par son volume à peu près égal à 1500 fois celui de la terre, que par l'utilité que nous tirons de ses quatre lunes ou *satellites*.

Sa distance de la terre varie entre $3^R,98$ et $6^R,42$; la moyenne est de $5^R,20$. A la distance moyenne, son diamètre apparent est de 37″; il serait de 3′ 17″, si nous voyions Jupiter à la distance du soleil.

Pour un habitant de Jupiter, la terre n'aurait que 4″ de diamètre et le soleil 6′; le disque solaire lui paraîtrait 27 fois plus petit qu'à nous; la chaleur et la lumière y sont 27 fois moindres qu'à la surface de la terre.

L'orbite de Jupiter est inclinée sur l'écliptique de 1° 18′ 51″. La durée de sa révolution sidérale est de $11^{ans}315^j12^h$. Les phases de Jupiter sont à peu près insensibles à cause de sa trop grande distance du soleil.

ROTATION. Les taches observées à la surface de Jupiter ont permis de constater qu'il tourne sur lui-même en $9^h55^m40^s$, autour d'un axe presque perpendiculaire au plan de son orbite (86°54′); d'où il résulte que les variations des jours et des nuits, et celles de la température, doivent y être très-peu considérables.

ATMOSPHÈRE ET BANDES. Le disque de Jupiter présente des bandes ou zones parallèles à son équateur; on les attribue à l'existence de vents réguliers analogues à nos vents alisés, dont l'effet principal est de disposer, de réunir les vapeurs équatoriales en bandes parallèles; ce qui suppose Jupiter entouré d'une *atmosphère* considérable.

APLATISSEMENT. On a aussi constaté que l'aplatissement de Jupiter est beaucoup plus grand que celui de la terre; cet aplatissement est d'environ $\frac{1}{16}$, tandis que celui de la terre n'est que de $\frac{1}{300}$ environ.

355. SATELLITES DE JUPITER. On nomme *satellites* des planètes secondaires qui circulent autour d'une planète principale et accompagnent celle-ci dans sa révolution autour du soleil. La lune, par exemple, est le satellite de la terre. Mercure, Vénus, Mars n'ont point de satellites; Jupiter en a 4. Nous verrons que Saturne en a 7 et Uranus 6; Neptune au moins 1.

Invisibles à l'œil nu, les satellites de Jupiter, inconnus aux anciens astronomes, ont été découverts par Galilée en 1618, peu après l'invention des lunettes. En observant Jupiter avec un télescope, on aperçoit ces satellites sous la forme de petits points brillants qui se déplacent assez rapidement, par rapport à la planète, tantôt à l'orient, tantôt à l'occident de celle-ci, allant et venant, sensiblement sur une ligne droite dirigée à peu près suivant l'écliptique. (En réalité, ces satellites tournent autour de la planète comme celle-ci autour du soleil; mais leurs orbites sont dans des plans qui coïncident presque avec l'équateur du Jupiter, et, par suite, nous font l'effet de lignes droites le long desquelles les satellites semblent osciller). Voici, en considérant les satellites dans

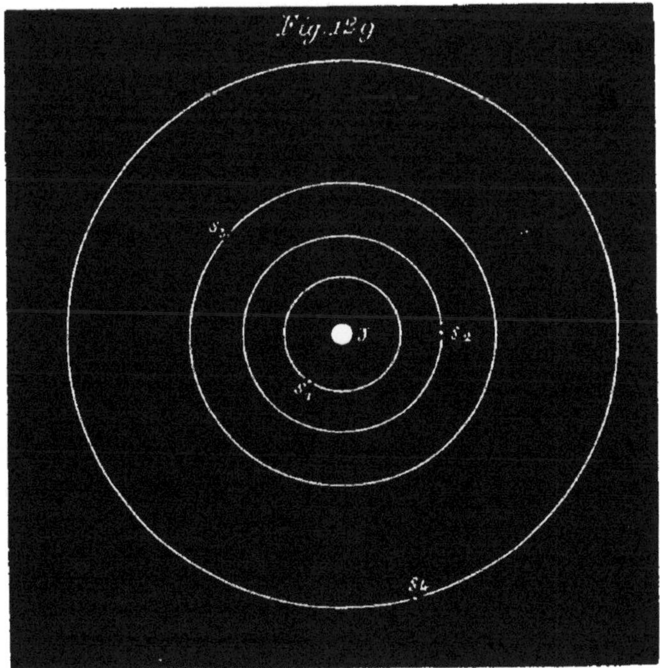

l'ordre de leurs distances moyennes à Jupiter (*fig.* 129), quelques nombres fournis par l'observation.

SATELLITES.	DURÉES de leurs révolutions synodiques.	DISTANCES MOYENNES au centre de Jupiter en rayons de cette planète.	INCLINAISONS des orbites sur l'équateur de Jupiter.
1er satellite.....	1,77	6,05	0° 0′ 0″
2e *Id*......	3,55	9,62	0° 27′ 49″,2
3e *Id*......	7,15	15,35	0° 12′ 20″
4e *Id*......	16,69	27,00	2°

De même que la lune, les satellites de Jupiter font un tour entier sur eux-mêmes dans le même temps qu'ils emploient à effectuer une révolution autour de la planète.

356. *Éclipses des satellites de Jupiter.* En appliquant à Jupiter le raisonnement géométrique du n° 284, on conclut que cette planète doit projeter derrière elle, par rapport au soleil, un cône, d'ombre pure, beaucoup plus large et plus long que celui de la terre, puisque le rayon de Jupiter est à peu près 11 fois celui de notre globe, et sa distance au soleil, 5 fois plus considérable. (V. la *fig.* 130 ci-après). Il en résulte que les satellites de Jupiter, quand ils passent derrière la planète, sont *éclipsés* par elle exactement comme la lune est éclipsée par la terre. On les voit aussi, par intervalles, se projeter sur le disque de la planète et en éclipser de petites parties.

La longueur de l'axe du cône d'ombre de Jupiter est égale à 47 fois le rayon de l'orbite du satellite le plus éloigné, c'est-à-dire du 4e. Aussi tous les satellites s'éclipsent-ils à chacune de leurs révolutions, excepté le 4e qui, à cause de l'inclinaison de son orbite sur celle de Jupiter, n'est pas toutes les fois atteint par le cône d'ombre.

357. DÉTERMINATION DES LONGITUDES GÉOGRAPHIQUES *par l'observation des éclipses des satellites de Jupiter.*

Les éclipses des satellites de Jupiter étant visibles de tous les lieux de la terre qui ont la planète au-dessus de leur horizon, et se répétant souvent, peuvent servir à la détermination des longitudes terrestres. L'heure d'une éclipse est indiquée en temps de

Paris dans la *Connaissance des temps*, que possède l'observateur; il détermine l'heure qu'il est au moment de l'éclipse à l'endroit où il est. La différence de l'heure locale et de l'heure de Paris fait connaître la longitude du lieu par rapport au méridien de Paris (n° 69).

Il faut des lunettes puissantes pour observer nettement, avec précision, les éclipses des satellites de Jupiter. La méthode des distances lunaires, expliquée n° 298, est plus commode, plus praticable pour les marins, et donne des résultats plus exacts.

358. Vitesse de la lumière. L'observation des éclipses des satellites de Jupiter a encore servi à Roëmer, astronome suédois, pour déterminer la vitesse avec laquelle la lumière traverse l'espace. Voici comment on peut arriver à trouver cette vitesse.

Considérons le premier satellite, qui pénètre dans le cône d'ombre à chacune de ses révolutions, au moment où il sort de ce cône en *s* (*fig*. 130). A partir de cette émersion dont on a noté l'heure, cet astre fait une révolution autour de Jupiter (dans le sens indiqué par la flèche), à la fin de laquelle il s'éclipse de nouveau en *s'*, puis sort du cône en *s*. On note l'heure de cette nouvelle émersion; il s'est écoulé entre les deux émersions $42^h 28^m 48^s$; ce temps doit être la durée de la révolution qui vient d'avoir lieu (nous le supposerons). La durée d'une révolution du satellite est toujours la même (lois de Képler); il devrait donc toujours s'écouler le même temps entre deux observations d'émersions consécutives. Il n'en est pas ainsi; si on observe une série de ces éclipses dans un certain ordre, par exemple, à partir d'une position T' de la terre, voisine de l'opposition de Jupiter, on remarque que l'intervalle de deux éclipses consécutives croît à mesure que la terre s'éloigne de la planète, en s'avançant vers l'endroit où elle sera à la conjonction suivante (en T''). Puis, de la conjonction à

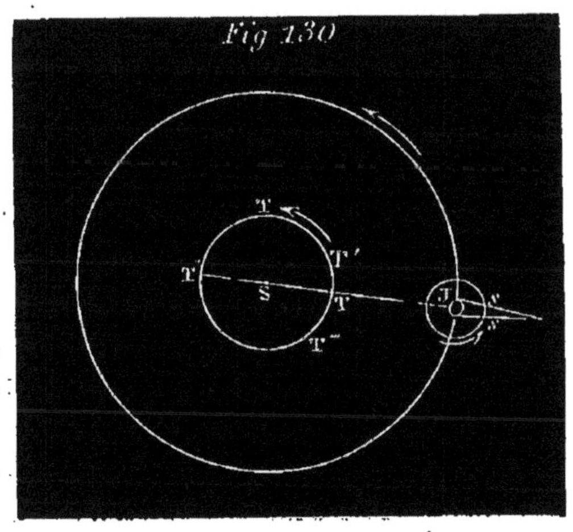
Fig 130

l'opposition, la terre se rapprochant de Jupiter, l'intervalle des éclipses diminue avec la distance de la terre à la planète. Cet accroissement peu sensible, quand on compare deux intervalles consécutifs, devient manifeste quand on considère deux éclipses séparées par un assez grand nombre de ces intervalles.

Une éclipse observée actuellement est, par exemple, la centième après celle qui a été observée de la position, T', de la terre; il devrait s'être écoulé 100 fois $42^h 28^m 48^s$ depuis l'émersion observée de T'. Il n'en est pas ainsi : l'intervalle trouvé entre ces deux émersions a une valeur sensiblement plus grande que celle-là. En résumé si on considère, en opérant comme nous venons de le dire, l'intervalle compris entre une émersion qui a été observée à une époque aussi voisine que possible de l'opposition, en T, et une autre aussi voisine que possible de la conjonction, en T'' (*), on trouve que cet intervalle surpasse d'environ $16^m 36^s$ la valeur qu'il devrait avoir, qui est le produit de $42^h 28^m 36^s$ par le nombre des éclipses qui ont eu lieu entre les deux observations extrêmes dont nous parlons. Si au contraire on procède de même de la conjonction, en T'', à l'opposition, en T, l'intervalle remarqué est plus faible qu'il ne devrait l'être de la même quantité, de $16^m 36^s$ environ.

Évidemment il n'en serait pas ainsi si nous revoyions chaque fois le satellite à l'*instant précis* où il sort du cône d'ombre; l'intervalle entre deux émersions consécutives, se confondant absolument avec la durée d'une révolution de l'astre autour de Jupiter, ne varierait pas plus que cette durée. Mais si la lumière réfléchie par le satellite, vers la terre, au moment de l'émersion, et qui nous le fait voir, ne nous parvient pas instantanément, mais *emploie un certain temps* à parcourir la distance qui nous sépare de l'astre, l'intervalle

(*) Nous disons, *aussi voisin que possible de l'opposition*, parce qu'il est évident qu'à l'époque de l'opposition, la terre étant en T, l'observateur ne voit pas le cône d'ombre de Jupiter, qui lui est caché par la planète; il ne peut alors voir le satellite au moment d'une émersion. Nous disons de même, *aussi voisine que possible de la conjonction*, parce qu'à l'époque de la conjonction, quand la terre est en T'', Jupiter et son cône d'ombre sont cachés à l'observateur derrière le soleil S. Maintenant, comme le retard des émersions varie proportionnellement avec la distance, on a pu, connaissant ce retard pour une portion notable du chemin fait par la terre, connaître celui qui a lieu de l'opposition (en T) à la conjonction en T''.

entre deux éclipses doit croître ou décroître avec la distance de la terre à Jupiter, et l'accroissement du temps doit être proportionnel à l'augmentation de cette distance; *c'est ce qui a lieu en effet* (*).

L'intervalle de deux éclipses qui ont lieu l'une à l'époque d'une opposition, quand la terre est en T, l'autre à l'époque de la conjonction, quand la terre est en T'', étant plus grand de $16^m 36^s$ qu'il ne devrait être si la lumière réfléchie par le satellite nous arrivait instantanément, on conclut de là que $16^m 36^s$ composent le temps employé, par la lumière qui nous vient du satellite, à parcourir *en plus*, lors de la dernière émersion, la distance TT'' qui sépare ces deux positions de la terre, c'est-à-dire à parcourir le grand axe de l'orbite terrestre, ou 76000000 lieues (de 4 kilomètres). La lumière, parcourant 76000000 lieues en $16^m 36^s$, parcourt environ 77000 lieues par seconde.

La distance TS de la terre au soleil est la moitié de TT''; la lumière emploie donc la moitié du $16^m 36^s$, c'est-à-dire $8^m 18^s$ à nous venir du soleil.

(*) Admettons que la lumière ne se transmette pas à nous instantanément, mais parcoure l'espace avec une certaine vitesse de grandeur finie. A une certaine époque, une émersion du satellite de Jupiter a lieu à 1^h du matin, par exemple; il faut alors a minutes à la lumière pour nous arriver de la planète; nous ne verrons l'astre sorti du cône d'ombre qu'à $1^h + a^m$. Nous observons plus tard une autre émersion : c'est la centième éclipse, je suppose, après la première observée. Le moment précis de la dernière émersion est séparé du moment où a eu lieu la première par la durée de cent révolutions du satellite, c'est-à-dire par un intervalle de 100 fois $42^h 28^m 48^s$; ce qui nous conduit, par exemple, à 3^h du matin du jour de la dernière observation. Si la terre était restée à la même distance de Jupiter, la lumière réfléchie par le satellite mettant toujours a minutes à nous parvenir, le phénomène d'émersion serait observé par nous à $3^h + a$ minutes du matin. L'intervalle entre les deux époques d'observation serait précisément le même qu'entre les époques réelles des deux émersions, c'est-à-dire $42^h 28^m 48^s \times 100$. De sorte que nous n'apprendrions rien sur la vitesse de la lumière. Mais si la terre s'est éloignée de Jupiter de telle sorte qu'il faille à la lumière b minutes pour parcourir ce surcroît de chemin, c'est-à-dire en tout $(a + b)$ minutes pour nous arriver de Jupiter, la dernière émersion ne doit être observée qu'à $3^h + (a + b)$ minutes du matin; de sorte que l'intervalle entre les deux observations est 100 fois $(42^h 28^m 48^s) + b$ minutes. Il doit donc y avoir une différence de b minutes entre l'intervalle des éclipses, donné par l'observation, et la durée totale des révolutions de l'astre qui ont eu lieu entre les deux émersions observées.

CONCLUSION. *La lumière parcourt environ 77000 lieues de 4 kilomètres par seconde. Celle du soleil nous arrive en* $8^m\,18^s$.

L'étoile la plus rapprochée étant à une distance de la terre qui surpasse 206265 fois le rayon de l'orbite terrestre, on en conclut que sa lumière met à nous parvenir plus de $8^m\,18^s \times 206265$; ce qui fait plus de 3 ans. Une étoile cessant d'exister nous la verrions encore 3 ans après. Et nous ne parlons ici que des étoiles les plus rapprochées de la terre (V. n° 51).

359. SATURNE, qui vient immédiatement après Jupiter dans l'ordre des distances au soleil, le suit aussi dans l'ordre des grandeurs décroissantes; c'est un globe 730 fois plus gros que la terre. (Le rayon de Saturne $= 9^r,022$). Malgré cette grosseur, il ne nous envoie qu'une lumière pâle et comme plombée; cela tient probablement à sa grande distance du soleil, qui est d'environ 360 millions de lieues. Saturne circule sur une orbite inclinée sur l'écliptique de 2° 1/2 environ; sa révolution sidérale dure 10759 jours. Il tourne sur lui-même autour d'un axe central incliné de 72° environ sur le plan de l'écliptique; il fait un tour entier en $10^h\,1/2$ environ. Son aplatissement est de $\frac{1}{10}$ environ. La chaleur et la lumière qui y arrivent du soleil y sont environ 80 fois moindres que sur la terre.

Saturne offre cinq bandes sombres, parallèles à son équateur, à peu près semblables à celles de Jupiter; plus larges, mais moins bien marquées.

Cette planète se montre à l'œil nu comme une étoile brillante. Son éclat est cependant bien inférieur à celui de Jupiter; il présente une teinte terne et comme plombée.

360. ANNEAU DE SATURNE (*fig.* 127). Saturne est entouré d'une espèce d'anneau, large et mince, à peu près plan, sans adhérence avec la planète, qu'il entoure par le milieu. Cet anneau, que Galilée découvrit peu après l'invention des lunettes, s'offre à nous sous la forme d'une ellipse qui s'élargit peu à peu, puis se rétrécit considérablement, et finit par disparaître, pour reparaître quelque temps après. La partie antérieure de l'anneau se projette sur la planète; la partie postérieure nous est cachée par celle-ci; tandis que les deux parties latérales débordent des deux côtés de manière à former ce qu'on nomme les *anses* de Saturne.

Les divers aspects que nous offre successivement cet anneau sont dus aux diverses positions relatives qu'occupent Saturne, le soleil et la terre. Le plan de l'anneau se transporte parallèlement à lui-même

Fig. 127

avec la planète en mouvement sur son orbite; l'obliquité de ce plan, par rapport à la ligne qui va de la terre à la planète, varie donc d'une époque à une autre. Quand le plan prolongé de l'anneau laisse d'un même côté le soleil et la terre, nous voyons la face éclairée de l'anneau sous forme d'une partie d'ellipse plus ou moins rétrécie, suivant que nous la voyons plus ou moins obliquement.

Si le plan passe par le soleil, en le laissant toujours entre lui et nous, nous avons devant nous la tranche de l'anneau; on n'en voit alors, et avec de fortes lunettes, que les deux anses, faisant l'effet de deux lignes droites lumineuses des deux côtés du disque de Saturne. Enfin, si le plan prolongé de l'anneau passe entre la terre et le soleil (ce qui arrive à peu près tous les 15 ans), la face obscure de cet anneau étant tournée vers nous, nous ne le voyons plus, et Saturne nous offre alors l'apparence d'un globe isolé comme les autres planètes.

C'est en 1848 que l'anneau a disparu pour la dernière fois; maintenant il nous montre sa face australe, qui a eu sa plus grande largeur en 1855. Il disparaîtra de nouveau en 1863; puis on verra sa face boréale sous des angles divers.

Dimensions de l'anneau. On a pu, dans des circonstances favorables, mesurer l'angle sous lequel on voit la largeur de l'anneau, et les distances de ses bords intérieur et extérieur au bord de la planète. En combinant ces éléments avec la distance de Saturne et l'inclinaison des diamètres réels, on est arrivé au résultat suivant, relativement aux dimensions de l'anneau (d'après M. Faye) :

Rayon équatorial de Saturne = 64000 kilom. ou 16000 lieues.

Rayon intérieur de l'anneau = 94000 kilom. ou 23500 lieues.

Rayon extérieur de l'anneau = 142000 kilom. ou 35500 lieues (*).

Ainsi la largeur de l'anneau est de 12000 lieues, à peu près les 3/4 du rayon équatorial de la planète. L'anneau laisse un espace vide de 30000 kilomètres ou 7500 lieues entre Saturne et lui ; on peut apercevoir des étoiles à travers ce vide. Quand à l'épaisseur de l'anneau, on ne la connaît pas ; mais on suppose qu'elle ne dépasse pas 30 lieues.

Subdivision de l'anneau. En observant l'anneau de Saturne avec des instruments puissants, on a reconnu que cet anneau n'est pas simple ; il se compose de plusieurs anneaux concentriques dont les lignes de séparation sont visibles, principalement vers les anses. On a même aperçu tout récemment un anneau obscur, situé à l'intérieur des autres, comme on le voit sur la figure. Ces anneaux tournent ensemble dans leur plan, qui coïncide à peu près avec l'équateur de la planète, achevant une révolution dans $10^h\,{}^1/_2$ environ, c'est-à-dire qu'ils tournent avec la même vitesse que la planète elle-même.

Satellites de Saturne. Saturne a 7 *satellites;* mais ceux-ci ne nous sont pas si utiles que ceux de Jupiter ; ils sont si petits et si éloignés de nous qu'il faut pour les voir des télescopes d'une grande puissance. Le premier, c'est-à-dire le plus rapproché de la planète, met $22^h\,37^m\,1/2$ à exécuter sa révolution autour de celle-ci, tandis que le dernier emploie $79^j\,7^h\,53^m$. Ce dernier est le seul sur lequel on ait pu constater qu'il tourne sur lui-même dans le même temps qu'il emploie à tourner autour de la planète.

361. Uranus, relégué à l'extrémité de notre système planétaire, n'a que l'apparence d'une étoile de 6e ou 7e grandeur, rarement visible à l'œil nu. Cette planète a été découverte par

---

(*) En prenant approximativement 16000, 24000 et 36000, on a pour représenter ces 3 rayons les nombres simples 1, 1 1/2 et 2 1/4.

Herschell en 1781. Sa distance au soleil est 19 fois plus grande que celle de la terre; son diamètre apparent est d'environ 4″; à la distance du soleil, il serait de 75″; le rayon d'Uranus $= 4^r, 34$. Le plan de son orbite est incliné sur l'écliptique de 0° 46′ 1/2. La durée de sa révolution sidérale est d'environ 84 ans. La lumière du soleil, qui nous arrive en $8^m 18^s$, met près de $2^h \, ^3/_4$ à arriver à Uranus. L'intensité de la lumière et celle de la chaleur doivent y être 400 fois moindres que sur la terre; le soleil ne doit être vu de cette planète que comme une étoile de 1re grándeur.

Uranus a six *satellites* découverts par Herschell; ils se meuvent autour de la planète dans des orbites presque circulaires et perpendiculaires au plan de l'écliptique; ce qui porte à croire que l'équateur de la planète a la même inclinaison.

Les satellites d'Uranus sont encore plus difficiles à voir que ceux de Saturne; deux seulement, le 2e et le 4e, ont été observés avec précision. Par une exception unique le mouvement de ces satellites paraît rétrograde, c'est-à-dire a lieu de l'orient vers l'occident.

362. Neptune. Cette planète, découverte par M. Leverrier, en 1846 (V. plus loin, n° 363), n'est pas visible à l'œil nu; vue dans une lunette d'un faible grossissement, elle fait l'effet d'une étoile de 8e grandeur. Avec un grossissement plus fort, elle offre des dimensions sensibles, et se montre sous la forme d'un disque circulaire. Son diamètre apparent n'est que de 2″, 7. A la distance du soleil, ce diamètre apparent serait de 8″; d'où on conclut que le rayon de Neptune $= 4^r,72$ (r étant le rayon de la terre). Cette planète est 30 fois plus éloignée du soleil que la terre (à 1100 millions de lieues à peu près). La chaleur et la lumière n'y doivent être qu'environ la millième partie de ce qu'elles sont à la surface de la terre.

363. Circonstances de la découverte de Neptune. Perturbations des mouvements planétaires. Si les planètes n'étaient soumises qu'à l'attraction du soleil, leurs mouvements seraient absolument conformes aux lois de Képler; elles décriraient exactement des ellipses autour du centre du soleil, comme foyer. Mais, conformément au principe de gravitation, les planètes s'attirent mutuellement. Le mouvement de chacun de ces astres ainsi attirés non-seulement par le soleil, mais par les autres planètes, est un peu plus compliqué que nous ne l'avons dit (*). La masse du soleil étant très-grande par rapport à celle des planètes, son action est prépondérante ; de sorte que le mouvement de la planète diffère très-peu du mouvement elliptique que le soleil seul lui imprimerait. Les modifications du mouvement elliptique, causées par les actions mutuelles que les planètes exercent les unes sur les autres, sont ce qu'on appelle les *perturbations* des mouvements planétaires.

Lors donc que les astronomes veulent connaître avec précision les positions successives des planètes par rapport au soleil et à la terre, c'est-à-dire déterminer exactement le mouvement relatif de ces astres, ils sont obligés d'avoir égard à cette action mutuelle des planètes les unes sur les autres. Ils sont ainsi parvenus à rendre compte, avec une très-grande précision, des mouvements des planètes, tels qu'on les observe réellement.

Ce résultat, obtenu d'abord pour les planètes anciennement connues, ne l'a pas été pour Uranus aussitôt après sa découverte. En appliquant au mouvement de cette planète les méthodes qui avaient réussi pour les autres, afin de déterminer les perturbations que devaient lui faire éprouver Saturne et Jupiter (les seules planètes connues qui pouvaient avoir sur elle une action appréciable), on a trouvé constamment, pendant quarante ans, le calcul en désaccord croissant avec les observations. Comme on était sûr qu'aucune erreur ne s'était glissée dans ces calculs, il fallait admettre que ce désaccord était dû à une action perturbatrice inconnue. M. Bouvard songea le premier à attribuer cette action à une planète encore inconnue ; mais comment trouver cette planète? M. Leverrier y parvint en renversant le problème ordinaire, qui consiste à déterminer les perturbations du mouvement d'une planète dues à l'attraction d'une autre planète de masse et de position connues. Il se mit à calculer quelles devaient être la masse et la

(*) De même la lune n'est pas seulement attirée par la terre, elle l'est encore par les autres corps célestes faisant partie de notre système planétaire, notamment par le soleil ; l'attraction de la terre est prépondérante ; cependant l'attraction du soleil est assez forte pour altérer le mouvement elliptique de la lune ; cette attraction est la cause de la perturbation que nous avons indiquée sous le nom de *nutation de l'axe de la lune*.

position d'une planète inconnue pour que son action sur Uranus, combinée avec les autres influences déjà connues, produisît exactement les perturbations observées du mouvement de cette planète. Il parvint à résoudre ce difficile problème. Le 31 août 1846, il annonça à l'Académie des Sciences que la planète cherchée devait se trouver par 326° 32′ de longitude héliocentrique, au milieu des étoiles de la XXIe heure. Moins d'un mois après, M. Galle, directeur de l'Observatoire de Berlin, trouva la planète à la place que lui avait assignée le géomètre français; il n'y avait pas un degré de différence entre le résultat du calcul et celui de l'observation. C'est là certainement un résultat admirable, glorieux pour celui qui l'a trouvé, et qui atteste à la fois l'exactitude des méthodes astronomiques et la vérité du principe de la gravitation universelle.

364. Loi de Bode. Il existe entre les distances des principales planètes au soleil une loi assez remarquable qui permet de retenir assez aisément ces distances dans leur ordre. Voici en quoi consiste cette loi qui porte le nom de l'astronome *Bode*, qui l'a publiée en 1778.

Écrivons la suite des nombres :

0 3 6 12 24 48 96

dans laquelle chaque nombre, à partir du troisième, est double du précédent. A chacun de ces nombres ajoutons 4; nous obtiendrons une nouvelle série qui est la suite de Bode :

4 7 10 16 28 52 100.

Ces derniers nombres sont sensiblement proportionnels aux distances au soleil des planètes anciennement connues. En effet, si au lieu de représenter par 1 la distance de la terre au soleil, nous la représentons par 10, nous aurons, en multipliant conséquemment par 10 les six premières distances du tableau de la page 236, le résultat suivant :

Mercure.	Vénus.	La Terre.	Mars. ...	Jupiter.	Saturne.
3,9	7,2	10	15,2 ...	52	95,4

Ces nombres sont à peu près ceux de la suite de Bode, à l'exception du dernier, pour lequel il y a une différence plus sensible, moins négligeable. On remarquera de plus que le terme 28 de la série de Bode n'a pas de correspondant parmi les distances indiquées.

Quand Herschell, en 1781, découvrit Uranus, on continua la suite de Bode. Le 8e terme de cette suite est 200. Or la distance d'Uranus au soleil est 191,8, celle de la terre étant 10; ce nombre se rapproche encore assez de son correspondant 200 pour qu'on regarde la loi comme continuant à s'appliquer.

Plus tard, on essaya la même vérification pour Neptune; le 9e terme de la suite de Bode est 396; or la distance de Neptune au soleil est 304 quand celle de la terre est 10. La différence est ici trop grande, et on ne peut pas dire que la loi s'applique jusqu'à Neptune.

Cette loi de Bode ne se rapporte à aucun fait pratique; elle doit être considérée comme un moyen simple d'aider la mémoire à retenir les distances en question.

Quoi qu'il en soit, elle s'applique d'une manière assez satisfaisante jusqu'à Uranus, sauf une lacune qu'on remarque jusque-là dans la correspondance; au nombre 28 de la suite de Bode ne correspond aucune distance de planète au soleil. Cette lacune a été comblée par la découverte des petites planètes dont nous allons parler. Pour en finir avec la série de Bode, nous dirons que la moyenne des distances au soleil de ces petites planètes qui se placent toutes sous ce rapport entre Mars et Jupiter, est 26, ce qui n'est pas trop éloigné du terme 28 de cette série.

PETITES PLANÈTES.

365. On a découvert depuis le commencement de ce siècle un assez grand nombre de planètes, toutes situées dans la même région du ciel, entre Mars et Jupiter. On les désigne sous le nom de *petites planètes*, parce qu'elles sont beaucoup plus petites que les huit dont nous nous sommes occupé jusqu'à présent. Elles ont l'apparence des étoiles de 8e ou de 9e grandeur, et par conséquent sont invisibles à l'œil nu; aussi leur a-t-on encore donné le nom de *planètes télescopiques*.

	Découverte par :		
Cérès,	M. Piazzi,	à Palerme,	1er janv. 1801.
Pallas,	Olbers,	à Brême,	28 mars 1802.
Junon,	Harding,	à Gœttingue,	1er sept. 1804.
Vesta,	Olbers,	à Brême,	29 mars 1807.
Astrée,	Hencke,	à Driessen,	8 déc. 1845.
Hébé,	Hencke,	à Driessen,	1er juill. 1847.
Iris,	Hind,	à Londres,	13 août 1847.
Flore,	Hind,	à Londres,	18 oct. 1847.
Métis,	Grahan,	à Maskré (Irlande),	26 avril 1848.
Hygie,	de Gasparis,	à Naples,	14 avril 1849.
Parthénope,	de Gasparis,	à Naples,	11 mai 1850.
Victoria,	Hind,	à Londres,	13 sept. 1850.
Égérie,	de Gasparis,	à Naples,	29 juill. 1851.
Irène,	Hind,	à Londres,	19 mai 1851.
Eunomia,	de Gasparis,	à Naples,	29 juill. 1851.
Psyché,	de Gasparis,	à Naples,	17 mars 1852.
Thétis,	Luther,	(près Dusseldorf),	17 avril 1852.
Melpomène,	Hind,	à Londres,	24 juin 1852.
Fortuna,	Hind,	à Londres,	22 août 1852.
Massalia,	de Gasparis,	à Naples,	19 sept. 1852.
	Chacornac,	à Marseille,	20 sept. 1852.
Lutétia,	Goldsmith,	à Paris,	15 nov. 1852.
Calliope,	Hind,	à Londres,	16 nov. 1852.
Thalie,	Hind,	à Londres,	15 déc. 1852.
Phocéa,	Chacornac,	à Marseille,	6 avril 1853.
Thémis,	de Gasparis,	à Naples,	6 avril 1853.
Proserpine,	Luther,	(près Dusseldorf),	5 mai 1853.
Euterpe,	Hind,	à Londres,	8 nov. 1853.
Amphitrite,	Albert Marth,	à Londres,	4 févr. 1854.
Bellone,	Luther,	à Blick, près Dusseldorf.	
Urania,	Hind,	à Londres,	22 juill. 1854.
Euphrosine,	Ferguson,	à Washington,	1er sept. 1854.
Pomone,	Goldsmith,	à Paris,	28 oct. 1854.
Polymnie,	Chacornac,	à Paris,	28 oct. 1854.

A ces planètes il faut ajouter dans l'ordre des découvertes : *Circé*, *Leucothoé*, *Atalante*, *Fides*, découvertes en 1855 par

MM. Luther et Chacornac; *Léda*, *Lætitia*, *Harmonia*, *Daphné*, *Isis*, découvertes en 1856; *Ariane*, *Nysa*, *Eugénie*, *Hestia*, ..., *Aglaïa*, *Doris*, *Palès*, *Virginie*, *Nemausa*, découvertes en 1857; *Europa*, *Calypso*, *Alexandra*, ..., découvertes en 1858.

Comme on le voit, le plus grand nombre de ces petites planètes ont été découvertes dans ces dernières années. M. Lescarbaut, médecin à Orgères, en Normandie, en a encore découvert récemment une nouvelle très-rapprochée du soleil.

Nous n'entrerons pas dans de plus grands détails au sujet de ces planètes. Nous indiquons les éléments astronomiques d'un certain nombre d'entre elles dans un tableau placé à la fin de ce chapitre. V. pour les autres le dernier Annuaire du bureau des longitudes.

366. Système planétaire. *Concordance des mouvements des planètes.* Les planètes qui tournent autour du soleil forment avec cet astre un système complet qui doit être particulièrement distingué dans l'espace, surtout par nous dont le globe fait partie de ce système. Les planètes se meuvent toutes autour du soleil, en restant à peu près dans un même plan passant par le centre de cet astre; excepté quelques petites planètes dont les orbites font des angles assez grands avec le plan de l'écliptique (*V.* le tableau ci-après). Tous ces mouvements des planètes autour du soleil s'effectuent dans le même sens, d'Occident en Orient. Les planètes principales sont accompagnées de satellites, qui, à l'exception de ceux d'Uranus, se meuvent aussi dans des plans assez peu inclinés à l'écliptique, et dans le même sens que les planètes autour du soleil, c'est-à-dire d'Occident en Orient. Le soleil tourne sur lui-même *dans le même sens*, autour d'un axe qui est presque perpendiculaire au plan de l'écliptique. Enfin les planètes dont on a pu constater le mouvement de rotation, tournent aussi d'Occident en Orient. La lune tourne dans le même sens autour de la terre.

Voilà un concours de circonstances très-remarquable que nous nous contenterons de signaler au lecteur sans indiquer les inductions qu'on en tire; cela nous mènerait trop loin.

Nous faisons suivre tous ces détails sur les planètes et leurs satellites de tableaux renfermant les éléments du système solaire; on y trouvera réunis tous les nombres disséminés dans ce chapitre. Ces tableaux sont empruntés à l'ouvrage de M. Faye.

Planètes.

NOMS.	SIGNES.	RÉVOLUTION SIDÉRALE nombre rond d'années.	en jours moyens.	DISTANCE moyenne au soleil.	EXCENTRICITÉ, la distance moyenne étant 1.	INCLINAISON de l'orbite sur le plan de l'écliptique.
Mercure.	☿	»	87j.,969	0,38710	0,20562	7° 0′ 13″
Vénus.	♀	»	224 ,701	0,72333	0,00682	3 23 31
La Terre.	♁	1	365 ,256	1,00000	0,01678	» » »
Mars.	♂	2	686 ,980	1,52369	0,09325	1 51 6
Petites planètes. .	. . .	. . .	. . . . . .	. . . . .	. . . . .	. . . . .
Jupiter.	♃	12	4332 ,485	5,20277	0,04822	1 18 42
Saturne.	♄	29	10759 ,220	9,53885	0,05603	2 29 30
Uranus.	♅	84	30686 ,821	19,18239	0,04660	0 46 29
Neptune.	♆	165	60127	30,04	0,009	1 47
Petites planètes situées entre Mars et Jupiter.						
Flore.		3	1193	2,202	0,157	5° 53′
Melpomène. . . .		3	1270	2,296	0,216	10 11
Victoria.		4	1303	2,335	0,218	8 23
Euterpe.		4	1317	2,348	0,171	1 36
Vesta.		4	1326	2,362	0,089	7 8
Massilia.		4	1338	2,376	0,134	0 41
Iris.		4	1346	2,385	0,232	5 28
Métis.		4	1347	2,387	0,183	5 36
Phocéa.		4	1350	2,391	0,246	21 43
Hébé.		4	1380	2,425	0,202	14 47
Fortuna.		4	1397	2,446	0,156	1 33
Parthénope. . . .		4	1399	2,448	0,098	4 37
Thétis.		4	1442	2,498	0,137	5 36
Amphitrite. . . .		4	1500	2,564	0,080	6 6
Astrée.		4	1511	2,577	0,189	5 19
Irène.		4	1515	2,582	0,170	9 6
Égérie.		4	1516	2,582	0,086	16 33
Lutetia.		4	1542	2,612	0,115	3 5
Thalie.		4	1571	2,645	0,240	10 13
Eunomie.		4	1576	2,651	0,189	11 44
Proserpine.		4	1578	2,653	0,086	3 36
Junon.		4	1593	2,669	0,256	13 3
Cérès.		5	1681	2,767	0,076	10 37
Pallas.		5	1686	2,723	0,239	34 37
Bellone.		5	1724	2,814	0,175	10 5
Calliope.		5	1815	2,912	0,104	13 45
Psyché.		5	1828	2,926	0,136	3 4
Hygie.		6	2043	3,151	0,101	3 47
Thémis.		6	2047	3,160	0,123	0 50

Satellites.

NOMS.		DURÉE de la révolution.	DISTANCE, le rayon de la planète étant 1.	MASSE, celle de la planète étant 1.
Satellite de la Terre.	la Lune.	27j,32166	60,2729	0,01234
Satellites de Jupiter.	1er	1j,7691	6,0485	0,000017
	2e	3 ,5512	9,6235	0,000023
	3e	7 ,1546	15,3502	0,000088
	4e	6 ,6888	26,9983	0,000043
Satellites de Saturne.	1er	0j,943	3,35	
	2e	1 ,370	4,30	
	3e	1 ,888	5,28	
	4e	2 ,739	6,82	
	5e	4 ,517	9,52	
	6e	15 ,945	22,08	
	7e	22 ,945	27,78	
	8e	79 ,330	64,36	
Satellites (*) d'Uranus.	1er	5j,893	13,12	
	2e	8 ,707	17,02	
	3e	10 ,961	19,85	
	4e	13 ,456	22,75	
	5e	38 ,075	45,51	
	6e	107 ,694	91,01	
Satellite de Neptune	1er	5j ,880	8,9	

(*) Les satellites d'Uranus ont été découverts par Herschel; le 2e et le 4e ont seuls été réobservés par d'autres astronomes. Ils ne peuvent être vus qu'avec l'aide des plus puissants télescopes.

Éléments physiques du système solaire.

NOMS.	DURÉE de la rotation en temps moyen.	APLATISSEMENT.	DIAMÈTRE.	VOLUME.	MASSE.	DENSITÉ MOYENNE rapportée à celle de la terre.	DENSITÉ MOYENNE rapportée à celle de l'eau.	PESANTEUR à la surface.	INTENSITÉ de la lumière et de la chaleur solaire.
	j. h. m. s.		Ceux de la Terre étant pris pour unités.						
Le Soleil.	25 12 » »	insensible.	112	1415000	359600	0,26	1,4	29	»
Mercure.	24 5 »	insensible.	0,39	$\frac{1}{17}$	$\frac{1}{81}$	1,23	6,8	$\frac{1}{2}$	6,7
Vénus.	23 21 21	insensible.	0,98	1	1	0,91	5,1	1	1,9
La Terre.	23 56 4	$\frac{1}{299}$	1	1	1	1	5,5	1	1
Mars.	23 37 22	»	0,52	$\frac{1}{7}$	$\frac{1}{8}$	0,97	5,4	$\frac{1}{2}$	0,4
Vesta.	» » »	insensible.	0,004	$\frac{1}{17700}$	»	»	»	»	0,2
Pallas.	» » »	»	0,084	$\frac{1}{1660}$	»	»	»	»	0,2
Jupiter.	9 55 26	$\frac{1}{16}$	11,64	1491	342	0,23	1,3	$2\frac{1}{2}$	0,04
Saturne.	10 29 17	$\frac{1}{10}$	9,02	772	103	0,13	0,7	1	0,01
Uranus.	» » »	$\frac{1}{9}$	4,34	87	87	0,17	0,9	$\frac{2}{3}$	0,003
Neptune.	» » »	»	4,8	77	77	0,32	1,8	$1\frac{1}{3}$	0,001
La Lune.	La durée de la rotation est égale à celle de la révolution autour de la planète centrale.	insensible.	0,2724	$\frac{1}{50}$	$\frac{1}{81}$	0,62	3,4	$\frac{1}{6}$	1
Satellites de Jupiter. 1er.		»	0,31	$\frac{1}{32}$	$\frac{1}{170}$	0,20	1,1	$\frac{1}{15}$	0,04
2e.		»	0,21	$\frac{1}{47}$	$\frac{1}{128}$	0,37	2,0	$\frac{1}{10}$	0,04
3e.		»	0,45	$\frac{1}{11}$	$\frac{1}{33}$	0,23	1,3	$\frac{1}{7}$	0,04
4e.		»	0,39	$\frac{1}{17}$	$\frac{1}{70}$	0,25	1,4	$\frac{1}{10}$	0,04

DES COMÈTES.

367. Les comètes sont des astres qui, de même que les planètes, ont un mouvement propre au milieu des constellations. Ce mouvement propre des comètes s'étudie comme les autres, et si on le rapporte au soleil, on trouve qu'il est *soumis aux lois de Képler* comme celui des planètes.

368. Cependant les comètes se distinguent des planètes sous plusieurs rapports : d'abord par l'aspect qui n'est pas le même (*V.* nº 370), puis par les circonstances de leurs mouvements. Tandis que les orbites des planètes sont des ellipses presque circulaires, celles des comètes sont des ellipses excessivement allongées, dégénérant presque en paraboles (*fig.* 132), dont le soleil

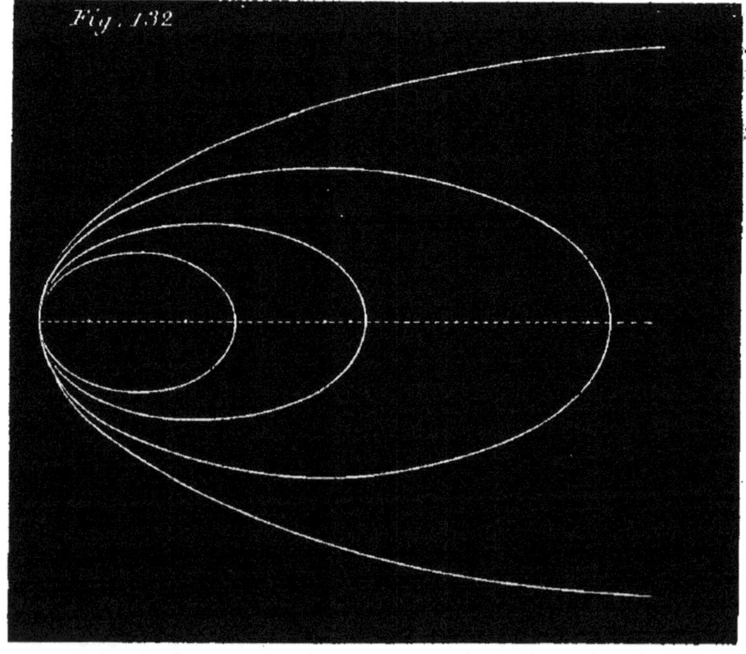
Fig. 132

occupe un foyer. Tandis que les plans des orbites planétaires sont en général peu inclinés sur le plan de l'écliptique, celles des comètes admettent toutes les inclinaisons possibles. Enfin, tandis que les mouvements de toutes les planètes sont *directs*, les mouvements de la moitié à peu près des comètes observées sont rétrogrades.

369. Vu l'extrême allongement des orbites des comètes, ces astres s'en vont à de très-grandes distances du soleil, et par conséquent de notre globe. C'est pourquoi nous les perdons de vue dans la plus grande partie de leur révolution, nous ne les voyons que lorsquelles sont le plus rapprochées du soleil. Comme à cette distance mininum leur vitesse angulaire est la plus grande (en vertu de la loi des aires), elles passent assez rapidement à portée de notre vue, et en général nous ne les voyons pas longtemps comparativement aux planètes.

370. ASPECT DES COMÈTES, NOYAU, CHEVELURE, QUEUE. Une comète, consiste habituellement en un point plus ou moins brillant, environné d'une nébulosité qui s'étend sous forme de traînée lumineuse dans une direction particulière (*fig*. 131). Le point brillant est le *noyau* de la comète; la traînée lumineuse qui accompagne ce noyau, de l'autre côté de la comète par rapport au soleil, se nomme la *queue;* la nébulosité qui environne la comète, abstraction faite de la queue, se nomme la *chevelure*. On donne aussi le nom de *tête* de la comète à l'ensemble du noyau et de la chevelure.

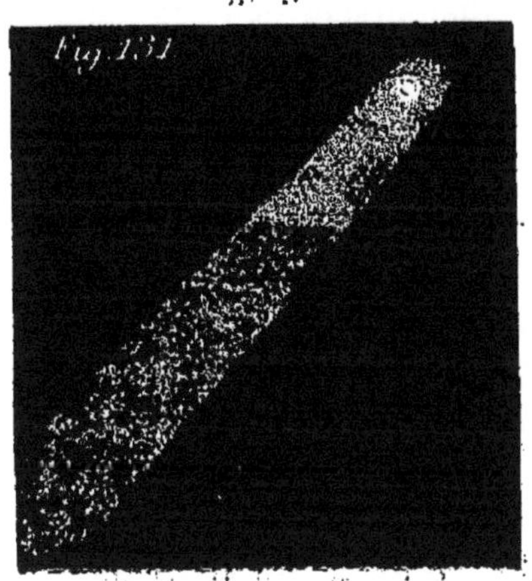
Fig. 131

Les comètes ne se présentent pas toutes sous la forme que nous venons d'indiquer; il y en a qui n'ont pas de queue, et qui alors ressemblent à des planètes; il y en a qui ont l'apparence de nébulosités, sans noyaux. Il y en a qui ont un noyau et une chevelure sans queue; enfin on en a vu qui avaient au contraire plusieurs queues disposées en éventail.

371. Les queues des comètes prennent les formes les plus variées; les unes sont droites, d'autres sont recourbées; les unes ont partout la même largeur, d'autres s'épanouissent en éventail. On a vu des comètes ayant plusieurs queues divergentes partant toutes du noyau. Ces queues atteignent parfois des longueurs immenses; la queue de la comète de 1680 couvrit une étendue du ciel d'environ 70°, et Newton a calculé qu'elle avait à peu près 17500000 myriamètres de longueur. La queue de la comète de 1779 en avait 6237000, et celle de la fameuse comète de 1811 plus de 14000000. La queue suit ordinairement le prolongement du rayon qui va du soleil à la comète; quelquefois elle dévie de cette direction.

372. Petitesse de la masse des comètes. La densité des comètes (leur masse sous l'unité de volume) est excessivement faible; leur matière est disséminée à un point dont aucune substance terrestre ne peut donner l'idée. La plus légère fumée, un brouillard sont incomparablement plus denses; car ils affaiblissent et éteignent toujours en partie les rayons de la lumière qui les traversent; quelques centaines ou quelques milliers de mètres d'épaisseur transforment la brume la plus légère en un voile opaque. Mais une comète dont le volume énorme est plutôt comparable à celui du soleil qu'à ceux des planètes, laisse passer la lumière; on voit briller les étoiles, comme à l'ordinaire, à travers des épaisseurs de matière cométaire de plusieurs milliers de lieues. La masse des comètes sous l'unité de volume est donc excessivement faible, comme nous l'avons dit tout d'abord. On voit par là combien peu les effets mécaniques du choc d'une comète contre la terre ou toute autre planète sont à craindre. La comète de 1770, qui passa auprès de Jupiter et au milieu de ses satellites, n'exerça aucun effet appréciable; mais il paraît que l'effet de ce voisinage sur la comète a été fort sensible; elle a été grandement détournée de son orbite. On aurait dû, d'après Lexell, la revoir 5 ans après, et depuis on ne l'a plus revue. Ce fait prouve bien la petitesse relative de la masse des comètes.

Néanmoins la matière des comètes existe; elle obéit aux lois de la gravitation; elle est plus dense dans la partie qu'on appelle noyau; aussi c'est le centre du noyau qu'on considère comme le point principal; c'est le point dont on étudie le mouvement.

373. Nature des orbites. Nous avons dit que les orbites des comètes peuvent être sensiblement considérées comme des paraboles dont le centre du soleil serait le foyer commun (*fig.* 132). Si une comète revient, son orbite ne doit plus être considérée comme dégénérant en parabole (n° 374).

374. Comètes périodiques. Il y a, en effet, des comètes qui reviennent en vue de la terre; ces comètes, qui ont été ainsi vues plusieurs fois, se nomment *périodiques;* car leurs retours ont lieu à des intervalles égaux qu'on peut déterminer par le calcul et vérifier par une observation subséquente, quand une fois on a soupçonné la périodicité.

Nous disons soupçonné; car on ne reconnaît pas qu'une comète est de celles qui ont déjà été vues à sa forme et à son apparence; celles-ci sont trop vagues pour qu'on puisse se décider d'après elles (*). A chaque comète nouvelle les astronomes s'empressent de calculer les éléments de l'orbite, et de les comparer à ceux des comètes antérieures. S'il se trouve qu'une de celles-ci a suivi le même chemin, les deux comètes ne font très-probablement qu'un seul et même astre. En effet, eu égard à l'immensité des espaces dans lesquels se meuvent les comètes autour du soleil, il est peu probable que deux comètes suivent exactement le même chemin. D'ailleurs avec tous les éléments que l'on possède, y compris l'intervalle des deux apparitions que l'on compare, on peut prédire une nouvelle apparition pour une époque précise, et si cette prédiction se vérifie, on classe la comète au nombre des comètes périodiques. Les orbites des comètes périodiques doivent être des ellipses.

375. Comète de Halley. Halley, astronome anglais du XVIIe siècle, calcula d'après les méthodes de Newton les orbites d'un grand nombre de comètes dont on avait conservé les observations. Il fut frappé des analogies qui existaient entre des comètes observées en 1531, 1607 et 1682. L'intervalle de ces observations successives étant 75 ou 76 ans, il se hasarda à prédire une nouvelle apparition pour la fin de 1758 ou le commencement de l'année 1759; l'événement vérifia sa prédiction. Cette comète, dite de Halley, devait reparaître vers 1834 ou 1835; on l'a revue en effet en 1835; c'est donc décidément une comète périodique.

(*) L'aspect d'une comète est tout à fait variable; à quelques jours d'intervalle seulement, une comète est toute différente de ce qu'elle était d'abord; il est donc absolument impossible de tirer la moindre induction plausible de ce que deux comètes observées à des époques différentes ont ou n'ont pas le même aspect.

376. Comète d'Enke. C'est une comète périodique qui revient tous les 3 ans 1/2 environ, tous les 1200 jours : aussi l'appelle-t-on la comète des 1200 jours. Elle fut découverte par M. Pons, à Marseille, en 1818. M. Enke fut celui qui en calcula tous les éléments et en constata la périodicité.

377. Comète de Biéla. La troisième planète périodique fut découverte le 27 février 1826, à Johannisberg, par M. Biéla, capitaine autrichien. La durée de sa révolution est de 6 ans 3/4; elle a été observée en 1846 et en 1852.

Son dédoublement. La comète de Biéla, qui n'a pas de noyau, a présenté un singulier phénomène à son apparition en 1846 : elle s'est dédoublée. C'est-à-dire qu'on a vu deux comètes semblables, très-voisines l'une de l'autre, sans communication apparente, et décrivant sensiblement l'orbite assignée à la planète primitive. Le dédoublement a persisté à l'apparition de 1852; on en ignore la cause.

L'orbite de la comète de Biéla coupe le plan de l'écliptique à peu près à la distance qui nous sépare du soleil. Si la terre s'était trouvée en 1832 au point de rencontre des deux orbites, en même temps que la comète, il y aurait eu collision; mais la terre était alors assez éloignée de ce point. Depuis cette époque les perturbations du mouvement de la comète ont fait disparaître toutes chances de rencontre.

A ce sujet nous remarquerons que la masse des comètes est tellement faible, qu'une pareille collision n'est pas à craindre. Si la terre rencontrait une comète, elle la traverserait probablement sans s'en apercevoir, du moins quant aux effets mécaniques (n° 372).

378. Comète de Faye. La quatrième comète périodique a été observée par M. Faye, à Paris, le 22 novembre 1843. La durée de sa révolution est à peu près 7 ans 1/2.

Dans ces derniers temps on a trouvé plusieurs autres comètes pour lesquelles les mêmes circonstances (la forme des orbites) font soupçonner la périodicité. Mais ces comètes ne devront être classées définitivement parmi les comètes périodiques que lorsqu'on les aura vues revenir au moins une fois à leur périhélie après avoir fait une révolution complète autour du soleil.

PHÉNOMÈNE DES MARÉES.

379. Description du phénomène. *Flux et reflux; haute et basse mer.* Abstraction faite des ondulations accidentelles plus ou moins fortes que l'action des vents produit à sa surface, la mer n'est jamais complétement immobile; animée d'un mouvement continu et périodique, elle s'élève et s'abaisse alternativement; la durée d'une de ces oscillations est de 12 heures $^1/_2$ environ. Pendant la première moitié de cette oscillation, la mer monte continuellement à partir d'une certaine hauteur minimum; en montant elle s'avance vers ses rivages qu'elle tend à envahir, refoulant l'eau des fleuves à leurs embouchures; c'est le *flux* ou le *flot*. Parvenue à une certaine hauteur maximum, la mer cesse de monter; on dit alors qu'elle est *haute* ou *pleine*. A partir de là, elle se met à descendre durant 6 heures $^1/_4$; en descendant, elle se retire des rivages jusqu'à une assez grande distance; c'est le *reflux*. Arrivée ainsi à un certain niveau minimum, la mer cesse de descendre; on dit alors qu'elle est *basse*. Puis elle recommence à monter.

Période des marées. Nous avons indiqué approximativement la période des marées; pour être plus exact, nous dirons: la période des marées, c'est-à-dire l'intervalle de deux hautes mers consécutives est de $12^h\ 25^m\ 14^s$. Le moment de la basse mer divise cette durée en deux parties inégales; à Brest, par exemple, la mer met 16 minutes de plus à monter qu'à descendre; au Havre, la différence est de $2^h\ 8^m$. La double période des marées, comprenant deux hautes mers et deux basses mers, est précisément égale au temps qui sépare deux retours consécutifs de la lune au méridien supérieur.

380. Variations de la hauteur des marées. L'amplitude de ces oscillations de la mer varie avec les époques pour le même lieu, et sa valeur moyenne change quand on passe d'un lieu à un autre. La hauteur de la pleine mer varie chaque jour en un lieu donné; elle est la plus grande à l'époque des syzygies, et la plus petite à l'époque des quadratures. Mais la plus grande hauteur n'a pas lieu précisément au moment d'une syzygie; elle n'a lieu qu'environ 36 heures après; c'est aussi 36 heures après une quadrature que se produit la marée la plus basse.

Plus la mer s'élève lorsqu'elle est pleine, plus elle descend dans la basse mer qui suit. On nomme *marée totale* la demi-somme de deux pleines mers consécutives au-dessus de la basse mer intermédiaire. La marée totale atteint en moyenne, à Brest, $6^{mèt.},2490$ dans les syzygies, et $3^{m},0990$ seulement dans les quadratures.

La grandeur de la marée totale varie avec la distance de la lune à la terre; elle augmente quand la lune se rapproche, diminue quand la lune s'éloigne. La variation de la distance de la lune à la terre au-dessus et au-dessous de sa valeur moyenne est, comme on l'a vu, d'environ $\frac{1}{15}$ de cette valeur moyenne; la variation correspondante de la marée totale, dans les syzygies, est d'environ $\frac{3}{26}$ de sa valeur moyenne. En valeur absolue, cette variation est à Brest d'environ $0^{m},883$; de sorte que l'effet du changement de distance de la lune sur les marées totales est dans ce port de $1^{m},766$.

La variation de la distance du soleil à la terre exerce aussi une certaine influence sur la hauteur des marées; mais elle est bien moins sensible. Toutes choses égales d'ailleurs, il résulte de cette variation que les marées des syzygies sont plus grandes, et celles des quadratures plus petites en hiver qu'en été. (On sait qu'en hiver le soleil est plus près de nous qu'en été).

Les déclinaisons du soleil et de la lune ont aussi de l'influence sur les marées. Les marées des syzygies sont d'autant plus fortes, et celles des quadratures d'autant plus faibles, que la lune et le soleil sont plus voisins de l'équateur. A Brest, la hauteur de la marée totale, aux équinoxes, est plus forte qu'aux solstices, de $0^{m},75$ environ; la marée totale des quadratures est plus petite de la même quantité dans les mêmes circonstances.

381. Établissement du port. Aux équinoxes, quand la lune, nouvelle ou pleine, se trouve à sa moyenne distance de la terre, la pleine mer n'arrive pas précisément au moment du passage de l'astre au méridien; elle suit le moment du midi vrai ou de minuit d'un intervalle de temps qui varie d'un port à un autre, mais qui est constant pour le même port. Le retard de la pleine mer des syzygies sur le midi vrai ou le minuit, à l'époque des équinoxes, en un lieu donné, est ce qu'on nomme l'*établissement du port*. L'établissement du port sert à déterminer les heures des marées relativement aux phases de la lune.

Nous indiquons dans le tableau suivant la valeur de l'*établisse-*

ment pour un certain nombre de ports de l'Océan et de la Manche. Nous y joignons l'indication de la hauteur moyenne des marées des syzygies pour chaque port, afin qu'on voie comment cette hauteur varie avec la disposition des lieux et la configuration des côtes.

NOMS DES PORTS.	ÉTABLISSEMENT du port.	HAUTEUR moyenne de la marée aux syzygies.
Bayonne (embouchure de l'Adour).	$3^h 30^m$	$2^m,80$
Royan (embouchure de la Gironde).	4 1	4 ,70
Saint-Nazaire (embouchure de la Loire). .	3 45	5 ,36
Lorient.	3 30	4 ,48
Brest.	3 45	6 ,25
Saint-Malo.	6 0	11 ,36
Granville.	6 30	12 ,10
Cherbourg.	7 45	1 ,64
Le Havre (embouchure de la Seine). . . .	9 15	1 ,14
Dieppe.	10 30	1 ,80
Boulogne.	10 40	7 ,92
Calais.	11 45	6, 24
Dunkerque.	11 45	5 ,36

382. Retard journalier des marées. Nous avons dit que la double période du phénomène des marées, correspondant à une révolution diurne de la lune, est de $24^h 50^m 28^s$ (temps solaire moyen). Il résulte de là que l'heure de la pleine mer doit retarder chaque jour de $50^m 28^s$. Ce n'est là qu'une moyenne; ce *retard journalier* de la pleine mer varie avec les phases de la lune; il est de 39^m seulement aux syzygies, et de 75^m vers les quadratures.

Influence de l'étendue de la mer. Les marées ne sont sensibles et considérables que dans les vastes mers, comme les deux océans et les golfes qu'ils forment. Mais dans les petites mers, intérieures ou à peu près intérieures, comme la mer Noire et la mer Caspienne, il n'y a pas de marées. Dans la Méditerranée elle-même, les marées sont fort peu sensibles.

383. Causes des marées. Ce sont les actions combinées de la lune et du soleil sur les eaux de la mer qui produisent le phénomène des marées. L'action de la lune est *prépondérante;* c'est ce qui fait qu'il y a une liaison intime entre les circonstances du phénomène des marées et celles du mouvement de la lune autour de la terre. Nous allons entrer dans quelques développements sur ces causes des marées.

384. Causes du phénomène des marées. Pour nous rendre compte de ces causes, nous pouvons sans inconvénient considérer la terre comme un noyau solide sphérique entièrement recouvert par les eaux de la mer. Celles-ci obéissant à la seule attraction du noyau solide, c'est-à-dire à la pesanteur terrestre, doivent se disposer autour de ce noyau de manière que leur surface soit exactement sphérique.

Tenons compte maintenant de l'attraction de la lune. Soient T et L les centres de la terre et de la lune. La figure représente une section du noyau solide et de son enveloppe liquide par un plan mené par la droite TL. En vertu du principe de la gravitation universelle (n° 323), la lune attire toutes les molécules du noyau solide comme si la masse était ramassée au centre, c'est-à-dire avec une intensité $\frac{fm}{d^2}$ (f est l'attraction de l'unité de masse à l'unité de distance, m la masse de la molécule, et la distance TL). La molécule solide a se meut comme si elle était attirée par cette force $\frac{fm}{d^2}$. La molécule liquide A, qui est *libre*, est attirée par une force $\frac{fm}{(d-r)^2}$, qui

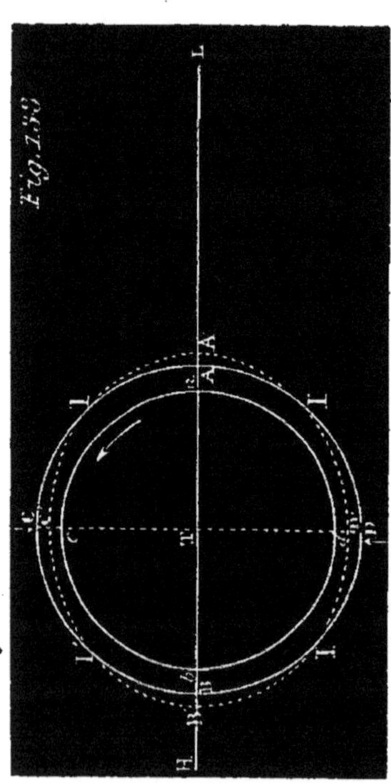

correspond à sa distance LA $= d - r$ du centre de la lune. Cette force $\frac{fm}{(d-r)^2}$ plus grande que $\frac{fm}{d^2}$ peut être considérée comme la somme de deux forces $\frac{fm}{d^2}$, $\frac{fm}{(d-r)^2} - \frac{fm}{d^2}$ agissant toutes deux dans le sens AL. La force $\frac{fm}{d^2}$ agissant à la fois sur la molécule solide a et sur la molécule liquide A les fait se mouvoir avec la même vitesse, et s'il n'y avait que cette force, les molécules a et A se mouvant avec la même vitesse conserveraient leurs positions relatives. L'eau A ne s'écarterait pas du fond a. Mais il faut tenir compte de l'autre force $\frac{fm}{(d-r)^2} - \frac{fm}{d^2}$ qui, n'agissant que sur A, tend à l'écarter du noyau solide dans le sens AL. Mais cette molécule A est en même temps sollicitée dans le sens contraire AT par la pesanteur qui est plus grande que la force $\frac{fm}{(d-r)^2} - \frac{fm}{d^2}$. Celle-ci a donc pour effet de diminuer la pesanteur de sa propre valeur.

Si nous considérons de même toutes les molécules liquides de l'arc AC et de l'arc AC', nous arriverons pour chacun à la même conclusion. L'effet de l'attraction lunaire se réduit à une diminution de l'effet de la pesanteur terrestre sur la molécule. Mais cette diminution de la pesanteur est de plus en plus petite à mesure qu'on s'avance de A vers C ou de A vers C'; car ces molécules sont de plus en plus éloignées de la lune, dont l'action est moindre, et l'attraction de la lune au lieu d'être directement opposée à la pesanteur, fait avec la direction de celle-ci des angles de plus en plus grands. En résumé, l'effet de l'attraction lunaire sur les molécules du demi-cercle liquide est de diminuer inégalement les effets de la pesanteur. Celle-ci agit sur ces molécules avec une intensité qui va en diminuant de A vers C et de A vers C'.

La même chose se passe sur la demi-circonférence CBC'. La molécule b du noyau solide tend à se mouvoir vers la lune comme si elle était sollicitée par une force égale à $\frac{fm}{d^2}$. La molécule liquide B est sollicitée dans le même sens par une attraction égale à $\frac{fm}{(d+r)^2}$ plus petite que $\frac{fm}{d^2}$. Mais cette attraction peut être considérée comme la différence de deux forces, l'une égale à $\frac{fm}{d^2}$ agissant dans le sens BL, l'autre égale à $\frac{fm}{d^2} - \frac{fm}{(d+r)^2}$ qui agit en sens contraire. La force $\frac{fm}{d^2}$ qui agit à la fois sur les molécules b et B dans ce même sens leur imprime des vitesses égales et ne peut changer la distance qui les sépare. Cette distance ne peut donc être altérée que par la seconde force $\frac{fm}{d^2} - \frac{fm}{(d+r)^2}$, qui agit dans le sens de TB prolongée, c'est-à-dire en sens contraire de la pesanteur. Cette force tend donc à diminuer l'action de la pesanteur sur la molécule liquide B. Si on considère de même successivement les molécules du quadrant BC et celles du quadrant BC', on arrive à la même conclusion. L'attraction de la lune sur ces molécules a pour effet de diminuer l'effet de la pesanteur; mais elle diminue la pesanteur de quantités de plus en plus petites à mesure que l'on s'avance de B vers C ou de B vers C', par les raisons indiquées à propos des quadrants liquides AC et AC'.

En définitive l'anneau liquide ACBC' est composé de molécules sollicitées par la pesanteur (force centrale) diminuée par des forces contraires (forces centrifuges), qui vont en diminuant de A vers C et vers C', de B vers C et vers C'. Cet anneau liquide peut être comparé à un anneau d'acier qu'on fait tourner autour d'un axe pour démontrer par expérience les effets de la force centrifuge. Les molécules de cet anneau sont aussi sollicitées par des forces centrifuges inégales qui diminuent de l'équateur vers chaque pôle (extrémité de l'axe). Les deux anneaux sont exactement dans les mêmes conditions. Or l'anneau d'acier s'allonge vers les points où la force centrifuge est la plus grande, et s'aplatit vers les points où cette force est nulle. L'anneau liquide doit donc s'allonger vers A et vers B et s'aplatir vers C et vers C'. Mais en A et en B l'anneau s'allonge, l'eau s'éloigne du noyau solide, c'est-à-dire du fond; elle monte, il y a *marée haute*. En C et en C' où l'anneau s'aplatit, la surface de l'eau se rapproche du noyau solide, c'est-à-dire du fond, la mer baisse; elle descend, il y a *basse mer*.

Si la lune restait en place, l'effet serait permanent; la mer serait toujours haute en A et en B, basse en C et C', moyenne au point intermédiaire. Mais la lune fait le tour de la terre en C et en C' dans $24^h\ ^1/_2$. De là les variations de niveau. La marée se déplace progressivement; le flot suit la marche de la lune.

385. Valeur de la force qui soulève la mer. Nous avons vu que la force qui fait monter la mer en A est $\frac{fm}{(d-r)^2} - \frac{fm}{d^2}$.

Or $$\frac{fm}{(d-r)^2} - \frac{fm}{d^2} = \frac{fm[d^2-(d-r)^2]}{d^2(d-r)^2} = \frac{fm(2dr-r^2)}{d^2(d-r)^2}.$$

on sait qu'en moyenne $d=60r$ ou $r=\frac{1}{60}d$; on peut donc, sans trop grande erreur, négliger r^2 vis-à-vis de $2dr$ au numérateur, et r vis-à-vis de d au dénominateur (d'autant plus que les effets de cette modification se compensent en partie); en agissant ainsi on trouve, par approximation, que la force en question a pour expression $\frac{2fmdr}{d^4} = \frac{2fmr}{d^3}$.

De même en B, nous avons la force

$$\frac{fm}{d^2} - \frac{fm}{(d+r)^2} = \frac{fm[(d+r)^2-d^2]}{d^2(d+r)^2} = \frac{fm(2dr+r^2)}{d^2(d+r)^2}.$$

qui, d'après les mêmes considérations, peut être exprimée très-approximativement par le même nombre

$$\frac{2fmr}{d^3}.$$

La force qui soulève la mer en A *et en* B *est proportionnelle à la masse* m *de la lune, et varie en raison inverse du cube de la distance de cet astre à la terre.*

386. Effets de la rotation de la terre sur elle-même et du mouvement de translation de la lune autour de la terre.

Nous avons supposé la terre et la lune immobiles dans une de leurs positions relatives. Si cette hypothèse était vraie, la surface des eaux prendrait d'une manière permanente la forme elliptique que nous venons d'indiquer, et se maintiendrait en équilibre dans cette position. Mais, comme on le sait, la terre tourne sur elle-même en 24 heures dans le sens de la flèche (latérale), et la lune tourne dans le même sens autour de la terre en 27 jours 1/2. De là un certain mouvement *résultant* de la lune par rapport à la terre; tout se passe exactement comme si la lune partant de la position L (*fig.* 133) tournait d'occident en orient (dans le sens de la flèche) autour du centre T de la terre, faisant une révolution en $24^h\ 50^m\ 28^s$. Nous pouvons, pour plus de simplicité, supposer que la déclinaison de la lune étant nulle, celle-ci tourne autour de la terre, sur le plan de l'équateur, qui serait par exemple le plan de la figure 133. En considérant cet astre dans chacune de ces positions successives, on voit que le grand axe de l'ellipse liquide doit toujours être dirigé suivant LT; ce grand axe et par suite l'ellipse elle-même tourneront donc avec la lune. Par suite, quand cet astre, au bout de $6^h\ 12^m\ 37^s$, ayant tourné de 90°, se trouvera au méridien de C sur la direction TG prolongée, ce sera en C et en D que l'ellipse sera allongée, tandis qu'elle sera aplatie en A et en B. Il y aura marée haute en C et en D, et marée basse en A et en B. Comme tout cela est arrivé progressivement, la mer a monté pendant ces $6^h\ 12^m\ 37^s$ en C et en D, tandis qu'elle descendait en A et en B.

De plus, dans cet intervalle, la pleine mer a eu lieu successivement pour tous les lieux situés entre A et C, ou entre B et D, quand la lune a passé au méridien supérieur des uns et au méridien inférieur des autres. Après un nouvel intervalle de $6^h\ 12^m\ 37^s$, la lune arrive au méridien supérieur de B qui est le méridien inférieur de A; il y a de nouveau haute mer en B et en A, et basse mer en C et en D: la mer a monté aux premiers lieux et baissé dans les derniers; la pleine mer a eu lieu dans l'intervalle successivement pour les lieux situés entre C et B et entre D et A. Dans les $6^h\ 12^m\ 37^s$ suivantes, la lune se rend du méridien de B au méridien de D; on voit ce qui arrive; puis de même quand la lune va du méridien de D au méridien de A. Ceci explique comment l'intervalle de deux hautes mers consécutives, en chaque lieu de la terre, est précisément de $12^h 25^m 14^s$; en même temps se trouve expliquée l'ascension progressive des eaux de la mer, de la basse mer à la haute mer.

387. Action du soleil sur les eaux de la mer. Nous avons supposé que la lune agissait seule de l'extérieur sur les eaux de la mer; mais évidemment le soleil, qui se trouve vis-à-vis de la terre dans des conditions analogues à celles que nous venons de considérer quant à la lune, doit attirer les eaux de la mer et produire sur leur masse un effet tout à fait analogue à celui que produit la lune. Nos explications des nos 384 et 385 s'appliquent de point en point au soleil; il suffit de remplacer la masse m de la lune et la distance $d = \mathrm{TL}$ par la masse M du soleil et la distance $\mathrm{D} = \mathrm{ST}$ de ce dernier astre à la terre. Le soleil, se trouvant au méridien d'un lieu A, tendra à y soulever la mer avec une force que l'on peut évaluer très-approximativement à $\frac{2fmr}{\mathrm{D}^3}$. En considérant spécialement le soleil vis-à-vis de la terre, nous trouvons donc qu'il doit y avoir une marée solaire de même qu'il y a une marée lunaire. Il faut de même avoir égard au changement des positions du soleil par rapport à la terre.

388. Si on compare la force avec laquelle la lune, se trouvant au méridien d'un lieu, y soulève les eaux, à la force analogue pour le soleil, on trouve le rapport :

$$\frac{2fmr}{d^3} : \frac{2f\mathrm{M}r}{\mathrm{D}^3} = \frac{m}{d^3} : \frac{\mathrm{M}}{\mathrm{D}^3} = \frac{m}{\mathrm{M}} \times \frac{\mathrm{D}^3}{d^3}.$$

Or la masse de la terre étant prise pour unité, on a vu que la masse $\mathrm{M} = 355000$ (n° 201) et $m = \frac{1}{81}$ (n° 265); d'ailleurs $\mathrm{D} = 400\ d$, d'où $\frac{\mathrm{D}}{d} = 400$. Donc le rapport ci-dessus des forces que nous comparons est approximativement égal à

$$\frac{1}{355000 \times 81} \times 400^3;\ \text{environ } 2{,}05.$$

Ainsi la marée lunaire est environ le double de la marée solaire.

389. Actions combinées des deux astres; effets résultants. — On explique en mécanique comment le mouvement total d'un système soumis à deux forces est la résultante des mouvements partiels que ces forces considérées l'une après l'autre lui impriment respectivement; donc les deux flux partiels, produits par la lune et le soleil, se combinent sans se troubler, et c'est de cette combinaison que résulte le flux réel qu'on observe dans les ports.

Mais comme les périodes des deux phénomènes ne sont pas les mêmes, l'instant de la marée solaire n'est pas toujours le même que celui de la marée lunaire. Si, à une certaine époque, les deux astres passant ensemble au méridien, les deux marées coïncident, la marée lunaire suivante retardera sur la marée solaire de l'excès du demi-jour lunaire sur le demi-jour solaire, c'est-à-dire de $25^m 14^s$. Les retards iront en s'accumulant, au bout de $7^j\ 1/4$ environ, ils seront de $6^h\ 1/4$ à peu près, et la pleine mer lunaire coïncidera avec la basse mer solaire, et *vice versâ*; ce sont ces différences qui produisent les variations des hauteurs de marées, suivant les phases de la lune. Ainsi, quand à la conjonction le soleil et la lune passent ensemble au méridien du lieu A (*fig.* 133), leurs actions s'ajoutent puisqu'elles ont lieu dans le même sens; c'est ce qui produit les grandes marées des syzygies (*).

Lorsque, au contraire, à une quadrature, les deux astres passent au méridien du lieu A, à 6 heures de distance, l'un d'eux y passant tend à y déterminer une élévation de la mer, tandis que l'autre qui est, en ce moment, à 90° de distance en avant ou en arrière, tend à produire une dépression au même lieu; les deux actions se contrarient le plus possible l'une l'autre; la résultante est la marée des quadratures, qui est par conséquent la plus faible de toutes.

Entre une quadrature et une syzygie, la hauteur de la marée doit varier progressivement du minimum qui correspond à la première au minimum qui correspond à l'autre; le contraire a lieu d'une syzygie à une quadrature.

Comme d'ailleurs c'est l'attraction lunaire qui est la plus grande (nº 388), c'est elle qui règle principalement la marée résultante, la

(*) On peut encore, si on veut, supposer que les déclinaisons du soleil et de la lune étant nulles en même temps, ces astres tournent tous deux autour de la terre sur le plan de l'équateur céleste.

marée effective. C'est ce qui fait que dans un temps donné on observe autant de marées qu'il y a de passages de la lune, tant au méridien supérieur du lieu qu'à son méridien inférieur.

390. Retard des marées Si, comme nous l'avons supposé, la mer recouvrait partout la terre à une égale profondeur, si elle n'éprouvait aucun obstacle dans ses mouvements, chaque marée partielle aurait lieu au moment où l'astre qui la produit a sa plus grande action, c'est-à-dire quand il passe au méridien du lieu considéré; la marée résultante (la marée effective) aurait lieu précisément au moment indiqué par la théorie de la combinaison des deux actions. Par exemple, aux syzygies, la haute mer aurait lieu au moment même où le soleil et la lune parviennent ensemble au méridien. Mais comme la mer n'enveloppe pas la terre de toutes parts, que sa profondeur est loin d'être partout la même, qu'elle est gênée dans ses mouvements, les choses ne se passent pas ainsi. L'action de la lune ou du soleil s'exerce principalement avec une action prépondérante au milieu de l'Océan, là où les eaux sont à peu près dans les conditions que nous avons supposées dans notre explication. Le mouvement que cette action détermine, les ondes qui se produisent en conséquence à la surface des eaux, se propagent de proche en proche, et le mouvement finit par se faire sentir sur les côtes; mais il faut pour cela un temps assez long; l'expérience et la théorie montrent qu'il ne faut pas moins de 36 heures. Ainsi, par exemple, la haute mer d'une syzygie n'a lieu sur les côtes qu'environ un jour et demi après le moment où les actions associées des deux astres ont commencé à imprimer aux eaux de l'Océan le mouvement ondulatoire qui se manifeste à nous par cette marée, c'est-à-dire *un jour et demi* après le moment même de la conjonction. La même chose a lieu pour toutes les marées.

391. Établissement du port. Ce que nous venons de dire s'applique à toute l'étendue des côtes de l'Océan. S'il n'y avait pas d'autre cause de retard, l'heure de la marée serait la même pour tous les ports de France situés sur cette mer. Mais il y a encore le retard connu sous le nom d'établissement du port, dont nous avons parlé n° 381. Ce retard, constant pour chaque port, mais différent en général d'un port à l'autre, dépend de la configuration des côtes et de la situation du port relativement aux côtes de l'Océan sur lesquelles le flot arrive d'abord.

Lorsque la mer devient haute à l'ouest de la France, dans les environs de Brest, le flot de la pleine mer s'avance peu à peu dans la Manche; cette petite mer se trouvant brusquement resserrée par la presqu'île de Cotentin, le flot monte contre la barrière qui s'oppose à sa marche, et il en résulte des marées extrêmement grandes sur les côtes de la baie de Cancale, et notamment à Granville. De là le flot continue à s'avancer, et la pleine mer a lieu successivement à Cherbourg, au Havre, à Dieppe, à Calais, etc.

L'établissement du port est d'autant plus grand pour l'un de ces ports que celui-ci est plus éloigné du point de départ du flot dont nous décrivons la marche progressive. Cette progression est sensible sur le tableau de la page 284.

Ce que nous venons de dire de la Manche, considéré comme un golfe où les eaux de l'Océan pénètrent assez largement, s'applique aux ports qui sont au fond d'une baie ou d'une rade, ou bien à une certaine distance de l'embouchure d'une rivière, dont le lit est plus ou moins resserré. Le flot, arrivé à l'entrée de la baie ou à l'embouchure de la rivière, met un certain temps à arriver successivement à une distance plus ou moins grande. De là, par exemple, la différence des heures de la haute mer à Saint-Nazaire, Paimbœuf et Nantes, sur la Loire; à Royan et Bordeaux, sur la Gironde.

392. Pour terminer, nous observerons que les différences entre les hauteurs moyennes de la marée dans les différents ports sont dues à la configuration des côtes, aux obstacles qu'éprouvent les ondes pour se développer librement. (V., par exemple, ce qui arrive pour les marées de la baie de Cancale.)

393. Nous avons encore dit qu'il n'y a pas de marée dans la mer Noire ni dans la mer Caspienne; que celles qui ont lieu dans la Méditerranée sont à peine sensibles. Cela tient à ce que ces mers sont pour ainsi dire isolées et trop petites. Nous avons vu que le phénomène des marées est un effet de la différence des attractions exercées par la lune et le soleil sur les diverses parties de la surface des eaux; cette différence des attractions résulte elle-même de la différence des distances à la lune des points de la surface liquide. Pour que l'effet en question, c'est-à-dire la marée, soit sensible sur une mer isolée, il faut évidemment que la différence des distances relatives aux divers points de cette mer soit assez considérable, c'est-à-dire que cette mer soit grande.

Note.

Détermination DE LA PARALLAXE DU SOLEIL *par l'observation d'un passage de Vénus sur cet astre.*

304. Les passages de Vénus sur le soleil offrent le moyen le plus exact que nous connaissions de mesurer la parallaxe du soleil, par suite la distance de cet astre à la terre (n° 200), et enfin les dimensions de notre système planétaire. Les passages de 1761 et de 1769, surtout le dernier, ont été observés avec soin par des astronomes de diverses nations. Ce sont ces observations qui ont fourni la valeur moyenne, 8",57, que nous avons indiquée, n° 199, pour la parallaxe horizontale du soleil. Nous allons donner un aperçu de la marche qui a été suivie, et dont la première idée est due à Halley.

Au moment d'un passage, Vénus se trouve deux fois et demie plus rapprochée de la terre que du soleil,

$$VS = 2\,1/2\ VT, \qquad \text{ou} \qquad \frac{VS}{VT} = 2\,1/2. \qquad (\textit{fig. } 128)$$

Il en résulte, comme le montre la figure, que deux observateurs, placés en deux endroits de la terre, A et B, suffisamment éloignés l'un de l'autre, voient

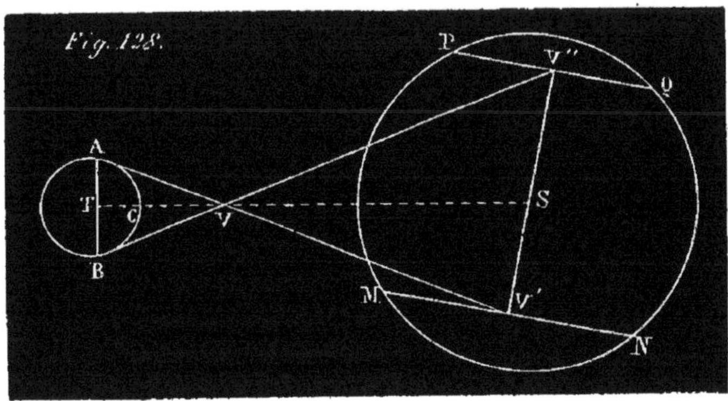

Vénus, V, décrire deux cordes, sensiblement différentes du disque solaire (MN, PQ); à un même instant, par exemple, ces observateurs voient respectivement la planète se projeter en deux points différents, V', V". Supposons, pour fixer les idées, que les lieux d'observation, A et B, soient situés aux extrémités d'un diamètre de la terre, et faisons abstraction du mouvement de rotation de celle-ci. Chaque observateur peut mesurer la corde qu'il voit décrire à l'ombre de la planète sur le disque solaire (le mouvement angulaire de la planète étant parfaitement connu, le temps du passage fait connaître l'espace parcouru sur le disque). Les deux cordes étant connues, on trouve aisément leur distance V'V''. Connaissant cette distance V'V'', on détermine l'angle sous lequel elle serait vue de la terre (*). On a trouvé 43'' à peu près pour la valeur de cet angle. (La distance V'V'', est très-exagérée dans notre figure; en réalité elle est vue de la terre sous un angle de 43'' environ, tandis que le diamètre du disque est vu sous un angle de 32'.)

Cela posé, observons que les triangles semblables VV'V'', AVB donnent :

$$\frac{V'V''}{AB} \quad \text{ou} \quad \frac{V'V''}{2r} = \frac{VV'}{AV} = \frac{VS}{VT}.$$

Or, nous savons que $$\frac{VS}{VT} = 2\,1/2 = \frac{5}{2},$$

donc $$\frac{V'V''}{2r} = \frac{5}{2} \quad \text{ou} \quad \frac{V'V''}{r} = 5.$$

On conclut de là que l'angle de 43'' sous lequel la droite V'V'' est vue d'une distance égale à celle qui sépare la terre du soleil est égal à 5 fois l'angle sous lequel le rayon r de la terre serait vu de la même distance. Mais ce dernier angle n'est autre chose que la parallaxe du soleil; donc la parallaxe du soleil est égale au 5ᵉ de la valeur connue 43''; $P = \frac{43''}{5}$, à peu près.

(*) On sait le temps qu'il faut à Vénus, à l'époque de la conjonction inférieure, pour faire vis-à-vis de la terre un chemin angulaire égal au demi-diamètre apparent du soleil. En comparant à ce temps la durée du passage de Vénus pour chaque observateur, on a le rapport qui existe entre la corde qu'il voit décrire à l'ombre et le diamètre du disque solaire. Imaginons qu'on construise un cercle représentant ce disque; on pourra y représenter proportionnellement les deux cordes MN, PQ, à l'aide de leurs rapports au diamètre. La distance de ces deux cordes sur la figure étant comparée au diamètre du cercle, on aurait le rapport de la distance angulaire des points V', V'', vus de la terre, au diamètre apparent du soleil; d'où on déduit cette distance angulaire (43''). Comme cette distance vaut précisément 5 fois la parallaxe du soleil (V. le texte), on connaîtrait cette parallaxe. En faisant des calculs correspondant à ces constructions, les astronomes sont arrivés à un résultat plus précis.

APPENDICE.

EXPLICATION DES ALTERNATIVES DE JOUR ET DE NUIT, DES INÉGALITÉS DES JOURS ET DES NUITS, ETC., DANS L'HYPOTHÈSE DU MOUVEMENT RÉEL DE LA TERRE.

395. La réalité du double mouvement de la terre devient encore plus évidente quand on explique dans cette hypothèse tous les faits, tous les phénomènes dont nous nous sommes occupé dans ce chapitre; les autres raisons que nous avons de croire à ce mouvement ont alors toute leur valeur (n° 223). Nous ne pouvons entreprendre ici cette explication détaillée; cela nous mènerait trop loin; nous expliquerons seulement les phénomènes qui nous ont principalement occupé.

Nous avons établi que le mouvement diurne du soleil et son mouvement apparent de translation sur une orbite elliptique, peuvent fort bien n'être que des apparences dues à la rotation de la terre et à son mouvement annuel de translation. Nous allons montrer que les alternatives du jour et de la nuit, leurs durées variables et inégales, aussi bien que les variations de la température, s'expliquent parfaitement dans l'hypothèse d'un mouvement réel de la terre tel que nous venons de l'indiquer.

396. 1° ALTERNATIVES DE JOUR ET DE NUIT. *La rotation diurne de la terre autour d'un axe central* PP', *en face du soleil supposé fixe, explique parfaitement les alternatives de jour et de nuit, telles qu'elles se produisent en chaque lieu de la terre.*

Cette proposition est mise en évidence par l'expérience suivante. Prenons un globe opaque et une bougie allumée; maintenons la bougie en place, et faisons tourner le globe autour d'un de ses diamètres comme axe; un point quelconque *marqué* sur le globe est, en général, éclairé durant une partie de la révolution, et reste dans l'obscurité durant l'autre partie. On peut répéter cette expérience en donnant successivement à l'axe de rotation du globe, par rapport au point éclairant S, l'une des trois positions qu'indiquent les figures 83, 84, 85 ci-après.

On retrouve ainsi toutes les circonstances qui peuvent se présenter relativement à l'alternative du jour et de la nuit en un lieu de la terre.

Ceux qui tiennent à une plus grande précision peuvent lire ce qui suit.

397. Pour justifier la proposition précédente, il suffit de jeter les yeux sur l'une quelconque des figures 83, 84, 85 ci-après, représentant chacune une des positions que la terre, dans son mouvement annuel, occupe successivement vis-à-vis du soleil S.

Dans la première position (*fig.* 83), le soleil est dans le plan E'E de l'équateur terrestre, et la ligne TS qui joint le centre de la terre à celui du soleil est perpendiculaire à l'axe PP' de rotation de la terre. P est le pôle boréal de la terre; P' le pôle austral.

Dans la deuxième position de la terre (*fig.* 84), le soleil S est manifestement au-dessus de l'équateur E'E, du côté du pôle boréal P; sa déclinaison E*s* est boréale; l'angle PTS de l'axe PP' et de la ligne TS, du côté du pôle boréal P, est aigu.

Dans la troisième position (*fig.* 85), le soleil est sous l'équateur EE', du côté du pôle austral P'; la déclinaison E*s* est australe; l'angle PTS est obtus.

Ce sont évidemment les seuls cas qui peuvent se présenter en général. Quelle que soit la position de la terre en un jour donné, on peut concevoir un grand cercle, B'I'BI, perpendiculaire à la ligne TS, au point T, et que l'on regarde comme fixe ainsi que TS et PP' durant une révolution diurne de la terre, c'est-à-dire pendant le jour considéré. Il est clair qu'il fera jour pour un lieu M de la terre quand ce lieu, par l'effet de la rotation diurne, viendra en avant de ce cercle fixe, B'I'BI, par rapport au soleil S, et qu'il fera nuit pour ce lieu quand il passera derrière ce cercle B'I'BI. On appelle ce cercle B'I'BI *cercle d'illumination*. Or chaque lieu M de la terre décrit dans l'espace de vingt-quatre heures un cercle entier tel que ABA'B' perpendiculaire à l'axe PP' : pendant que le lieu M décrit l'arc antérieur B'AB, dans le sens indiqué par ces lettres, il est éclairé par le soleil, il y fait jour; pendant qu'il parcourt l'arc postérieur BA'B', il est dans l'obscurité, il y fait nuit. Le mouvement de rotation de la terre explique donc parfaitement les alternatives de jour et de nuit (*).

2° *Les variations périodiques qu'éprouvent les durées des jours et des nuits en un même lieu de la terre s'expliquent très-bien par le mouvement annuel de translation de la terre autour du soleil* S, *relativement fixe*.

Pour fixer les idées, considérons un point M de l'hémisphère boréal.

En jetant les yeux sur les figures 83, 84, 85, on verra facilement que les va-

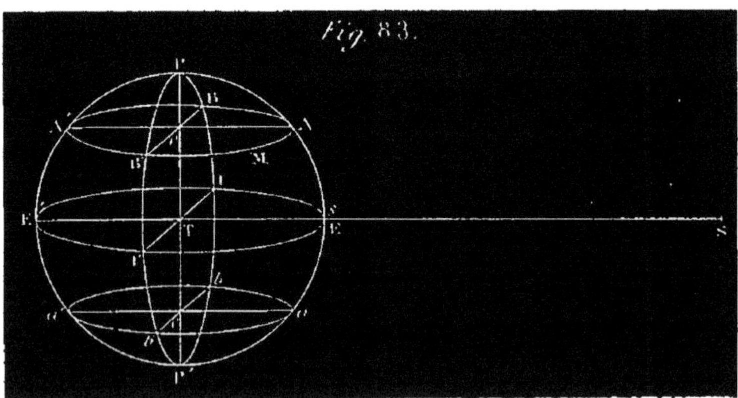

riations dans la durée des jours et des nuits pour ce lieu quelconque M de la terre, sont dues aux variations de la hauteur du soleil, au-dessus ou au-des-

(*) On peut remarquer, dans la seconde position de la terre, une zone boréale, IPN, dont chaque point est éclairé durant toute la révolution actuelle de la

sous de l'équateur terrestre; autrement dit, aux variations de la déclinaison du soleil résultant du mouvement de translation de la terre sur son orbite elliptique.

Dans chacun, le cercle PAEP'E'A', que l'on voit de face, est l'intersection de la terre, supposée sphérique, par le plan qui passe par le centre, S, du soleil et l'axe de rotation PP', considéré dans l'une de ses positions successives; *s* étant l'intersection de la ligne TS avec cette circonférence, l'arc *s*E est la D du soleil, boréale dans la *fig.* 84, australe dans la *fig.* 85, et nulle dans la *fig.* 83.

1ᵉʳ *cas général.* Considérons d'abord cette dernière, le soleil étant dans le plan de l'équateur, le cercle d'illumination BII'B' coupe le plan SPP' suivant l'axe PP' lui-même; il résulte de là que chaque parallèle diurne, B'ABA', ayant son centre C sur le cercle d'illumination, est divisé par celui-ci en deux parties égales B'AB, BA'B'. *A l'époque où le soleil est dans le plan de l'équateur quand la déclinaison est nulle, c'est-à-dire à chaque équinoxe*, la durée du jour égale celle de la nuit pour tous les lieux de la terre.

2ᵉ *cas général* (*fig.* 84). Le soleil est au-dessus de l'équateur du côté du pôle

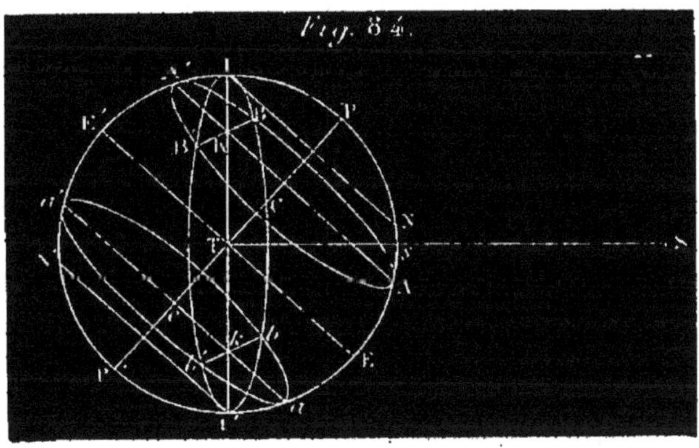

boréal P; la déclinaison *s*E est boréale. La figure montre immédiatement que, dans ce cas, pour tout lieu M de l'hémisphère boréal, la durée du jour surpasse celle de la nuit, et que cet excès du jour sur la nuit augmente ou diminue avec la ligne CK, par suite avec l'angle ITP = *s*TE = Déclinaison. Ainsi, quand la déclinaison du soleil est boréale, le jour dure plus que la nuit pour tout lieu de l'hémisphère boréal, et d'autant plus que cette déclinaison boréale est plus grande.

Le contraire a évidemment lieu à la même époque pour chaque lieu *m* de l'hémisphère terrestre austral.

---

terre; chacun de ces lieux jouit pour cette position de la terre d'un jour de plus de vingt-quatre heures. Sur la zone terrestre I'P'N', au contraire, il y a pour cette position de la terre une nuit de plus de vingt-quatre heures. Remarque analogue pour la troisième position. Mais cette remarque doit être reportée au paragraphe suivant.

3° *cas général* (*fig.* 85). Le soleil est au-dessous de l'équateur DE'; sa déclinaison E*s* est australe.

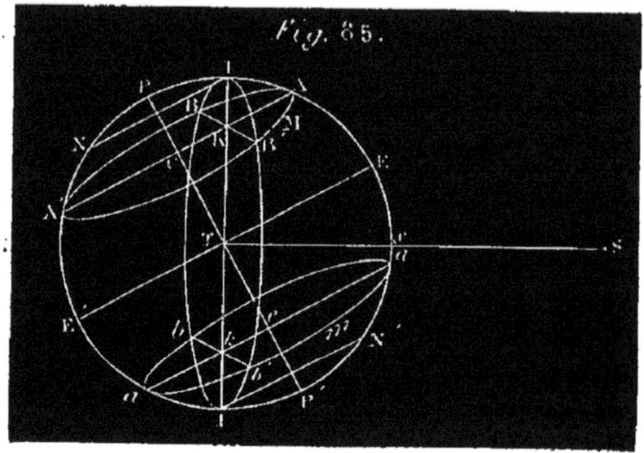

La figure montre qu'alors le jour dure moins que la nuit pour chaque lieu M de l'hémisphère boréal, et dure d'autant moins que CK est plus grand, ou bien que l'angle ITP, qui mesure la déclinaison australe E*s* du soleil, est plus grand.

Ainsi, quand la déclinaison du soleil est australe, le jour dure moins que la nuit sur l'hémisphère boréal, et d'autant moins que cette déclinaison australe est plus grande.

Or ces conclusions sont identiquement celles que nous avons déduites de la considération du mouvement annuel apparent du soleil.

Il reste maintenant à montrer comment le mouvement de translation de la terre, dans son orbite elliptique dont le soleil occupe constamment un des foyers, fait varier la déclinaison du soleil.

Pour cela, il est bon de remarquer : 1° (*fig.* 84) que l'angle PTS de la ligne ST avec le segment TP de la ligne des pôles, qui va au pôle boréal, est aigu quand la déclinaison, *s*E, du soleil est boréale; et réciproquement; que, de plus, la déclinaison, *s*E, est alors le complément de l'angle PTS; 2° (*fig.* 83) que si la déclinaison est nulle, PTS $=90°$. et enfin (*fig.* 85) que la déclinaison E*s*, étant australe, l'angle PTS est obtus, et réciproquement; la déclinaison, E*s*, étant alors égale à PTS — 90°.

Étudier les variations de la D revient donc à étudier celles de l'angle PTS.

Soit $T_1T_2T_3T_4$ (*fig.* 87) l'orbite de la terre dont le soleil S occupe un foyer; elle est tracée dans le plan de l'écliptique céleste, Soit SN l'axe de l'écliptique, et SO la direction fixe à laquelle l'axe PP' de la terre, mobile avec celle-ci, doit rester sensiblement parallèle durant tout le mouvement annuel de la terre (l'angle NSO $= 23° 28'$) (*); soient T_2T_4 l'intersection du plan NSO avec celui de

(*) La direction de l'axe de rotation de la terre n'est pas constante; mais le changement de direction que nous avons indiqué n° 231 est si lent, que nous pouvons, sans inconvénient sensible quand nous suivons la terre dans une de ses révolutions autour du soleil, considérer la direction de cet axe comme ne variant pas durant cette révolution.

l'écliptique auquel il est perpendiculaire, et T_1T_3 une perpendiculaire à T_2T_4, menée sur l'écliptique; T_1T_3 est perpendiculaire au plan NSO, et par suite aux

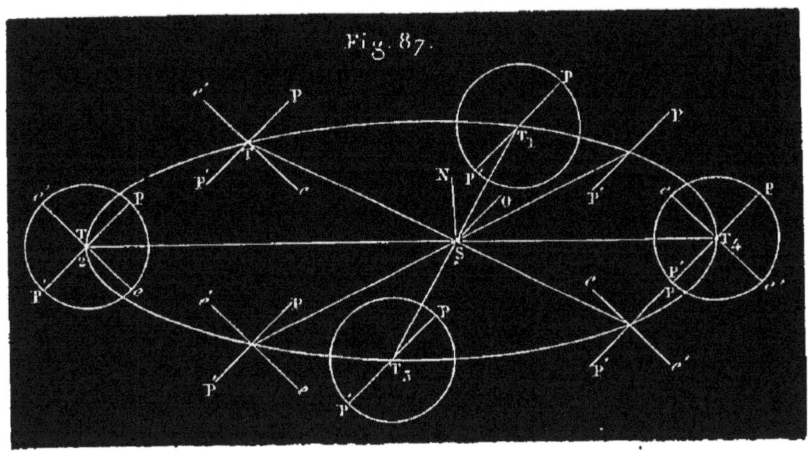

deux lignes fixes SN et SO. Supposons que la terre, T, se meuve sur l'ellipse dans le sens $T_1T_2T_3T_4$ à partir de T_1. Dans la 1re position T_1 l'angle OST_1 étant droit, son supplément PT_1S l'est aussi; le soleil est dans un plan perpendiculaire à l'axe PP', c'est-à-dire dans le plan de l'équateur; alors $D = 0$, et le jour égale la nuit pour toute la terre; c'est l'époque d'un équinoxe, celui du printemps, comme nous allons le voir. En effet, la terre continuant à se mouvoir sur l'arc d'ellipse T_1T_2, le rayon vecteur ST se meut sur le quadrant T_1TT_2; or la géométrie montre qu'alors, partant de la valeur $OST_1 = 90°$ pour aller à la valeur $OST_2 = 90° + NSO = 90° + 23°28'$, l'angle OST, toujours obtus, augmente continuellement (*); il en résulte que son supplément PTS, *toujours*

(*) Soit SO (*fig.* 86) une ligne oblique au plan MN, ayant pour projection

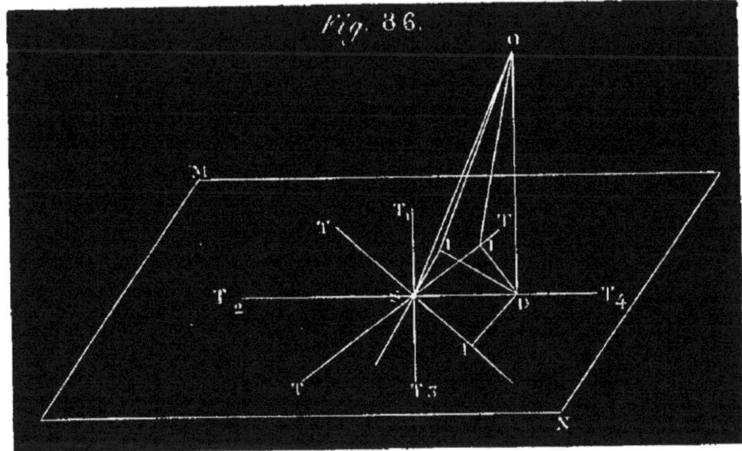

sur ce plan, ST_4; menons, dans le plan, T_1T_3 perpendiculaire à T_2T_4. Comme

aigu, diminue continuellement de $PT_1S = 90$ à $PTS_2 = 90° - (23° 28') = 66° 32'$. Il en résulte que la déclinaison $sE = 90° - PTS$ (*fig.* 84), constamment boréale, va en augmentant de 0 à 23° 28', maximum qu'elle atteint quand la terre arrive en T_2.

Durant le mouvement de la terre sur l'arc T_1TT_2 le soleil doit donc nous paraître s'élever de plus en plus au-dessus de l'équateur du côté du pôle boréal (*), jusqu'à ce que sa D, toujours boréale, atteigne un maximum de 23° 28'. La saison qui s'écoule alors est donc le printemps; durant cette saison, le jour, constamment plus long que la nuit pour les habitants de l'hémisphère boréal, doit augmenter continuellement avec la D du soleil jusqu'à un maximum qu'il atteint alors que la terre arrive en T_2. Cette dernière position de la terre est donc celle qui correspond au solstice d'été. La terre continuant à se mouvoir sur l'arc T_2T_3, le rayon vecteur se mouvant dans le quadrant T_2ST_3, l'angle OST, toujours obtus, diminue depuis la valeur $OST_2 = 90° + 23° 28'$ jusqu'à $OST_3 = 90°$; son supplément PTS, toujours aigu, augmente depuis son minimum $90° - 23° 28' = 66° 32'$ jusqu'à 90°. La déclinaison *sE* (*fig.* 84) du soleil, toujours boréale, diminue depuis 23° 28' jusqu'à 0°, valeur qu'elle atteint quand la terre arrive on T_3, où l'angle $PT_3S = 90°$.

Durant ce mouvement de la terre sur l'arc d'ellipse, T_2TT_3, le soleil, toujours situé au-dessus du plan de l'équateur terrestre, du côté du pôle boréal P, doit nous paraître s'abaisser continuellement jusqu'à ce qu'il se retrouve de nouveau sur l'équateur alors que la terre arrive en T_3. Durant cette période

---

le plan projetant OST_4 est perpendiculaire au plan MN, T_1T_3 est perpendiculaire au plan OST_4 et par suite à SO; OST_1 est droit ainsi que OST_3. Nous voulons comparer entre eux les angles que fait SO avec les lignes qui passent par son pied dans le plan MN. Le plus petit de ces angles est par hypothèse OST_4; supposons-le égal à $90° - 23° 28' = 66° 32'$. Considérons les diverses lignes ST qui s'éloignent de ST_4 dans l'angle droit T_4ST_1; du point O abaissons OD perpendiculaire à MN, et du point D une perpendiculaire DI à chacune de ces lignes ST. Si on mène OI, chaque ligne OI sera perpendiculaire à ST. Cela posé, à mesure que la ligne ST s'éloignera de ST_4 vers ST_1 dans l'angle T_4TT_1, l'angle DSI du triangle rectangle DSI, à hypothénuse fixe SD, augmentant, son complément SDI diminue; d'où il résulte que le côté SI diminue continuellement de SD à 0. En même temps dans chaque triangle OIS, à hypoténuse constante OS, rectangle en I, le côté SI diminuant, le côté OI augmente et avec lui l'angle aigu opposé OSI ou OST; donc de la position ST_4 à ST_1 (ou à ST_3, ce qui revient au même) ces angles OST augmentent de 66° 32' à 90°; et *vice versâ*, de ST_1 à ST_4 ou de ST_3 à ST_4, ces angles OST diminuent de 90° à 66° 32'. Par suite, les angles OST pour les lignes situées dans l'angle T_2ST_3 ou T_1ST_2 étant les suppléments de ceux que nous venons de considérer, on peut dire que de la position ST_1 à la position ST_2 les angles OST, toujours obtus, augmentent de 90° à $90° + 23° 28'$; de la position ST_2 à la position ST_3, ces angles toujours obtus diminuent de $90° + 23° 28'$ à 90°.

(*) C'est l'équateur terrestre ou contraire qui s'abaisse au-dessous du rayon vecteur TS.

du mouvement de la terre, les jours, pour les habitants de l'hémisphère boréal, constamment plus longs que les nuits, diminuent avec la déclinaison du soleil, et l'excès du jour sur la nuit s'annule alors que la terre arrive en T_3 (*fig.* 87). La saison qui vient de s'écouler est donc celle que nous avons nommée l'*été*, et la terre arrivant en T_3, on est à l'équinoxe d'automne. La terre continuant son mouvement sur l'arc T_3TT_4, l'angle OST passant de $OST_3 = 90°$ à $OST_4 = 90° - NSO = 90° - 23° 28'$ reste toujours aigu; son supplément PTS, *toujours obtus*, varie dans cet intervalle de $PT_3S = 90°$ à $PT_4S = 90° + 23° 28'$. Le soleil passe au-dessous de l'équateur; car sa déclinaison $sE = PTL - 90°$ (V. la *fig.* 85) devient négative ou australe et varie de 0° à — 23° 28', valeur qu'elle atteint quand la terre arrive en T_4.

Durant ce mouvement de la terre de T_3 en T_4, le soleil doit donc nous sembler s'abaisser au-dessous de l'équateur, *e'e*, du côté du pôle austral, P'. Pour les habitants de l'hémisphère boréal, le jour dure moins que la nuit, et sa durée diminue à mesure que la déclinaison australe augmente pour atteindre son maximum, alors que la terre arrive en T_4 (*fig.* 87).

Cette dernière époque du mouvement de la terre est donc le solstice d'hiver, et la saison qui vient de s'écouler est l'automne.

Enfin la terre allant de T_4 en T_1, l'angle OST augmentant de 90° — 23° 28' à 90°, son supplément PTS diminue de 90° + 23° 28' à 90°, et la déclinaison toujours australe varie de — 23° 28' à 0°.

Le soleil doit nous sembler se rapprocher de l'équateur terrestre, *e'e*, pour y arriver alors que la terre est revenue en T_1. Le jour constamment moindre que la nuit, augmente néanmoins de son minimum à douze heures, valeur qu'il atteint quand la terre est revenue en T_1 à l'époque d'un nouvel équinoxe du printemps. On vient de passer l'hiver.

Les variations périodiques des durées du jour et de la nuit s'expliquent donc très-bien par le mouvement de la terre autour du soleil.

Nous n'avons pas besoin d'insister sur toutes les autres parties de la discussion que nous avons faite à propos de la durée du jour à la même époque pour des lieux différents de la terre.

Il suffit de jeter les yeux sur les *fig.* 84 et 85 pour voir que les mêmes conséquences déduites du mouvement du soleil résultent de celui de la terre. Plus la latitude boréale d'un lieu est élevée, plus la ligne TC et la ligne CK sont grandes pour la même position de l'axe PP', c'est-à-dire à la même époque de l'année (*). Donc plus la latitude boréale d'un lieu est élevée, plus la durée du jour à une époque donnée de l'année diffère de celle de la nuit.

On remarque le jour de plus de vingt-quatre heures pour les lieux de la zone terrestre IPN (*fig.* 84), et la nuit de plus de vingt-quatre heures pour les lieux de la zone I'P'N', Les limites de cette zone, à partir du pôle, varient avec l'angle ITP jusqu'à 23° 28'.

6° *Les variations périodiques de la température générale qui ont lieu pour*

(*) CK = TC. tang. ITP; ITP est fixe dans cette comparaison; TC varie avec la latitude.

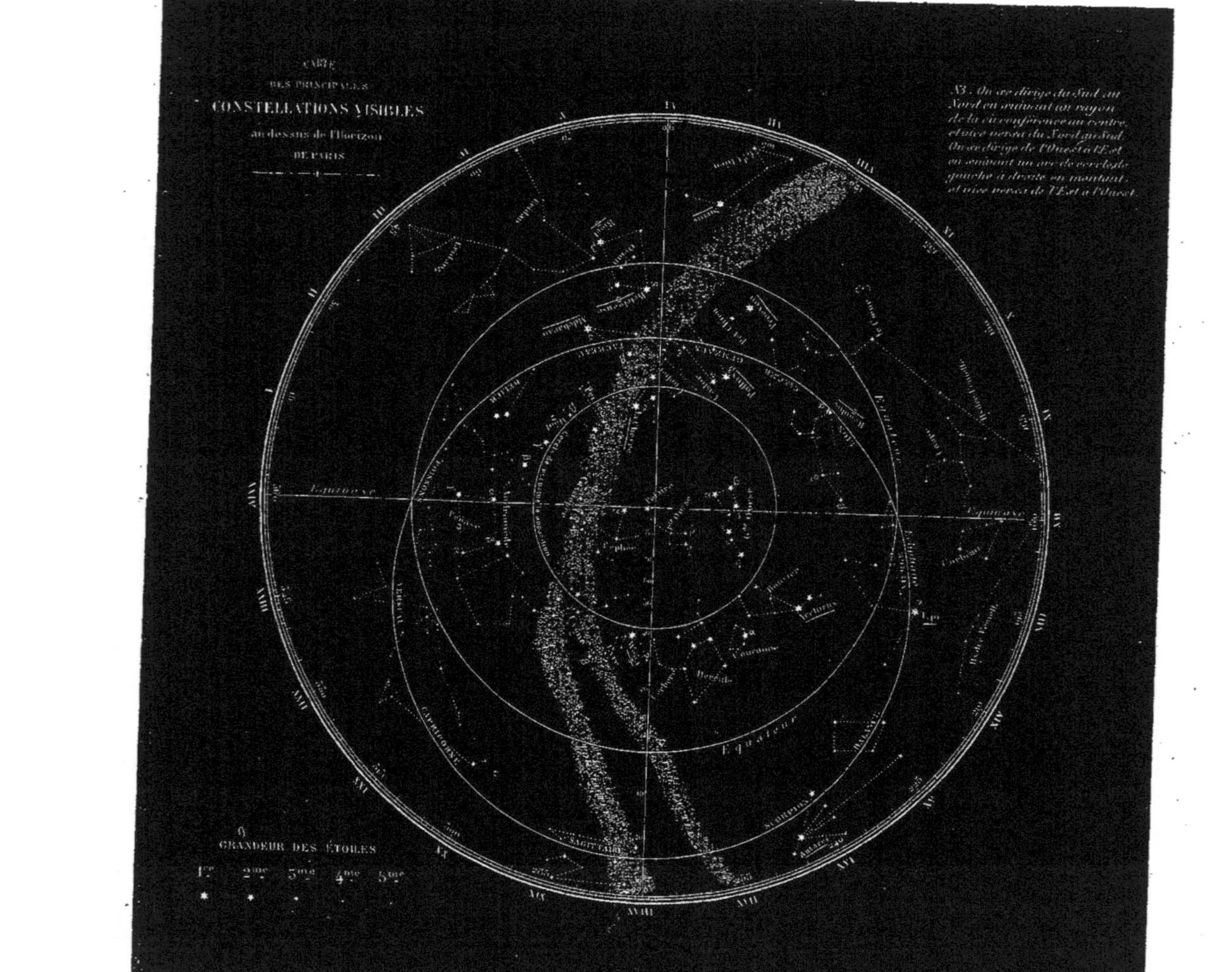
CARTE
DES PRINCIPALES
CONSTELLATIONS VISIBLES
au dessus de l'Horizon
DE PARIS
NB. On se dirige du Sud au Nord en suivant un rayon de la circonférence au centre, et vice versa du Nord au Sud. On se dirige de l'Ouest à l'Est en suivant un arc de cercle de gauche à droite en montant, et vice versa de l'Est à l'Ouest.
Equinoxe
Equateur
Ecliptique
GRANDEUR DES ÉTOILES
1re 2me 3me 4me 5me

chaque lieu de la terre d'une saison à l'autre s'expliquent très-bien par le mouvement de la terre autour du soleil.

En effet, ces variations de la température nous ont paru résulter des variations de la déclinaison du soleil telles que nous les avons déduites du mouvement apparent du soleil; mais, ainsi que nous venons de le constater, ces variations de la déclinaison s'expliquent aussi bien par le mouvement de la terre autour du soleil; il résulte de là que les variations de la température s'expliquent aussi par le mouvement réel de la terre.

FIN.

Paris. — Imprimé par E. Thunot et Ce, rue Racine, 26.

www.ingramcontent.com/pod-product-compliance
Ingram Content Group UK Ltd.
Pitfield, Milton Keynes, MK11 3LW, UK
UKHW012015240726
13965UKWH00002B/375

9 782013 434553